现代通信技术
理论与实践创新研究

◎ 陈培英　王行娟　著

WLAN

NORTHEAST NORMAL UNIVERSITY PRESS
WWW.NENUP.COM

东北师范大学出版社

图书在版编目（CIP)数据

现代通信技术理论与实践创新研究 / 陈培英，王行娟著．
—长春：东北师范大学出版社，2017.5 （2024.8重印）
ISBN 978-7-5681-3067-7

Ⅰ.①现… Ⅱ.①陈… ②王… Ⅲ.①通信技术–研究
Ⅳ.① TN91

中国版本图书馆 CIP 数据核字 (2017) 第 112747 号

□策划编辑：王春彦

□责任编辑：卢永康　柳爱玉　　□封面设计：优盛文化

□责任校对：赵忠玲　　　　　　□责任印制：张允豪

东北师范大学出版社出版发行
长春市净月经济开发区金宝街 118 号（邮政编码：130117)
销售热线：0431-84568036
传真：0431-84568036
网址：http://www.nenup.com
电子函件：sdcbs@mail.jl.cn
河北优盛文化传播有限公司装帧排版
三河市同力彩印有限公司
2017 年 10 月第 1 版　　2024 年 8 月第 3 次印刷
幅画尺寸：170mm×240mm　印张：16　字数：300 千
定价：53.00 元

前 言

随着社会需求的刺激和电子科技的高速发展，作为信息社会重要的基础设施，现代通信网络及技术发展迅猛，各种新观点、新理论、新技术、新标准层出不穷。令人应接不暇。同时，信息技术已经渗透到社会的每一个角落，深刻改变着人们的生活方式和工作方式。如今，一个缺乏网络或者网络落后的世界是无法想象的。作为一个相关领域的学生或者从业人员，了解、认识和掌握通信网络的相关知识和技术是一个重要的任务和工作。

自20世纪末到21世纪初，无线技术和移动通信网络得到了迅猛的发展，各种无线与移动通信技术层出不穷。特别是近年来，以蓝牙、无线局域网为代表的短距离无线通信技术结合无线自组网络技术，在军事、工业、科学及医学领域得到了巨大的发展。

通信网络互联的特点，使得人们必须首先从整体上全面认识和把握，但是现代通信与网络技术发展之快，科技含量之高，技术种类之多，使得通信网络的学习很难立即深入到各种专门网络与技术的学习阶段。本书以现今主流技术为主，早期技术为线索，既包括了早期成熟技术，也涉及了未来技术，主要介绍现代通信技术理论及其实践创新研究。

随着短距离无线通信技术的快速发展，各种针对不同应用环境的短距离无线通信技术不断推出，如专门针对低速无线数据业务的 ZigBee 技术等，但是目前缺少一本专门针对各种主流短距离无线通信技术及组网应用的书籍，而本书正好填补了此项空白。

本书第一至第六章由邢台学院陈培英执笔，约18万字；第七至第九章由武汉华夏理工学院王行娟执笔，约12万字，由于作者水平有限，书中难免存在不足或者欠妥之处，敬请读者批评指正。

目 录

第一章　现代通信技术概论

第一节　关于通信的基本概念

一、通信的定义

通信，就是由信源与信宿间有效和可靠地传输消息。

根据《现代汉语词典》第 5 版的定义，通信是：① 用书信互通消息，反映情况等；② 利用电波、光波等信号传送文字、图像等。根据信号方式的不同，可分为模拟通信和数字通信。旧称通讯。

《牛津辞典》将 Communication 一词定义为：① 传递思想、感情、信息的行为过程；② 发送信息的方法，如电话、收音机、计算机，或公路、铁路等。

二、通信的基本要求

1.接通的任意性与快速性。

2.信号传输的透明性与传输质量的一致性。

3.网路的可靠性与经济合理性。

有了运输网，人员和货物可以流动；有了通信网，信息才可以四通八达。邮寄业务需要好的运输系统，电子邮件业务则需要高效的通信网。

三、通信网的定义

通信网（Communication Network）是通信系统的一种形式，它由一定数量的节点（Node）（包括终端设备和交换设备）和连接节点的传输链路（Link）相互有机地组合在一起，以实现两个或多个规定点之间信息传输的通信体系。也就是说，通信网是由相互依存、相互制约的许多要素组成的有机整体，用以完成规定的功能。本书中的通信系统特指使用光信号或电信号传递信息的通信系统。

四、通信网的要素

从硬件结构看，通信网由终端节点、交换节点、业务节点、传输系统构成。其功能是完成接入交换网控制、管理、运营和维护。从软件结构看，它们有信令、协议、控制、管理、计费等。其功能是完成通信协议以及网络管理来实现相互间的协调通信。

五、通信网的机制

通过保持帧同步和位同步，遵守相同的传输体制实现。

六、现代通信网的主要特点

现代通信网的特点有：使用方便、安全可靠、灵活多样、覆盖范围广。

第二节　现代通信技术的研究背景

一、信源编码

信源编码是一个做"减法"的过程。它以信源输出符号序列的统计特性来寻找某种方法，把信源输出符号序列变换为最短的码字序列，使后者的各码元所载荷的平均信息量最大，即优化和压缩了信息。同时又能保证无失真地恢复原来的符号序列，并且打成符合标准的数据压缩编码。信源编码减小了数字信号的冗余度，提高了有效性、经济性，最原始的信源编码就是莫尔斯电码，另外还有 ASCII 码和电报码。现在常用的数字电视通用编码 MPEG-2 和 H.264（MPEG-Part10AVC）编码方式都是信源编码。

按编码效果，信源编码可分为：有损编码和无损编码。无损编码常见的有 Huffman 码、算术编码、L-Z 编码。

按编码方式，信源编码又可分为：波形编码和参量编码。

1. 波形编码：将时间域信号直接变换为数字代码，力图使重建语音波形保持原语音信号的波形形状。

其基本原理是抽样、量化、编码。

优点：适应能力强、质量好等。

缺点：压缩比低、码率通常在 20 Kbit/s 以上。

适用场合：适合对信号带宽要求不太严格的通信，如高品质音乐和语音通信；不适合频率资源相对紧张的移动通信等场合。

包括：脉冲编码调制和增量调制，以及它们的各种改进型自适应增量调制（ADM），自适应差分编码（ADPCM）等。它们分别在 64 Kbit/s 以及 16 Kbit/s 的速率上，能给出高的编码质量，当速率进一步下降时，其性能会下降较快。

2. 参量编码：又称为声源编码，它将信源信号在频率域或其他正交变换域提取特征参量，并将其变换成数字代码进行传输。

优点：可实现低速率语音编码，比特率可压缩到 2 Kbit/s ～ 4.8 Kbit/s，甚至更低。

缺点：在解码时，需重建信号，重建的波形只能保持原语音的语意，而同原语音信号的波形可能会有相当大的差别。语音质量只能达到中等，特别是自然度较低，连熟人都不一定能听出讲话人是谁。

二、信道编码

信道编码是一个做"加法"的过程。为了使信号与信道的统计特性相匹配，提高抗干扰和纠错能力，并区分通路，在信源编码的基础上，信道编码按一定规律，增加冗余开销，如校验码、监督码，以实现检错、纠错，提高信道的准确率和可靠性。

1. 信道编码定理：在香农以前，工程师们认为要减少误码，要么增加发射功率，要么反复发送同一段消息——就好像在人声嘈杂的酒馆里人们需要大声地反复呼叫要啤酒一样。1948 年，香农的标志性论文证明，在使用正确的纠错码的条件下，数据可以以接近信道容量的速率几乎无误码地传输，而所需的功率却十分低。也就是说，如果你有正确的编码方案，就没有必要浪费那么多能量和时间。这从理论上解决了理想编 / 译码器的存在性问题，也就是解决了信道能传送的最大信息率的可能性和超过这个最大值时的传输问题。此后，编码理论就发展起来了，成为"信息论"的重要内容。编码定理的证明，从离散信道发展到连续信道，从无记忆信道到有记忆信道，从单用户信道到多用户信道，从证明差错概率可接近于零到以指数规律逼近于零，正在不断完善。

2. 编码效率：有用比特数 / 总比特数。在带宽固定的信道中，总传送码率是固定的，增加冗余就要降低有用信息的码率，也就是降低了编码效率。这是信道编码的缺点或者说代价。不同的编码方式，其编码效率有所不同。打个比喻：在运送玻璃杯时，为防止打碎，人们常用泡沫、海绵等东西将玻璃杯包装起来，这种包装使玻璃杯所占的容积变大，原来一部车能装 5 000 个玻璃杯的，包装后就只能装 4 000 个了。

3. 编码方法：在离散信道中，一般用代数码形式，其类型有较大发展，各种界限也不断有人提出，但尚未达到编码定理所启示的限度，尤其是关于多用户信道，更显得不足。在连续信道中，常采用正交函数系来代表消息，在极限概况下可达到编码定理的限度。

注：但不是所有信道的编码定理都已被证明。只有无记忆单用户信道和多用户信道中的特殊情况的编码定理已有严格的证明；其他信道也有一些结果，但尚不完善。

常见的信道编码有：奇偶校验码，循环码，线性分组码，BCH 码。这里简单介绍以下几种常见码型：

1.RS 编码：能纠正多个字节的错误。

2. 卷积码：善于纠正随机错误。

3. 交织：实际中，比特差错经常成串发生，交织技术分散了这些误差，使长串的比特差错变成短串差错，从而可以用前向码对其纠错，例如，在 DVB-C 系统中，RS（204.188）的纠错能力是 8 个字节，交织深度为 12，那么纠可抗长度为 $8 \times 12 = 96$ 个字节的突发错误。

4.Turbo 码：香农编码定理指出：如果采用足够长的随机编码，就能逼近香农信道容量。但是传统的编码都有规则的代数结构，远远谈不上"随机"；同时，出于译码复杂度的考虑，码长也不可能太长，所以，在 Turbo 码以前，即使最好的编码方案，也需要香农定理要求的功率的 2 倍才能达到必要的可靠性。理论数值和实际要求数值之间的能量差距，用对数坐标表示大约为 3.5 分贝。要想缩小这一差距，工程师需要更精细的编码，这成为困扰通信界近 40 年的难题。所以长期以来，信道容量仅作为一个理论极限存在，实际的编码方案设计和评估都没有以香农限为依据。

而 Turbo 码的出现，大大提高了编码效率，被一些特殊场合，主要是卫星链路选用。现在，Turbo 码已走上主流舞台，与下一代移动电话结合，使手机能够进行多媒体数据，如视频信号及图形图像信号的通信。在直扩（CDMA）系统中的应用，也就受到了各国学者的重视。同时，为了克服其译码器复杂度高的缺点，又出现了 LDPCC 等更先进的编码方式。

三、差错控制技术

信息传输中的差错有多种表现形式：失真（Distortion）、丢失（Deletion）、重复（Duplication）、失序（Reordering）。差错程度的评估是用误码率来衡量的。

差错控制技术（见图1-1）就是为了发现并纠正传输中出现的错误而采取的措施。除了在信道编码一节已经介绍的方案以外，还有一些属于数据链路层的基本方法。

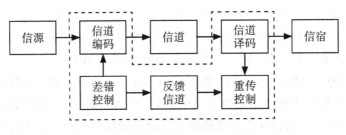

图1-1　差错控制技术框图

1.停止等待协议（stop-and-wait）

即每发送一帧，都要停下来等待反馈信息，帧在链路上的传输情况如图1-2所示。发送速度完全受控于接收端的响应帧。应答帧有两种：ACK：确认帧；NAK：否认帧。

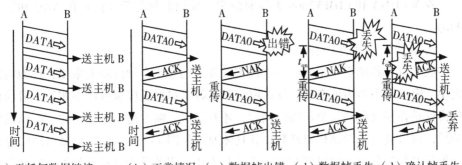

（a）无任何数据链接　（b）正常情况　（c）数据帧出错　（d）数据帧丢失　（d）确认帧丢失
　　层协议的传输

图1-2　帧传输链路

停等协议常常遇到的两个问题及解决方法如下：

（1）死锁：若发送端迟迟等不到反馈，就会出现死锁。这时，需要设置超时定时器（timeouttimer），超时后自动重发。

（2）重复帧：应答为 ACK，但该 ACK 在反馈时候丢失了，启动超时重发后，就会出现重复帧。可以通过给帧设定发送序号的方法来解决这个问题。对于停等协议来说，只需要 2 个编号，也就是 1 bit，其取值为 0，1 交替出现即可。

优点：比较简单，因而被广泛地应用在分组交换网络中。

缺点：在等待状态下，信道利用率不高。并且，反馈信息增加了网络负担，也影响了传输速度。

2. 自动请求重发协议（Automatic Repeatre Quest，ARQ）

发送端连续发送若干带有序号的数据帧，无须等待响应帧。接收端按序接收数据帧。根据重发策略的不同，分为连续 ARQ 和选择 ARQ。

连续 ARQ：采取后退 n 帧的重发（go-back-n）方式。在第 n 帧出错时，接收端发 "否认帧"，同时丢弃该帧及以后各帧。发送端重发第 n 帧及以后各帧。

选择 ARQ：只选择重传出错的帧，后面正确接收的帧，就先存在收方缓冲区中，等所缺序号的帧收到后，再一并交给主机。这样减少了重传，减少了网络负担，但与此同时要求收方加大缓冲区。因而在早期存储器价格昂贵时，应用不多。但如今的存储器沿着摩尔定理，变得越来越便宜，因而选择 ARQ 也就越来越受到重视。

混合 ARQ：即使出错也不丢弃，仅重传出错帧中出错的部分，然后与先前收到的信息进行合并，以恢复报文信息。

在 WCDMA 和 CDMA2000 无线通信中，采用的就是选择性重传 ARQ 和混合 ARQ。

3. 滑动窗口协议（slide-window）

收发双方各拟定一个允许一次性连续发送的多少个帧的最大限度，称为窗口大小。窗口大小多为可变的，发送窗口和接收窗口的长度也可以不相等。滑动窗口协议是在连续收到几个正确的帧后，才对最后一帧发送确认信息的。收到确认帧后，窗口就向前滑动相应格数。其具体原理如图 1-3 所示，滑动窗口同时也是一种流 E 控制技术。通过调整发送端窗口大小，来改善吞吐量。例如，TCP 协议就是采用的动态滑动窗口。

滑动窗口同时也是一种流量控制技术。通过调整发送端窗口大小，来改善吞吐量。例如，TCP 协议就是采用的动态滑动窗口。

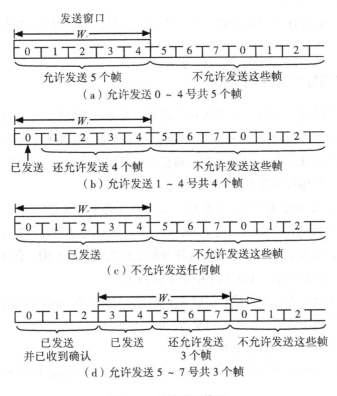

图1-3 滑动窗口协议

4.前向纠错（Forward Error Correction, FEC）

又称自动纠错，不需储存，不需反馈，实时性好，在广播系统、卫视接收等系统中广泛采用，如图1-4所示。

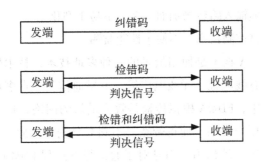

图1-4 前向纠错过程

5. 混合纠错（HEC）

是 FEC 和 ARQ 两种方式的结合。错误较少时，自动纠错，错误超过纠错能力时，要求重发。

四、多路复用和多址技术

信道资源有限，因而一个信道往往需要同时传输多路信号，这种多用户如何共用一套资源的方法就是多路复用（Multiplexing）和多址技术（exactly）。

从原理本质上来说，多址是在多路复用的基础上实现的，原理是一样的，但对象不同——复用针对资源。多址针对用户。

多路复用技术是在点对点通信中，研究怎样将单一媒介（medium），划分成很多个互不干扰的独立的子信道（subchannel）。从媒介的整体容量上看，每个子信道只占用该媒介容量的一部分。这种分配是永久的，静态的。例如，无线或者电视广播站、微波通信、电话数字中继中的 PCM。

多址技术则是点对多点的，信道资源是动态分配（dynamic assignment），用户仅仅暂时性地占用信道，如手机和基站间的通信。

就复用方式而言，有以下 6 大方式。

1. 频分复用和频分多址 [见图 1-5（a）]: FDM 和（Frequency Division Multiplex Access，FDMA）

优点：容易实现，技术成熟。适合模拟信号。

缺点：

（1）保护频带占用带宽、降低效率；

（2）信道的非线性失真改变了它的实际频率特性，易造成串音和互调干扰（交调干扰）；

（3）所需设备随输入路数增加而增多，不易小型化；

（4）不提供差错控制技术，不便于性能监测。

适用范围：FDMA 技术是使用最早的一种多址技术，技术较为成熟，应用也很广泛，目前仍在有线电视、无线电广播、卫星通信、一点多址微波通信系统中应用。在移动通信中，FDMA 模拟传输是效率最低的网络，这主要体现在模拟信道每次只能供一个用户使用，使得带宽得不到充分利用。此外，FDMA 信道大于通常需要的特定数字压缩信道，而且对于通信静默过程 FDMA 信道也是浪费的。但第一代模拟蜂窝移动通信系统中，采用频分多址技术方式是唯一的选择。到了数字蜂窝移动通信系统阶段，就很少采用纯频分的方式了。

2.时分复用和时分多址［见图 1-5（b）］：TDM 和（Time Division Multiple Access, TDMA）

优点：无保护频带，效率高，占用频带窄，传输质量高，保密较好，系统容量较大。

缺点：同步要求严格，必须有精确的定时和同步，技术上比较复杂。

适用范围：适合数字信号。如多数计算机网、固定电话网的脉冲编码调制复用（PCM）技术、同步数字体系（SDH）技术、时分多址的 GSM 制式数字移动通信技术等。

在 TDM 之后，又出现了"统计时分复用 STDM：Statistical TDM"。

在 STDM 中，各帧的长度不确定，每个时隙都需自带地址信息。

3.码分复用和码分多址［见图 1-5（c）］：CDM 和（Code-Division Multiple Access, CDMA）

分别给各用户分配一个特殊的编码，用户可同时占用全部频带，也没有时间的限制（可以互相重叠），靠信号的不同波形来区分各个用户。在接收端，只能用相匹配的接收机才能检出相符合的信号。接收机用相关器可以在多个 CDMA 信号中选出其中使用预定码型的信号，其他使用不同码型的信号因为和接收机本地产生的码型不同而不能被解调。它们的存在类似于在信道中引入了噪声和干扰，通常称之为多址干扰。

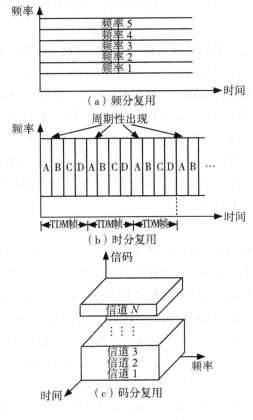

图 1-5　多址技术

CDMA 技术是无线通信中主要的多址手段，应用范围涉及数字蜂窝移动通信、卫星通信、微波通信、微蜂窝系统、一点多址微波通信和无线接入网等领域。CDMA 最早由美国高通公司推出，近几年由于技术和市场等多种因素作用得以迅速发展，它能够满足市场对移动通信容量和品质的高要求，具有频谱利用率高、话音质量好、保密性强、掉话率低、电磁辐射小、容量大、覆盖广等特点，可以大量减少投资和降低运营成本。

4. 波分复用（Wave Division Multiplex, WDM）

由于波长 × 频率 = 速度，而电磁波的速度是一定的，即 3×10^8 m/s，因此波分复用和频分复用的原理实质是一样的，只不过叫法不同，无线通信里多用频率来描述，对应频分复用；而光通信中多用波长来描述，对应的就是波分复用。

5. 空分复用（Space Division Multiplexing, SDM）

这是最原始、最简单、最无处不在的一种复用方式，但是浪费太大。例如，双向通信的每一个方向各使用一根光纤。两个方向的信号在两根完全独立的光纤中传输，互不影响，再如智能天线技术。

配合电磁波被传播的特征，可使不同地域的用户在同一时间使用相同频率，实现互不干扰的通信。例如，可以利用定向天线或窄波束天线，使电磁波按一定指向辐射，局限在波束范围内；不同波束范围可以使用相同频率，也可以控制发射的功率，使电磁波只能作用在有限的距离内。在电磁波作用范围以外的地域仍可使用相同的频率，以空间来区分不同用户。

充分运用 SDMA 技术，能用有限的频谱构成大容量的通信系统。该频率再用技术主要应用在蜂窝移动通信系统、卫星系统中，但是在应用中，它总是与其他多址技术结合使用。

6. 极化复用（Polar Multiplex, PM）

利用电磁波的极化特性进行复用。电磁波的极性，取决于瞬时电场矢量端点所描绘的轨迹，有 3 种类型：①线极化是由水平极化和垂直极化构成；②圆极化是由左旋极化和右旋极化构成；③另外还有椭圆极化。在同一个频带利用一对正交的极化波可以传送 2 个载波信号，多用于卫星通信系统中。

多址方式是在多路复用的基础上实现的，因此也有 TDMA、FDMA、CDMA 等方式。在不同多址方式中，其信道的内涵不同。

（1）在 TDMA 中，指各站占用的时隙。

（2）在 FDMA 中，指各站占用的转发器频段。

（3）在 CDMA 中，指各站使用的正交码组。

例如在卫星通信中，我们经常会看到以下两种写法。

FDM-FM-FDMA：即基带模拟信号以频分复用方式复用在一起，然后以调频方式调制到一个载波频率上，最后再以频分多址方式发射和接收。

PCM-TDM-PSK-FDMA：这是把话音进行 PCM 编码（64 Kbps），然后用时分复用方式进行多路复用，变为 PDH（或 SDH）系列的数字信号，再以相移键控 PSK 方式调制到一个载波上，最后进行频分多址方式发射和接收。

第三节 通信系统的基本模型及其分类

在对通信网络有了概念性的了解之后，接下来可以进一步对通信网络进行功能上的划分，了解通信网络组成部分之间的逻辑关系，有助于我们明确已学习的和将要学习的各种通信技术在整个通信过程中所处的位置。

一、通信系统的基本模型

（一）三大基本要素
对通信系统的分析，首先可以从软件、硬件两大方向来入手。

通信系统的软件：是为了使全网协调合理地工作，包括各种规定，如信令方案、各种协议、网路结构、路由方案、编号方案、资费制度与质量标准等。

通信系统的硬件设备：其构成有以下"三大基本要素"。

1.终端设备：用户与通信网之间的接口设备。

2.传输链路：信息的传输通道，是连接网路节点的媒介。

3.交换设备：构成通信网的核心要素，它的基本功能是完成接入交换节点链路的汇集、转接接续和分配。

（二）通信系统的简单模型
可以用一个统一的模型来概括通信系统（见图 1-6），大体分为 5 个部分：信源、变换器 / 发送器、信道、反变换 / 接收器、信宿。

信源：产生各种信息的信息源，它可以是人或机器（如计算机等）。

变换器 / 发送器：负责将信源发出的信息转换成适合在传输系统中传输的信号，对应不同的信源和传输系统，发送器会有不同的组成和信号变换功能，一般包含编码、调制、放大和加密等功能。

信道：信号的传输媒介，负责在发送器和接收器之间传输信号。通常按传输媒介的种类可分为有线信道和无线信道；按传输信号的形式则可分为模拟信道和数字信道。

反变换/接收器：负责将从传输系统中收到的信号转换成信宿可以接收的信息形式，它的作用与发送器正好相反。主要功能包括信号的解码、解调、放大、均衡和解密等。

信宿：负责接收信息。

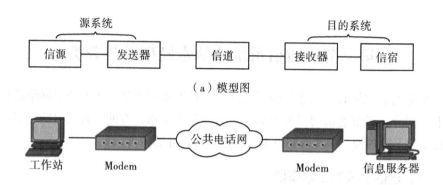

（a）模型图

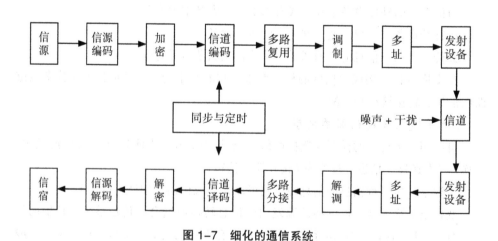

图 1-6　通信系统简图

（三）通信系统的其他模型

还可以对图 1-6 中的模型进行进一步细分，如图 1-7 所示。

图 1-7　细化的通信系统

在图 1-7 中，是各主要模块的功能。

二、通信系统的分类

现代通信网从各个不同的角度出发，可有各种不同的分类，常见的有以下几种。

（1）按实现的功能分：业务网、传送网、支撑网。业务网负责向用户提供各种通信业务，其技术要素包括：网络拓扑结构、交换节点技术、编号计划、信令技术、路由选择、业务类型、计费方式、服务性能保证机制。传送网独立于具体业务网，负责按需要为交换节点/业务节点之间的互联分配电路，提供信息的透明传输通道，包含相应的管理功能；其技术要素包括：传输介质、复用体制、传送网节点技术等。支撑网提供业务网正常运行所必需的信令、同步、网络管理、业务管理、运营管理等功能，以提供用户满意的服务质量，包括同步网、信令网、管理网。

（2）按业务类型分：电话通信网、电报通信网、电视网、数据通信网、综合业务数字网、计算机通信网和多媒体通信网等。

（3）按传输手段分：光纤通信网、长波通信网、载波通信网、无线电通信网、卫星通信网、微波接力网和散射通信网等。

（4）按服务区域和空间距离分：农话通信网、市话通信网、长话通信网和国际长途通信网，或局域网、城域网和广域网等。

（5）按运营方式和服务对象分：公用通信网、专用通信网等。

（6）按处理信号的形式分：模拟通信网和数字通信网等。

（7）按活动方式分：固定通信网和移动通信网等。

第四节　现代通信业务的研究内容及发展趋势

一、通信网的发展

在理解了通信网络的定义之后，还需关注通信网络的发展历程，从宏观上对通信网络有更加深刻的了解。这有助于我们理解当下各种通信技术的成因和它们在全网中所处的地位，以及对通信网络未来的发展趋势做出正确的分析。

通信网的发展过程如下

原始的通信方式包括：语言通信、实物通信、图画通信、视觉通信、听觉通信、文字通信、邮驿通信等传统手段。

近现代通信：18世纪以来，人类通信史上出现了革命性变化，以"电"信号为载体的信息传递技术极大地改变了人们的生活。

近现代通信包括以下 4 个阶段。

1.第一阶段 / 初级阶段：1753 年，《苏格兰人》杂志上刊登的一篇文章中，提出了用电流进行通信的大胆设想。1793 年，法国查佩兄弟在巴黎和里尔之间架设了一条 230 千米长的接力方式传送信息的托架式线路。据说，查佩兄弟也是首次使用"电报"这个词的人。

1844 年，有线电报的发明人莫尔斯（Samuel Morse）亲自从华盛顿向他的大学发出了第一份电报，创造性地利用电流的"通""断"和"长断"来代替人类的文字，这就是鼎鼎大名的莫尔斯电码。

1842 年，苏格兰人亚历山大·贝恩从一项用电控制的互联同步母子钟的研究中受到启发，研发了一种原始的电化学记录方式的传真机。1850 年，英国人贝克卡尔，采用"滚筒和丝杆"装置代替了钟摆结构。虽然传真机是近 20 年才开始广泛使用的，但它的发明专利却在 150 年前，比贝尔的电话专利早了 30 多年。

1876 年，美国波士顿大学的教授亚历山大·格盂厄姆·贝尔（Bell）获得发明电话专利。

2.第二阶段 / 近代通信阶段：以 1948 年香农提出信息论为标志。晶体管、半导体集成电路和计算机等技术的发展，为通信网的腾飞起到了关键作用。这一阶段是典型的模拟通信网时代，网络的主要特征是模拟化、单业务单技术。电话通信网在这一时期依旧占统治地位，电话业务也是网络运营商主要的业务和收入来源，因此整个通信网都是面向话音业务来优化设计的。

3.第三阶段：1970–1994 年，是骨干通信网由模拟网向数字网转变的阶段。这一时期数字技术计算机技术在网络中被广泛使用，除传统 PSTN 外，还出现了多种不同的业务网。基于分组交换的数据通信网技术在这一时期发展已经成熟，TCP/IP、X.25、帧中继等都是在这期间出现并发展成熟的。在这一时期，形成了以 PSTN 为基础，Internet、移动通信网等多种业务网络交叠并存的结构。

4.第四阶段 / 现代通信阶段：从 1995 年一直到目前，可以说是信息通信技术发展的黄金时期，是新技术、新业务产生最多的时期。互联网、光纤通信、移动通信成为这一阶段的主要标志。骨干通信网实现了全数字化，骨干传输网实现了光纤化，同时数据通信业务增长迅速，独立于业务网的传送网也已形成。由于电信政策的改变，电信市场由垄断转向全面的开放和竞争，宽带化的步伐日益加快。

在了解通信网络的发展历程之后，我们也可以知古鉴今，对通信网未来的发展趋势做出展望。

二、通信网的发展趋势

现代通信网未来的发展方向必是沿着数据化、光纤化、宽带化、无线化、分组化、标准化、综合化、智能化的方向发展的。

1. 网络业务数据化

100多年来，通信网的主要业务一直是电话业务，因此通信网一般称为电话通信网。传统的电话网设计都是以恒定对称的话务量为对象的，网络呈现资本密集型，通信网容量与话务容量高度一致，业务和网络均呈稳定低速增长。而现在，IP业务呈爆炸式增长，其规模和业务量已达到约6~12个月就翻一番的地步，比著名的CPU性能进展的摩尔定律（一年半翻一番）还快。数据业务逐渐超过电话业务。最终电信网将以数据业务为主，电话业务将变为副业。网络的业务性质将发生根本性变化。

2. 网络信道光纤化

鉴于光纤的巨大带宽、小重量、低成本和易维护等一系列优点，从20世纪80年代中期以来，"光进铜退"一直是包括中国在内的世界各信网发展的主要趋势之一。最初，光纤化的重点是长途网，然后转向中继网和接入网馈线段、配线段。现在，随着铜期货的价格上涨，光纤的优势越来越明显。光纤正沿着到路边、到小区、到大楼的趋势，最终开始进军FTTH光纤入户了。

3. 网络容量宽带化

随着数据业务量特别是IP业务量的飞速增长，主要有下面三大类应用对以电话业务量为主的传统通信网形成越来越大的压力：

· 大量：低延时数据业务应用（如Web浏览、LAN）需要高带宽。

· 本身带宽窄，但通信量极大的业务应用（如电话、E-mail）也需要很高的网络带宽。

· 固有的宽带应用（如图像、文件备用）更需要高带宽。

仅有波分复用链路而不消除节点"电瓶颈"，是无法真正实现通信网络容量宽带化的。因此在接入网中，各种宽带接入技术争奇斗艳，ADSL、HFC、PON等技术纷纷登场。

从现代通信网处理的具体业务上来看，随着信息技术的发展，用户对宽带新业务的需求开始迅速增加。光纤传输、计算机和高速数字信号处理器件等关键技术的进展，使宽带化的进程日益加速。1990年，网络的主要业务是E-mail，带宽仅1 Kbps。1995年，主要业务是Web浏览，带宽为50 Kbps。2000年起，活动图像成为重要业务，带宽要求5 Mbps以上。而现在，更多高清、实时的业务，对带宽提出了更高的要求。

4. 网络接入无线化

100 多年来，无论是核心网，还是接入网，公用电信网基本上是有线一统天下，无线只有在特殊时期（战争）和特殊地区（偏远地区），才有过短暂的辉煌。但 20 世纪 50 年代以后，无线化的传输手段以其方便灵活的接入方式，越来越受用户的欢迎。2003 年 10 月底，我国移动电话用户数已经超过固定电话用户数。这个标志性事件说明移动通信仅仅用了 10 多年的时间就赶超了经营数十年的固网通信。固网通信一方面面临移动话务分流的压力，另一方面业务的开展受到了传统 PSTN 的限制。而与此同时，蜂窝移动通信系统的性价比却还有极大的改进潜力。

5. 网络传输分组化/IP 化

具有 100 年历史的电路交换技术尽管有其不可磨灭的历史功勋和内在的高质量、严管理优势，但其基本设计思想是以恒定对称的话务量为中心，采用了复杂的分等级时分复用方法，语音编码和交换速率为 64 Kbit/s，而分组化通信网具有传统电路交换通信网所无法具备的优势，尤其是其中的 IP 技术，以其无与伦比的兼容性，成为人们的最终选择。所以，未来网络的分组化，实际是指 IP 化。原来电信传输网的基础网是 SDH、ATM，而如今 IP 网成为基础网。话音、视频等实时业务，转移到了 IP 网上，出现了 EverythingOnIP 的局面。

6. 网络管理标准化

通信网一般是由许多独立管理的专用网和公用交换网互联组成的。它们大多采用各自的管理协议，互不兼容，这样导致了即使是在一个通信网中也有多个不同管理功能和服务设施与通信网管理系统的共存。在选用通信网络设备时，应考虑它具有开放性，设备可以和其他设备兼容，并与其他用户连通。

7. 综合业务与三网融合

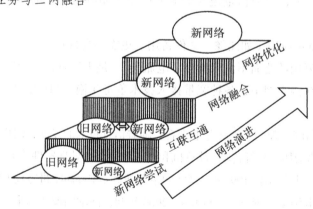

图 1-8　网络演进过程

20多年前，通信业界就提出"综合'Integration'"一词，如"综合业务数"，现在又有了"三网融合"的概念。图1-8给出了网络演进的4个阶段，从中可以看出网络的融合不是简单的叠加，而是把各种异构网络平滑过渡到一个统一的网络层面上，从而实现在应用上的大统一。

8.网络智能化

网络智能化不仅仅是指网络具有智能分析的能力，而是系统层面的、整个安全层面的智能化，包括以下多个方面。

（1）在网络边缘上实现智能化，方便用户接入和使用。

（2）在业务提供上实现智能化，例如固网网络的智能化改造。其基本原理就是在现有固定电话网中引入用户数据库（Subscribers Data Center，SDC）新网元，交换机和SDC之间通过ISUP、INAP、MAP等协议或者相关扩展协议进行信息交互，实现用户数据查询，为用户提供多样化的增值服务。

（3）在网络管理上实现智能化。随着IT业务变得越来越富有挑战性，信息技术领域的工作也变得越来越复杂。如何优化设备和网络配置，使网络系统充分发挥优势，是今天网络建设正面临的一项艰巨任务。通过智能化网管系统为网络把脉，查看全网的网络连接关系，实时监控各种网络设备可能出现的问题，检测网络性能瓶颈出在何处，并进行自动处理或远程修复，实现高效的网络管理，促进网络的高效运转。

由此可见，通信技术的迅猛发展，与其他技术的相互渗透与密切结合，计算机使新的通信技术和领域得以快速发展，促进了通信网络最终向综合性服务方向发展。通信网络在当今社会和经济发展中起着非常重要的作用，网络已经影响到人们的日常生活。在某种程度上，通信网络的发展速度不仅反映了一个国家的科学技术，而且已经成为衡量其国力及现代化程度的重要标志之一。未来社会对网络的发展需求也将提升到更高的层次。所以，对通信网络的学习已经迫在眉睫。

第五节 现代通信技术标准化组织

一、标准化的意义

标准化是指通信和网络的技术体系、网络结构、系统组件和接口遵从开放性和标准化的要求，采用全球、全行业或全国统一的技术标准、规范或建议。其主要意义在于以下几个方面：

1. 通信和网络的标准化，可以方便地实现各种通信设备之间的互操作；
2. 有利于设备采购、互联互通、系统维护以及与其他用户或系统的接口；
3. 可以降低互联互通的成本以及生产、销售等环节的成本。

二、主要标准化组织

1.国际电信联盟（ITU）

国际电信联盟（International Telecommunication Unit，ITU）是电信界最权威的标准制定机构，成立于1865年5月17日，1947年10月15日成为联合国的一个专门机构，总部设在瑞士日内瓦。经过100多年的变迁，为适应不断变化的国际电信环境，保证在世界电信标准领域的地位，ITU决定于1992年12月对其体制、机构和职能进行改革。改革后的ITU最高权力机构仍是全权代表大会。全权代表大会下设理事会、电信标准部门、无线电通信部门和电信发展部门。电信标准部（ITU-T）、无线电通信部（ITU-R）和电信发展部承担着实质性标准制定工作。

电信标准部（ITU-T）由原国际电报电话咨询委员会（CCITT）和国际无线电咨询委员会（CCIR）从事标准化工作的部门合并而成，是国际电信联盟下设的制定电信标准的专门机构。其主要职责是完成电联有关电信标准方面的目标，即研究电信技术、操作和资费等问题，出版建议书，目的是在世界范围内实现电信标准化，包括在公共电信网上无线电系统互联和为实现互联所应具备的性能。

国际电信联盟电信标准部长期以来做了大量的通信标准化工作，例如，电话调制器技术标准，从早期的CCITTV.24到后来的ITU-TV.92。

ITU网址：http://www.itu.ch

2.国际标准化组织（ISO）

国际标准化组织（International Organization for Standardization，ISO）正式成立于1947年2月23日，总部设在瑞士日内瓦。国际标准化组织（ISO）是一个在国际标准化领域中十分重要的全球性的非政府组织。ISO的任务是促进全球范围内的标准化及其有关活动，以利于国际之间产品与服务的交流，以及在知识、科学、技术和经济活动中发展国际之间的相互合作。其标准化工作涉及各个行业，通信技术的标准化只是其中一小部分。

国际标准化组织长期致力于国际标准化工作，例如，ISO产品质量保证体系ISO9001以及Medium Access Control（MAC）Security Enhancements：ISO/BEC8802-11：2005。

ISO网址：http://www.iso.org

3. 电气和电子工程师协会（IEEE）

电气和电子工程师协会（Institute of Electrical and Electronics Engineers，IEEE）的前身 AIEE（美国电气工程师协会）和 IRE（无线电工程师协会）成立于 1884 年。1963 年 1 月 1 日，AIEE 和 IRE 正式合并为 IEEE。自成立以来，IEEE 一直致力于推动电工技术在理论方面的发展和应用方面的进步。作为科技革新的催化剂，IEEE 通过在广泛领域的活动规划和服务来满足其成员的需要。

IEEE 是一个非营利性科技学会，拥有全球近 175 个国家 36 万多名会员。透过多元化的会员，该组织在太空、计算机、电信、生物医学、电力及消费性电子产品等领域中都是主要的权威。在电气及电子工程、计算机及控制技术领域中，IEEE 发表的文献占了全球将近 30%，IEEE 每年也会主办或协办 300 多项技术会议。IEEE 长期以来为通信领域制定了大量的技术标准，例如 IEEE802.3 系列局域网标准。

IEEE 网址：http：//www.ieee.org

4. 美国通信工业协会（TIA）

美国通信工业协会（Telecommunications Industry Association，TIA）是 1988 年由 EIA（美国电气工业联盟）中独立出来的，总部位于华盛顿阿林顿 EIA 总部大楼。EIA 会员包括从半导体、元器件到家用电器的广泛厂家。TIA 也是经过 ANSI 认可的指定标准的组织，但其属于行会性质，除了标准工作外，其职责还包括为保护和促进会员厂家利益而影响政策、促进市场和组织交流（包括展览和提供信息），主要的作用是影响有关政策，组织制定业内标准，发展和创造市场（机会），为会员介绍市场并沟通会员与市场的关系。

TIA 长期以来制定了大量的工业标准，例如计算机上常见的串行通信接口标准：EIARS-232C。

TIA 网址：http：//www.tiaonline.org

5. 美国国家标准化协会（ANSI）

美国国家标准协会 ANSI（American National Standards Institute）最早起源于 1918 年由数百个科技学会、协会组织和团体组织成立的一个专门的标准化机构美国工程标准委员会（AESC），制定统一的通用标准。美国工程标准委员会于 1928 年改组为美国标准协会（ASA），1966 年 8 月又改组为美利坚合众国标准学会（USASI），1969 年 10 月 6 日改为现名。美国国家标准化协会的标准绝大多数来自各专业标准。同时，各专业学会、协会团体也可依据已有的国家标准制定某些产品标准。当然，也可不按国家标准来制定自己的协会标准，ANSI 的标准是自愿采用的。

美国认为，强制性标准可能限制生产率的提高。但被法律引用和政府部门制定的标准，一般属强制性标准。ANSI 在通信领域制定了众多标准，例如帧中继承载业务信令规范：ANSIT1.617。

ANSI 网址：http：//www.ansi.org

6.欧洲电信标准协会（ETSI）

欧洲电信标准协会（European Telecommunications Standards Institute，ETSI）是欧洲地区性标准化组织，创建于 1988 年。其宗旨是为贯彻欧洲邮电管理委员会（CEPT）和欧共体委员会（CEC）确定的电信政策，满足市场各方面及管制部门的标准化需求，实现开放、统一、竞争的欧洲电信市场而及时制定高质量的电信标准，以促进欧洲电信基础设施的融合，确保欧洲各电信网间互通，确保未来电信业务的统一，实现终端设备的相互兼容，实现电信产品的竞争和自由流通，为开放和建立新的泛欧电信网络和业务提供技术基础，并为世界电信标准的制定做出贡献。GSM 就是 ETSI 为第二代蜂窝移动通信系统制定的技术标准。

ETSI 网址：http：//www.etsi.org

7.因特网工程任务组（IETF）

因特网工程任务组（TheInternet Engineering Task Force，IETF）成立于 1985 年底，是一个由为因特网技术工程及发展做出贡献的专家自发参与和管理的国际民间机构，主要任务是负责因特网相关技术规范的研发和制定。IETF 汇集了与因特网架构演化和因特网稳定运作等业务相关的网络设计者、运营者和研究人员，并向所有对该行业感兴趣的人士开放。任何人都可以注册参加 IETF 的会议，IETF 大会每年举行三次。IETF 组织结构分为三类，一类是因特网架构委员会（IAB），第二类是因特网工程指导委员会（IESG），第三类是在八个领域里面的工作组（Working Group）。标准制定工作具体由工作组承担，工作组分成八个领域，分别是因特网路由、传输、应用领域等。目前，IETF 已成为全球互联网界最具权威的大型技术研究组织。

IETF 网址：http：//www.ietf.org

第六节　现代通信相关专业和行业介绍

一、通信相关专业介绍

如果让科学家们选出近十年来发展速度最快的技术，恐怕也是非通信技术莫属。相应地，各高校也出现了通信工程（也作信息工程、电信工程；旧称远距离通信工程、弱电工程）、电子信息工程等学科。

我国通信工程专业的前身是电机系和电机工程专业。1909年北京交通大学（国立交通大学北京学校）首开"无线电"科，开创了中国培养通信人才的先河，后来又成立了电信系，这里走出了简水生院士等一大批知名学者。上海交通大学于1917年在电机工程专业内设立了"无线电系"，此后，于1921年设立"有线通信与无线通信系"，1952年院系调整后，成立了"电信系"。清华大学于1934年在电机系设立了电讯组，1952年与北京大学两校电机系的电讯组合并后成立了清华大学无线电工程系。随后出现了任之慕、朱兰成、章名涛、叶楷、范绪筹、张钟俊等较有影响力的人物。

建国初期，各有关学校分别在原有的电信工程、电机工程、无线电电子学专业的基础上，为现代通信工程技术的人才培养积蓄着雄厚的力量。20世纪六七十年代，通信工程专业的变迁较大。例如，1969年清华电子工程系大部分迁往四川绵阳，1978年才迁回北京，恢复为无线电电子学系建制。为了拓宽专业面向、适应科技发展需要，专业设置有所调整增设了无线电技术与信息系统、物理电子与光电子技术、微电子学共3个大学本科专业。到了20世纪80年代，从美、日、英等发达国家吹过来的信息革命这股飓风，为我国通信工程专业的发展增添了强劲的动力，也是从那时起，通信工程专业有了现在的名称。同时，一大批实验室也纷纷走进了大学校园，为培养本专业的优秀人才做出了重要贡献。

二、通信相关行业介绍

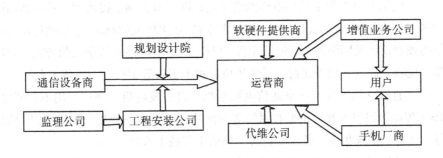

图1-9 通信产业

校园里的莘莘学子，在进入通信这个行业的时候会发现：通信是个极其庞大的产业链（见图1-8）。据粗略估计，我国在通信行业工作的人数有几百万，分布于工业和信息化部门，或其下属机构、代理商、设备制造商、渠道商、运营商、增值服务提供商、虚拟运营商、互联网服务提供商、互联网内容提供商、网络服务商、应用服务提供商、系统集成商等各个行业。

其中，面向高校通信专业毕业生的对口岗位，大多集中在以下几个方向。

（1）有线通信工程：从事明线、电缆、载波、光缆等通信传输系统及工程，用户接入网传输系统以及有线电视传输及相应传输监控系统等方面的科研、开发、规划、设计、生产、建设、维护运营、系统集成、技术支持、电磁兼容和三防（防雷、防蚀、防强电）等工作的工程技术人员。

（2）无线通信工程：从事长波、中波、短波、超短波通信等传输系统工程与微波接力（或中继）通信、卫星通信、散射通信和无线电定位、导航、测定、测向、探测等科研、开发、规划管理、电磁兼容等工作的工程技术人员。

（3）电信交换工程：从事电话交换、话音信息平台、ATM 和 IP 交换、智能网系统及信令系统等方面的科研、开发、规划、设计、生产、建设、维护运营、系统集成、技术支持等工作的工程技术人员。

（4）数据通信工程：从事公众电报与用户电报、会议电视系统、可视电话系统、多媒体通信、电视传输系统、数据传输与交换、信息处理系统、计算机通信、数据通信业务等方面的科研、开发、规划、设计、生产、建设、维护运营、系统集成、技术支持等工作的工程技术人员。

（5）移动通信工程：从事无线寻呼系统，移动通信系统，公众无绳电话系统，卫星移动通信系统，移动数据通信等方面的科研、开发、规划、设计、生产、建设、维护运营、系统集成、技术支持、电磁兼容等工作的工程技术人员。

（6）电信网络工程：从事电信网络（电话网、数据网、接入网、移动通信网、信令网、同步网以及电信管理网等）的技术体制、技术标准的制定、电信网计量测试、网络的规划设计及网络管理（包括计费）与监控、电信网络软科学课题研究等科研、开发、规划、设计、维护运行、系统集成、技术支持等工作的工程技术人员。

（7）通信电源工程：从事通信电源系统、自备发电机、通信专用不间断电源（UPS）等电源设备及相应的监控系统等方面的科研、开发、规划、设计、生产、建设、运行、维护、系统集成、技术支持等工作的工程技术人员。

（8）计算机网络工程：从事计算机网络的技术体制、技术标准的制定、网络的规划设计及网络管理与监控，软科学课题研究等科研、开发、规划、设计、测试、维护运行、系统集成、技术支持等工作的工程技术人员。

（9）通信市场营销工程：从事通信市场策划、开拓、销售、市场分析，为客

第二章　电话网技术的发展及关键技术

第一节　电话网的特点及其发展

固定电话网络是进入到现代通信阶段的第一个大规模的现代通信网络。在过去很长一段时间里，它也是现代通信最主要的形式。以至于在那时，"电话网"一词几乎就是"通信网"的代名词。因此，在学习各种业务网络的时候，本书按时间顺序，把固定电话作为第一个介绍的业务网。

一、电话网的概念

公用电话交换网（PublicSwitchedTelephoneNetwork，PSTN），主要是指固定电话网。PSTN 中使用的技术标准：国际电信联盟（ITU）规定，采用 E.I63/E.I64（通俗称作电话号码）进行编址。

电话网属于业务网，是以电路交换为基础、双向实时语音业务为主体的电话网。它承担了 70% 以上的通信业务。

电话网分为国内本地电话网、国内长途、国际长途电话网。经历了从模拟到数字，从单一语音业务为主到综合业务的发展历程。

电话通信网的指标有以下 3 个方面。

（1）接续质量：用户通话被接续的速度和难易度，通常用连续损失（呼损）和接续时延来度量。

（2）传输质量：可以用响度、清晰度和逼真度来衡量。

（3）稳定质量：通信网的可靠性，其指标主要有失效率（设备成系统投入工作后，单位时间发生故障的概率）、平均故障隔时间、平均修复时间（发生故障时进行修复的平均时长）等。

电话网的基本组成有：电话机、电话交换机和电话线（电缆等）。

二、固定电话终端设备

1.通话设备

通话设备分为送话器和受话器，即话筒和听筒。其基本原理是声电转换：在图 2-1 中，金属片因声音而振动，在其相连的电磁开关线圈中产生了电流。这样就把声音信号转换成了电信号，而听筒则是话筒的逆过程。1879 年，爱迪生又利用电磁效应制成炭精送话器，大大提高了送话效果，其原理及其器件一直沿用至今。除此之外还有驻极体、压电、电磁、动圈等方式制成的通话设备。通常选用的工作电压为 –48V，在通话时，馈电电流在 20 mA ～ 100 mA 之间。

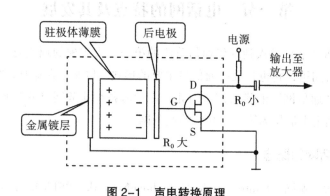

图 2-1　声电转换原理

2.信号设备

信号设备分为发信设备和受信设备两部分。

（1）发信设备：以前使用脉冲拨号盘，现在使用双音多频按键。

①脉冲拨号盘：由专用脉冲芯片集成电路检测按键，存储并发出相应的脉冲串。脉冲拨号盘有如下缺陷：

· 速度慢，电话号码的拨号所用时间越长，占用交换机的时间也越长。不仅使程控交换机接续速度快的优点得不到发挥，也影响交换机的接通率。

· 易错号，脉冲信号在线路传输中易产生波形畸变。

· 易干扰，脉冲信号幅度大，容易产生线间干扰。

② 双音多频 DTMF（Dual Tone Multi Frequency）：由专用双音频检测按键，并发出相应的双音频。选用的 8 个频率应是通话中较少出现的频率，任意两个频率不呈谐波关系，任一频率不等于其他频率的和或差。

（2）受信号标准：振铃电流是 90±l5 V，25±3 Hz。以前用极化铃，现在用电子振铃器。

① 交流极化铃（俗称机械铃）：原理和受话器一样，也是电磁感应。但受话器是变化的电流转换为变化的磁场，带到振动薄膜振动；而交流极化铃带动的是铃锤，敲打铃碗。

② 电子振铃器：采用振荡器，产生人们喜欢的频率和音调，通过动圈式或压电式扬声器放音。发出的声调可根据需要进行调整，器响度也可以用电位器随时调整。

3. 叉簧

负责完成外线与振铃电路与通话电路的转换。国标规定叉簧寿命为20万次以上。

至今，陆续在通信市场上出现过的电话机有：磁石话机、共电话机、号盘话机、脉冲话机、双音频话机、录音话机、数字话机、无绳话机、可视话机、磁卡话机、1C卡话机、光卡话机等几十个种类。

在认识了电话终端设备之后，这些终端设备是怎样相互通信的呢？显然光靠线路的连接是不够的，还需要交换设备的辅助。

三、电话交换设备的发展

电话交换机就是以增加转接次数、公用信道的方式来换取开关点和线路的减少。当线路数量很大时，通过增加级数，来实现进一步压缩。如图2-2所示，在不用交换机时，需要4×4=16个开关，用了交换机后只需要12个。

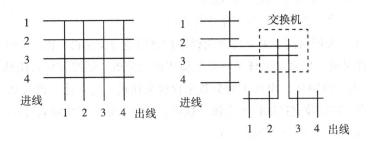

图2-2 电话机交换原理

电话交换机的发展分为人工、机电、电子和软交换阶段共4个阶段。

1. 人工交换机阶段

（1）磁石交换机：1878年，电话网络在美国首建，采用的是带手柄的手摇发电机装置。其工作过程如下：

① 用户A摇动手柄发电机。

② 送出呼叫信号。

③ 交换机上 A 号用户塞孔上的吊牌掉下来。

④ 话务员用空闲塞绳上的一端插入 A 的塞孔。

⑤ A 告诉话务员他想接通用户 B。

⑥ 话务员把塞绳另一端插入 B 的塞孔。

⑦ 话务员扳动振铃，手摇发动机，向 B 发出呼叫信号。

⑧ 一方挂机，交换机塞绳的话筒吊牌掉下。

⑨ 话务员拆线。

（2）共电交换机。

采用集中供电的方式，又称中央馈电。通话时，用户拿起电话，供电环路接通，环路上电流增大，话务员由此得知用户有通话要求。

2. 机电式自动交换机阶段

1892 年，美国人史端乔发明了步进制交换机，由拨号脉冲连接控制接续。

1926 年，瑞典研制成功了纵横制交换机。采用间接控制的方式，将控制部分从各用户的话路接续网中独立出来，加入了记发器、标志器等公共控制设备。由于滑动摩擦方式的接点改为了点压接触，因而减少了滑动摩擦带来的磨损。但力保证接触点的灵敏度，需要较多贵重金属，并且噪音大、体积大而笨重。纵横制交换机在电话交换设备的舞台上雄霸 80 年，直到 1993 年，英国、日本等国的电话网络里还有 1/3 的交换机是纵横制的。

3. 电子式自动交换机阶段 / 程控交换机

1965 年，美国研制了第一部存储程序控制的空分交换机。由小型纵横继电器和电子元件组成，后来又出现了时分模拟程控交换机，话路部分采用脉冲幅度调制 PAM 方式。1970 年，出现了时分数字程控交换机。它是计算机与 PCM 技术相结合的产物，以时隙交换取代了金属开接续，话路部分采用脉冲编码调制 PCM。

4. 软交换技术（Soft Switch）

近年来，固定电话网络向下一代网络过渡的过程中，软交换技术在网络中的应用越来越常见。软交换是一种完成呼叫控制功能的软件实体，支持所有现有的电话功能及新型会话式多媒体业务，这些各式各样的交换机，它们不仅外观和实现方式不同，而且其基本原理也是不同的。

第二节 电话网的主要交换方式

Switch 交换，又称转接：在当前共有 3 种交换方式：电路交换、报文交换和分组交换，如图 2-3 所示。一个通信网的有效性、可靠性和经济性直接受网中所采用的交换方式的影响。

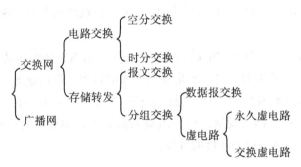

图 2-3 电话网交换方式

一、电路交换

电路交换（Circuit Switching，CS）又称线路交换。根据 ITU 定义："电路交换是根据请求，从一套入口和出口中，建立起一条为传输信息而从指定入口到指定出口的连接"。

工作原理：

电路交换最核心的根本原理是"每用户独占信道"。打个比喻，电路交换就好比"打出租车"：

（1）出租车公司有很多辆车，你招一招手，拦住了其中一辆——这就是"接续"，又叫"呼叫申请"。

（2）你上车后，其他人就不能再使用这辆出租车了——这就叫"独占"。

（3）等你付款下车了，这辆车就空闲下来，可以等着给别人用了——这叫"拆线"。

（4）高峰期可能打不到车，因为全被人占用了，但是已经打到车的人不受影响——这叫"呼损"。

优点：

（1）话音或数据的传输时延小且无抖动。

（2）话音或数据在通路中"透明"传输，对数据信息的格式和编码类型没有限制。

缺点：

（1)电路的接续时间较长，在短数据时，电路建立和拆除所用的时间得不偿失。

（2）电路资源被通信双方独占，电路利用率低。

（3）在传输速率、信息格式、编码类型、同步方式以及通信规程等方面，通信双方必须完全兼容，这不利于不同类型的用户终端之间实现互通。

（4)当一方用户忙或网络负载过重时，可能会出现呼叫不通的现象，即"呼损"。

应用：

电路交换方式源自早期的电话网络，软交换以前的交换机都是电路交换方式。电话的拨号过程，又称为呼叫，就是建立连接的过程，电话业务需等待被叫用户摘机应答后，才能相互传递信息。通话过程中，主被叫双方一直保持着联系，即使"冷场"了，双方都没说话，但信道资源依旧被占用着，电话费用照样要付。最后的挂机过程，就是释放连接的过程。

二、报文交换

报文交换（Message Switching），也称"电文交换"或"文电交换"。

工作原理：存储转发（Store-and-Forward）的对象是完整的数据，实现通信资源的共享。能够完成传输差错控制，传输通路(路由)选择，能够识别报头、报尾、目的站地址等相关信息。完成网络拥塞处理、紧急报文的优先处理等特殊功能。

1.报文头部通常包含以下一些信息

（1）起始标志：告诉节点有信息输入。

（2）信息开始标志：信息正文的开始。

（3）源节点地址。

（4）目的节点地址（包括传输路由信息）。

（5)控制信息:控制说明和标记，包括排队优先权，指明该帧是"报文"还是"应答信号"。

（6）报文编号：由发送方给定。

2.接着上一小节的比喻：存储转发的交换方式，就好比是在"挤公交车"

（1）公路上奔驰的公共汽车就好比用户信息，没有哪一辆车可以独占一个路段，都要与其他车辆共享一条路——这就是"共享"。

（2）为了便于区别，公交车是有路线编号的——就像添加了"报头"。

（3）车少的时候，走得快一些；车多的时候，只能排队等待，轮到了再走——这就叫"先存储后转发"。

（4）路宽的时候，堵车的概率就小；路窄的时候，堵车的概率就大——所以传输速率抖动大，难以保证稳定的带宽和时延。

3.优点

（1）链路利用率高，便于统计时分多路复用。

（2）兼容性强，存储转发方式可匹配输入输出速率，不要求收、发两端同时处于激活状态，不同数据终端之间也可互通，还可以把一个信息发送到多个目的地。

（3）还能防止呼叫阻塞、平滑通信业务量峰值。通信量大时仍然可以接收报文，不过传送延迟会增加。

4.缺点

（1）时延较大，而且变化大，不利于交互型实时业务。

（2）设备要求较高，交换机必须具有大容量存储、高速处理和分析报文的能力。

5.应用

电报、资料、文献检索等简短数据信息的传输。

三、分组交换

分组交换（Packet Switching），也称"信息包交换"。1980 年出现了 X.25 建议，制定了分组交换的标准框架。

1.工作原理

在报文交换的基础上，将用户的一整份报文分割成若干定长的数据块（即分组），以这些更短的、被规格化了的"分组"为单位，再进行存储转发。

2.优点

（1）灵活性强，时延比报文交换小，能满足实时性要求。

（2）以分组为单位，比报文效率更高，还更节省存储空间，降低费用。

（3）可靠性在差错控制协议的帮助下能将误码率降低到 10^{-10} 以下。

3.缺点

（1）技术复杂，设备要求较高。要求交换机具有大容量的存储空间、高速的分析能力，并且能处理各种类型的分组。

（2）分组越多，分组头部的附加信息就越多，影响了效率。

4.应用

分组交换是数据通信网，包括大名鼎鼎的互联网所选择的基本交换方式，也是下一代网络的主要形式。

5.分类

分组交换方式又可分为虚电路和数据报两种交换方式。

第一种是，虚电路（Virtual Circuit）

（1）也有呼叫建立、数据传输和释放消除3个阶段。

（2）由于路径是预先建好的，因此在传输过程中，不再进行路由选择。

（3）虽然该用户的所有分组都只经同一条路径传输，但该路径上不止这一个用户。因此传输的结果是"顺序而小连续"的。

（4）时延比数据报小，且不易丢失。

虚电路又可分为：

交换虚电路（Switched Virtual Circuit，SVC）：如同电话电路，呼叫建立 – 发送 – 拆线。

水久虚电路（Permanent Virtual Circuit，PVC）：如同专线，两终端在申请合同期间，无须呼叫建立与拆线。

第二种是，数据报（Datagram）

（1）无须呼叫和释放阶段，只有传输数据阶段。消除了除数据通信外的其他开销。

（2）各分组可沿任意的路径传输，每途经一个节点都需要选择下一条路由。

（3）灵活方便，对网络故障的适应能力较强，特别适合于传送少量零星的信息。

（4）数据分组传输时延离散度大，且不能防止分组的丢失或失序问题。

"数据报"好，还是"虚电路"好？这个问题取决于：是否需要网络提供"端到端的可靠通信"。OSI以前按传统电信网的方式来对待分组交换网络，认为应选虚电路。而ARPANET则认为：计算机网络不可能非常可靠，用户总是要负责"端到端可靠性"的。不如采用数据报，简化协议模型的第三层。

四、面向连接和无连接

前面介绍了交换方式的几种主要形式，同时，我们也常常用是否面向连接来形容这些交换方式。

1.面向连接（connection-oriented）

面向连接包括电路和虚电路交换方式。它有呼叫传输和释放3个阶段。传输前，需通过呼叫，申请一条固定的连接。传输时，无论该连接是否独占，所有信息都只走这一条路径。传输后，需要释放连接。可确保传送的次序和可靠性。

2. 无连接（connectionless）

无连接包括数据报交换方式，常见交换方式性能比较如表 2-1 所示。

表 2-1　常见交换方式性能比较

	电路交换	数据报	虚电路
独占信道	Y	N	N
分组	N	Y	Y
动态利用带宽	N	Y	Y
建立，释放（接续时间）	Y	N	Y
过载时	阻塞，但已建立的不影响	增加分组时延	阻塞并增加时延
面向连接	Y	N	网络层 Y
协议处理	无	复杂	复杂
速率	高速	低速	低速
顺序传输	Y	N	Y
排队	N	Y	Y
时延	☆	☆☆☆☆	☆☆☆
可靠性	☆	☆☆	☆☆☆
透明性	有	无	无
兼容/灵活	N	Y	Y
多点传送/广播	N	Y	Y
利用率	低	高	高
交换机成本	低	高	高
实时业务	Y	Y	Y

第三节　电话网的结构及编号计划

编号计划指的是本地网、国内长途网、国际长途网、特种业务以及一些新业务等各种呼叫所规定的号码编排和规程。

1. 本地网的编号方式

本地直拨的号码由局号和用户号组成。

（1）用户号：本地电话号码的"后4位"。常用字母ABCD表示。

（2）局号：加在用户号的前面，各地区各时期的局号长度不等。改革开放以前，多数本地网就只有一个端局，交换机容量才2000多，无须局号，电话号码长度仅有4位。随着用户人数的增加，电话号码也不断升位。

升位后的号码长度，要根据本地电话网的长远规划容量来确定。目前本地电话号码为8位，8位用PQRSABCD表示。

2. 国内长途电话的编号方式

若被叫方和主叫方不在一个本地电话网内，则属于长途电话。我国曾经用拨打"173"来接通国内人工长途电话话务员，由话务员接通被叫用户。现在的长途电话都使用全自动接续方式，打网内长途电话时，需使用具有长途直拨功能的电话，所拨号码分为3部分。

（1）国内长途先拨表示国内长途的字冠，又叫接入码。中日韩英法德等大多数国家都采用ITU推荐的"0"作字冠。也有一些国家使用其他字冠，如美国使用"I"作为国内长途字冠。

（2）国内长途区号：然后再拨被叫用户所在的国内长途区域号码，有些国家称它为城市号码。

我国的国内长途区号确定时没有程控电话交换机，市级的行政单位也不多（多为地级的），部分长途电信流量较少的地区，合用一个地区交换中心。如今，我国的国内长途区号为2～3位。原来空缺的号码资源，除了个别作为预留以外，都开始在各地作为填补号码资源空缺使用，以保证每个市级行政单位，至少有一个三位区号。

（3）本地号码：最后拨被叫方的本地号码。

这几个部分合在一起时，在书写上，为了方便区分，常用短横间隔开；但在电话机上拨号时，连续拨号即可。

3. 国际长途电话的编号方式

国际长途直拨电话的号码分为以下4部分。

（1）国际长途首先需拨表示国际长途的字冠。半数以上的国家和地区，包括中国、德国、印度、中国澳门、越南等，都使用"00"来作为国际长途字冠。加拿大、美国使用"011"，日本、韩国、泰国、中国香港使用"001"，中国台湾使用"002"来作为国际长途字冠。

由于各国的国际长途字冠五花八门，所以后期增设了"+"号为全球通用国际长途字冠。

（2）国际长途区号：接着拨被叫用户所在的国际长途片区区域号，长度有1～3位不等。

（3）国内长途区号：在拨完"国际长途区号"后再接着拨"国内长途区号"时应注意国内长途区号前面无须加拨表示国内长途的字冠"0"。

（4）本地号码：最后依旧是被叫方的本地号码。

以上4个部分合在一起，就是打跨国电话所需拨打的号码。

第四节 智能网

一、概述

（一）智能网概念的提出

自1876年贝尔发明电话以来，电信网和电信业的发展经历了一百多年的历程。随着社会、经济和科学技术的不断发展，人们对信息的需求量日益增长，用户对电信业务的需求也越来越多样化，这就要求电信网能迅速而灵活地向用户提供多种电信业务。传统的做法是：对用户业务特性的控制集中在用户所连接的交换机中，如需在全网范围内提供一种新业务，网中所有交换机都要同时增加部分软件，或对软件进行修改。由于交换机数量十分庞大，而且类型繁多，每种交换机的结构、软件、设计方法等各不相同，因此可以想象，通过这种方式增加新业务，不但工作量极大，而且由于各厂商对业务规范的理解存在差异，不同厂商交换机间难以实现新业务的互通。因此，通过这种方法来提供新业务不但成本高、可靠性差，而且所需周期长，难以适应不断变化的市场竞争的要求。

为此，贝尔公司（Bellcore）和美国技术公司（Ameritec）于1984年提出了智能网（Intelligent Network，IN）的概念。智能网是附加在原有通信网络基础上的一种网络结构，它的目标是快速、灵活地引入新的业务，并能安全地加载到现有网络环境中去。智能网的基本思想是将呼叫与业务控制功能分离开来：交换机仅完成最基本的呼叫和接续功能，所有的业务控制功能均由智能网中的相关功能节点配合实现。在智能网环境下，呼叫和业务控制功能在逻辑上是完全分离的，与智能业务相关的业务控制功能由业务控制点（Service Control Point，SCP）来完成，传统的程控交换机只负责完成基本的呼叫控制功能。一些交换机增加了相应的业务交换功能，可以通过信令网与SCP配合工作，这些交换机被称为业务交换点（Service Switching Point，SSP）。采用这种结构，在引入新业务或对现有业务进行修改时，只需要对SCP中的软件进行修改就可以了，不但工作量小，而且可以更加方便快捷地引入新业务。

如上所述，智能网的主要功能是完成业务控制功能，与具体的呼叫处理无关，因此，可以较方便地将其应用于各种不同类型的业务网络。智能网体系不仅可以为公用电话交换网（PSTN）、分组交换数据网（PSPDN）、窄带综合业务数字网（N-ISDN）服务，也可以为宽带综合业务数字网（B-ISDN）、移动通信网和Internet服务。随着智能网概念的提出和应用，在电信网中引入了很多新的智能业务，如目前在固定电话网中广泛使用的被叫集中付费业务（800业务）、记账卡呼叫业务、虚拟专用网业务和通用个人通信业务，以及用于移动智能网的预付费业务和移动虚拟专用网业务等。

（二）智能网的基本概念

原CCITT（ITU-T的前身）第11研究组1993年3月公布的Q系列建议草案中对智能网给出了如下的定义：智能网是一种用于产生和提供新业务的体系结构。这里所谓的体系概念主要指两个方面：一是智能网应能提供独立于业务的功能，这些功能像"积木"一样可以用来组装各种业务，使新业务易于规定和设计；二是网络实现与业务的提供相独立，即提供业务时可以利用各种分布式的网络功能，可以跨越若干网络，并且可以独立于这些网络的具体实现。由于业务独立于网络基础设施，因此，物理网络的演变不会影响现有业务，网络中的物理设备可以由不同厂商提供。

原CCITT关于智能网的定义实质上就是把智能网看作一种能够灵活地产生和提供各种电信业务（特别是高级通信业务）及网络管理功能的网络结构。智能网改变了传统的通信网络结构，将网络业务和网络管理功能从传输网中分离出来，运用软件进行处理和控制，使通信网从以硬件为主的网络结构向以业务和软件功能为主的网络结构转变。从这个意义上讲，智能网的概念可以看作是程控交换概念的延伸和拓展，即把程序控制的概念从交换机推广到了整个通信网。

（三）智能网的演进

自1992年ITU-T提出第一代智能网体系结构、业务及通信协议的建议文本INCS-1之后，智能网在全球范围内得到了长足的发展，智能网技术在通信网各个领域的应用发展非常迅速。最初是在PSTN等固定电信网上的应用，即固定智能网。1997年，ITU-T又制订了INCS-2建议。INCS-2建议增加了网间互联功能、与呼叫无关的辅助控制功能、呼叫过程中的呼叫方控制功能和增强的独立智能外设等。INCS-2

建议为智能网业务在深度和广度上提供了更有力的支持，特别是对用户和终端移动性的支持，使智能网技术第一次走出了固定电话网的范畴，先后应用于 GSM 和 CDMA 移动通信网。欧洲电信标准协会（European Telecommunications Standards Institute，ETSI）于 1997 年提出了 GSM 移动智能网标准 CAMEL（Customized Applicationsfor Mobilenetwork Enhanced Logic）。同时，美国电信工业联盟 / 电子工业联盟（Telecom Industries Associations/Electronic Industries Associations，TIA/EIA）也制定了用于 CDMA 移动通信网络的无线智能网标准（Wireless Intelligent Network，WIN）。

虽然将智能网应用于不同的网络背景时，会存在一些技术上的差异，但统一的理论模型，即智能网概念模型（Intelligent Network Conceptual Model，INCM）规范了智能网的基本原理和主要技术特征。1TU-T 关于智能网能力集（CapabilitySet，CS）的演进也是基于该模型的增强和扩展，其中 INCS-1 和 INCS-2 是当前在电信网领域构建智能网所使用的最基本的技术标准。20 世纪 90 年代以来，以 PSTN 为代表的传统电信网与 IP 网的融合已成为通信网发展的潮流。而智能网与计算机技术，特别是基于 CORBA 的分布式计算技术的结合，以及智能网与 Internet 的互联成为网络融合的关键。为此，ITU-T 于 1997 年 9 月开始着手 INCS-3 的研究，并于 1998 年将原来 INCS-3 第二阶段中涉及智能网与新网络结构（B-ISDN，IMT2000 等）结合的部分加入到 INCS-4 之中。同时，IETF 于 1997 年 7 月成立了专门的工作组，对智能网与 IP 网互联的体系结构、业务和通信协议开展研究。此外，国际上许多研究机构也对未来基于分布处理技术的统一网络体系结构中有关智能网技术的演进进行了深入的研究，并取得了重大进展。

尽管目前智能网技术在固定电话网、移动通信网和宽带网等传统的电信领域得到了很好的应用，但对跨网混合业务的支持尚显不足。INCS-3/4 关于 INAP 的互通方案是智能网技术走出封闭电信网的一次尝试，但是远远没有解决跨网提供混合业务的能力问题。特别是随着软交换技术的出现和下一代网络的发展，与网络融合相关的、架构在传输及交换网络基础之上的新一代网络智能化技术已成为人们关注的新热点。人们期望在不远的将来，在这个开放的业务支撑网上能够出现众多独立的业务运营商和独立的业务提供商；甚至期望在不远的将来，用户能够像制作网页和编写程序一样，自己创建个性化的通信业务。这也是电信界所期待的下一代网络和智能网技术有机融合的美好前景。

二、智能网概念模型

智能网概念模型（Intelligent Network Conceptual Module，INCM）是设计和描

述智能网体系的框架。INCM 由业务平面（Service Plane，SP）、全局功能平面（Global Functional Plane，GFP）、分布功能平面（Distributed Functional Plane，DFP）和物理平面（Physical Plane，PP）4 个平面组成，每一个平面都是对智能网结构不同层次的抽象。

（一）业务平面

业务平面（SP）从业务使用者的角度来描述智能业务。业务平面只说明了智能业务的属性与特征，不包含网络业务的具体实现。业务平面定义了一系列的业务和业务特征。每一种智能业务都有自己的业务特性，业务的特性是由它所包含的业务特征所决定的。

一种业务由一个或几个必要的业务特征组成。此外，还可以通过一些任选的业务特征来加强业务的属性，以提供更丰富的能力。有些业务只需要一个业务特征即可实现，如呼叫前转（CF）、大众呼叫（MAS）等业务；有些业务则需要多个业务特征配合工作才能实现，如被叫集中付费业务（FPH）必须具有单一号码（ONE）、反向计费（REVC）等业务特征；通用个人通信业务必须具有验证（AUTZ）、跟我转移（FMD）、个人号码（PN）以及分摊计费（SPLC）4 个业务特征。

IN 的发展是分阶段的。在 INCS-2 阶段，业务平面向用户提供了更多的业务和业务特征。这些业务的一个发展方向是将 INCS-1 业务逐步转向网间业务和多用户业务，如网间的被叫付费业务、网间分摊计费、全球虚拟网业务等。还有一个方向是在一个呼叫中涉及多用户的通信，如呼叫保持、呼叫转移、呼叫等待等。此外，还有会议呼叫及消息存储转发等业务。而在 INCS-3 阶段，则提供了一些面向宽带综合业务数字网和移动通信的智能业务。

（二）全局功能平面

全局功能平面（Global Functional Plane，GFP）主要面向业务设计者。在这个平面上，不区分智能网的各个功能实体，而是把它们合并起来作为一个整体来考虑智能网的功能。

全局功能平面定义了一系列的业务独立构件（Service Independent Building Block，SIB）。这些 SIB 都是标准的、可重用的功能块，其功能涵盖了网络中鉴权、计算、号码翻译、用户交互、连接、数据查询和修改、计费等所有基本能力。利用这些标准的业务独立构件，就可以像搭积木一样配置出不同的业务特征，进而构成不同的业务。

不同的 SIB 按不同方式进行组合，再配以适当的参数就可以构成不同的业务。将 SIB 组合在一起所形成的 SIB 链接关系称为该业务的全局业务逻辑（Global Service Logic，GSL）。有新的业务需求时，业务设计者只需描述出一个业务的 GSL（即此业务需要用到哪些SIB，这些SIB之间的先后顺序，每个SIB的输入、输出参数等），就完成了一个新业务的设计。这使得业务的设计过程既标准又灵活，为快速地设计开发新业务提供了一个良好的环境。ITU-T在INCS-1中定义了15种业务独立构件（SIB）如表6-3所示。在ITU-T定义的标准SIB中，有一个被称为基本呼叫处理（Basic Call Processing，BCP）的特殊的SIB，在定义每个业务逻辑时都必须用到它。BCP实际上就是交换机中的呼叫处理功能，在处理普通业务呼叫的同时，还负责对智能业务的触发。接收到对智能业务的呼叫时，BCP负责向业务逻辑上报发生的智能呼叫事件，并接收业务逻辑发回来的控制命令，最终完成呼叫。

全局功能平面是实现智能业务独立于具体网络的关键。在定义SIB时，只定义SIB的形式参数，SIB的实现是与具体业务无关的；当定义与具体业务相对应的全局业务逻辑时，才将SIB的形式参数实例化，使SIB可以符合具体业务的特殊要求。在设计业务逻辑时，只需关注SIB所代表的网络功能，而不需要了解网络的实际设备和组网情况，也就是说，SIB屏蔽了网络和设备实现的差异。

（三）分布功能平面

在全局功能平面中，智能网被视为一个整体，所定义的每个SIB都完成某种独立的功能，但它并不关心这种功能具体是如何实现的。分布功能平面（DFP）对智能网的各种功能进行了划分，从网络设计者的角度对智能网的功能结构进行了描述。

分布功能平面描述了智能网中各功能实体（Functional Entity，FE）的划分及实现，并说明每个功能实体中可以完成哪些功能实体动作（Functional Entity Action，FEA），以及在这些功能实体之间进行信息交互的信息流。

分布功能平面定义的主要功能实体有：

1. 业务生成功能（Service Creation Environment Function，SCEF）：负责业务逻辑的创建、验证和测试，并将生成的业务逻辑加载到SMF中。

2. 业务管理功能（Service Management Function，SMF）：负责将SCE生成的业务逻辑加载到SCF中去，同时对业务数据、用户数据及网络进行管理。

3. 业务管理接入功能（Service Management Agent Function，SMAF）：提供业务管理者与SMF的接口，业务管理者可以利用这项功能通过SMF去管理业务。

4. 业务控制功能（Service Control Function，SCF）：智能网的核心，根据智能业务的处理逻辑对业务流程进行控制，可通过信令网与其他功能实体进行通信以获取各种信息。

5. 业务数据功能（Service Data Function，SDF）：数据库功能，包含SCF在执行业务逻辑程序过程中需要实时存取的用户数据和网络数据。

6. 业务交换功能（Service Switching Function，SSF）：负责智能业务的识别并与 SCF 中的业务逻辑进行交互，提供 CCF 和 SCF 之间的通信。

7. 呼叫控制功能（Call Control Function，CCF）：提供呼叫 / 连接处理和控制。

8. 呼叫控制接入功能（Call Control Agent Function，CCAF）：提供用户和网络呼叫控制功能的接口。

9. 专用资源功能（Specialized Resource Function，SRF）：提供在实施智能业务时所需要的专用资源（如 DTMF 收号器、语音提示等）。

全局功能平面中业务独立构件 SIB 的功能是由分布在上述各功能实体中的软硬件配合实现的。换句话说，一个 SIB 的功能是由分布功能平面中若干功能实体中的程序通过规定的信息流交互协同完成的。

（四）物理平面

分布功能平面定义的功能实体 FE，功能实体动作 FEA 以及信息流都与物理实现无关。

分布功能平面提供的是一个逻辑模型，只说明一个功能实体需要具有什么样的功能，并不涉及实现这些功能的语言或硬件平台。

物理平面（PP）是从网络实施的角度来考虑的，它描述了如何将分布功能平面上定义的功能实体映射到实际的物理设备上，每一个功能实体必须转换到一个物理实体中，但一个物理实体可以包括一个或多个功能实体。各功能实体间传递的信息流则映射为物理设备之间的信令规程——智能网应用规程（INApplication Protocol，INAP）。下面对主要的物理实体进行描述。

1. 业务生成环境

业务生成环境（Service Creation Environment，SCE）包含业务生成功能（SCEF），可以根据用户需求生成新的业务逻辑。SCE 为业务设计者提供友好的图形编辑界面，用户可据此设计出新业务的业务逻辑，并为之定义好相应的数据。业务设计好后，经过严格的验证和模拟测试，由 SCE 将新生成的业务逻辑传送给 SMS，再由 SMS 加载到 SCP 上运行。

2. 业务管理系统

业务管理系统（Service Management System，SMS）包含业务管理功能（SMF），具备业务逻辑管理、业务数据管理、用户数据管理、业务监测以及业务量管理等功能。SMS 将 SCE 生成的新业务逻辑加载到 SCP，就可以在通信网上提供此项业务了。SMAF 功能可以包含在 SMS 中，也可以单独设置一个业务管理接入点（Service Management Access Point，SMAP），方便业务管理者访问 SMS。

3. 业务控制点

智能网提供的所有业务的控制功能都集中在业务控制点（Service Control Point，SCP）中，SCP 包含 SCF 功能，存储了智能业务的业务逻辑。SCP 可以根据 SSP 上报的呼叫事件启动不同的业务逻辑，查询数据库进行各种译码处理，并根据业务逻辑向相应的 SSP 发出呼叫控制指令，从而实现各种智能呼叫。存储用户数据的业务数据功能（SDF）可以设置在 SCP 中，也可以独立设置从而成为业务数据点 SDP。SCP 必须具有高度的可靠性，因此，智能网系统中的 SCP 至少是双备份配置的，有的运营商还要进行容灾备份。

4. 业务交换点

业务交换点（Service Switching Point，SSP）是 PSTN/ISDN 与智能网的连接点，提供接入智能网的功能。SSP 可检出智能业务请求，并与 SCP 通信；对 SCP 的请求做出响应，允许 SCP 中的业务逻辑控制呼叫处理。从功能上讲，业务交换点应包括呼叫控制功能（CCF）和业务交换功能（SSF）。在我国目前不采用独立 IP（智能外设）的情况下，SSP 还应包括专用资源功能（SRF）。呼叫处理功能接受用户呼叫，完成呼叫建立和呼叫保持等基本接续功能。业务交换功能接受和识别智能业务呼叫，并向业务控制点报告，同时接受业务控制点发来的控制指令。

业务交换点一般以数字程控交换机为基础，再配以必要的软硬件以及 No.7 信令网接口实现。

5. 信令转接点

信令转接点（Signaling Transfer Point，STP）实质上是 No.7 信令网的一部分，它是将信令消息从一条信令链路传送到另一条信令链路的转接点，在智能网中负责 SSP 与 SCP 间的信令传送。STP 通常也是成对配置的。

6. 智能外设

智能外设（Intelligent Peripheral，IP）是协助完成智能业务的特殊资源，包括 SRF 功能。通常包括语音合成，播放录音通知，接收双音多频拨号，语音识别等功能。IP 可以是一个独立的物理设备，也可以作为 SSP 的一部分存在。它接受 SCP 的控制，执行 SCP 业务逻辑所指定的操作。IP 设备一般比较昂贵，在网络中的每个交换节点都配备是不经济的，因此在智能网中将其统一配置，每个交换节点都可共享其资源。

如前所述，IN 概念模型中的各个平面从不同的角度对智能网进行了说明，但各平面之间又是相互关联的。业务平面内的业务和业务特征由全局功能平面的全局业务逻辑实现，全局业务逻辑由全局功能平面内的业务独立构件（SIB）按照一定顺序的连接来实现；SIB 由分布功能平面内的一个或几个功能实体配合实现；分布功能平面内的功能实体则决定了它所映射到物理平面内的物理实体的行为，每个功能实体只能映射到一个物理实体中，一个物理实体则可包含一个或多个功能实体。功能实体与物理实体间的映射有多种可能，如 SRF 功能既可由独立智能外设实现，也可与 SSF 和 CCF 一起在 SSP 上实现。

三、智能网应用协议

（一）概述

智能网是通过在各功能实体之间相互传递消息，协调工作来完成各项任务的。ITU-T 采用高层通信协议的形式对智能网各功能实体间传递的信息流进行了规范，并将其称为智能网应用协议（Intelligent Network Application Protocol，INAP）。智能网各实体间的信息流是由 No.7 信令系统传输的，因此，对 No.7 信令系统来说，INAP 就是它的一个应用协议。

INAP 在 No.7 信令系统中所处的位置与电话用户部分（Telephone User Part，TUP）、ISDN 用户部分（ISDNUserPart，ISUP）、移动应用部分（Mobile Application Part，MAP）、CAMEL 应用部分（CAMEL Application Part，CAP）类似，是建立在 No.7 信令系统的信令连接控制部分（Signaling Connection Control Part，SCCP）和事务处理应用部分（Transaction Capabilities Application Part，TCAP）之上的。但 INAP 的功能与 TUP、ISUP 和 MAP 又有所不同，这些协议都是与业务直接相关的，而 INAP 则是独立于业务的规程，即在 INAP 中的各种操作不仅适用于单一的业务，而且适用于各种不同的业务。同一个操作可以在不同的业务中调用。

INAP 定义的实际上就是业务点间的接口规范，由 ITU-T 的建议规范。在 INCS 的不同阶段，INAP 所定义的接口有所不同。在 INCS-1 阶段，有两个涉及 INAP 的规范：Q.1208 和 Q.1218。其中 Q.1208 是对各功能实体间接口和 INAP 操作规范的一个概述，更进一步的说明和操作的定义由 Q.1218 完成。Q.1218 中定义了 SSF-SCF、SCF-SDF 和 SCF-SRF 间的接口，共定义 56 种操作类型和 21 种差错类型。

在 INCS-2 阶段，由于智能网协议中增加了有关移动、宽带网络及多媒体等的相关内容，INAP 协议也作了相应的修改。Q.1228 中增加了 SCF-SCF、SDF-SDF 以及 SCF-CUSF（与呼叫不相关业务功能，Call Unrelated Service Function）间的接口。所定义的操作类型总数增加到 103 种，差错类型增加到 33 种。

INCS-3 和 INCS-4 阶段与 INCS-2 相比，增加了 SMF 功能实体的相关内容。而 Q.1238 和 Q.1248 中 INAP 定义的接口类型与 Q.1228 相比并没有增加，只是增加了对 Internet 及 SIP 相关业务的支持。

（二）INAP 体系

INAP 以"操作"为定义单位，使用 ITU–T 建议的抽象语法记法 1（Abstract Syntax Notation1，ASN.1）描述协议规范，并调用 No.7 信令系统的事务处理应用部分 TCAPB 信令连接控制部分 SCCP 提供的服务，通过 No.7 信令系统来传递信息。单个交互作用只包含一个单相关体（Single Association Object，SAO），SAO 中包含 TCAP 应用服务元素（Application Service Element，ASE）和单相关控制功能（Single Association Control Function，SACF）。SACF 提供多个 ASE 操作的协调功能。多个并列交互作用则包含多个 SAO，同时还具有多相关控制功能（Multiple Association Control Function，MACF），以提供多个 SAO 之间的协调功能。

在 SCP 与 SDP 间的接口关系中，SCP 中使用了多个并列交互作用的 INAP 规程，一个 SAO 用于与 SDP 的信息交互，另一个 SAO 用于与 SSP 的信息交互。

（三）INAP 的操作

智能网应用规程是由多条操作构成的，它所定义的操作与分布功能平面各功能模块间传送的信息流相对应。分布功能平面中绝大部分信息流映射为 INAP 的"操作"，也有少数映射为 INAP 的"结果"。根据发起操作方是否要求接收方返回操作的执行结果，可以将操作分为以下 4 类。

① 既报告成功也报告失败。

② 只报告失败。

③ 只报告成功。

④ 既不报告成功也不报告失败。

操作可以包含参数，有些参数是必选的，有些参数是可选的。如下所示，操作是采用"操作宏定义"方式来描述的。

```
XYZ OPERATION
ARGUMENT{ 参数 1，参数 2，…}
RESULT{ 参数 1，参数 2，…}
LINKED{ 操作 3，操作 4，…}
ERRORS{ 差错 1，差错 2，…}

 差错 1　ERROR
PARAMETER{ 参数 1，参数 2}
```

在上述描述中，xyz 表示定义的操作名，ARGUMENT 关键字后面是要发送的数据参数；RESULT 关键字后面是对方实体返回的操作执行结果；LINKED 关键字后面是可能的链接操作名；ERRORS 关键字后面的数据参数说明操作的执行出了什么错误。在操作定义中同时出现 RESULT 和 ERRORS 定义时，说明该操作是第 1 类操作；只出现 ERRORS 定义时，说明是第 2 类操作；只出现 RESULT 定义时，说明是第 3 类操作；如果两者都没有，则说明是第 4 类操作。

四、智能网业务

智能网的核心思想就是将呼叫与业务控制功能相分离，呼叫接续功能仍然由各种业务网络完成，智能网作为一种附加的网络结构，主要完成业务的控制功能。因此，智能网不仅仅可以用于固定电话网，也可以为移动通信网、ISDN、Internet 等各种网络提供服务。将智能网与不同的业务网络相结合，就可以根据不同网络的特征，为用户提供不同类型的业务。

（一）固定智能网业务

固定智能网的基本结构的框架部分与智能网物理平面设计相同，在此基础上，添加了 SSP 与固网交换机、用户终端的连接，以便接收并处理固网用户对智能网业务的呼叫。固定智能网起步较早，所能提供的业务种类也较多，下面介绍几种应用较早，使用较广泛的业务。

1. 被叫集中付费业务

（1）业务简介

被叫集中付费业务（FreePhone，FPH）也称为 800 业务，它是最早出现的智能业务，也是最流行的智能业务之一。FPH 业务实际上是一种反向收费业务，使用该业务的用户作为被叫接受来话并支付通话的全部费用。该业务允许用户利用一个集中付费号码，设置若干个分布在不同地区（可以是某个区域内，也可以是全国范围，甚至是跨越国家）的终端。使用该业务的用户为对此号码的呼叫支付费用。此业务适于各类服务机构、企业或个人使用。

每个 800 业务用户都会有一个特定的 800 业务用户号码。目前，国内 800 业务号码位长为 10 位（$800KN_1N_2ABCD$），号码由 3 部分组成：前 3 位（即 800）为业务接入码，4-6 位为数据库标志码，7-10 位为业务用户码。

除了由被叫付费之外，此业务的业务特征还包含唯一号码、遇忙或无应答呼叫转移、呼叫阻截（按照长途区号对某些地区的呼叫进行限制）、密码接入、根据时间选择目的地、根据主叫所在位置选择目的地、呼叫分配、呼叫某一目的地次数限制、呼叫 800 用户次数限制等。

（2）业务流程

FPH 的业务流程如下。

① 用户拨打 800 号码（即 $800KN_1N_2ABCD$）后，本地端局会将此号码和主叫用户号码等信息一起发送给具有智能业务触发能力的业务交换点（SSP）。

② SSP 接收到这些信息，判定是智能业务呼叫后，即通过 No.7 信令网将相关信息传送给业务控制点（SCP）。

③ SCP 收到这些信息后，执行相应的业务逻辑，根据主叫用户所在地及呼叫时间等对数据库进行查询，并将 800 号码翻译成相应的目的号码，然后把此目的号码及相关指示信息（如何计费等信息）经 No.7 信令网传回 SSP。

④ SSP 收到指示后，根据目的号码进行选路，与目的号码建立连接，完成 800 业务的呼叫建立过程。

⑤ 主叫挂机后，SSP 将此次呼叫产生的费用报告给 SCP。

800 业务为各种服务性机构、企业和用户带来了便利和利益，但目前 800 业务仅支持固话和小灵通用户拨打，企业在公布 800 电话时，必须附加一个电话号码以备手机用户拨打，因此其业务量始终难有大的增长。同时，资费和骚扰问题也对 800 业务的普及造成了一定影响。在这种情况下，另一种主被叫分摊付费业务，即 400 业务应运而生。400 业务的话费由主、被叫用户分摊，主叫用户承担市话费用，被叫用户承担长话费用。400 业务与 800 业务相比，最大的改进就是支持手机用户拨打。同时，由于主、被叫分担话费，也有效地解决了恶意电话骚扰的问题。近年来，400 业务发展迅猛，大有取代 800 业务的趋势。

2. 记账卡呼叫业务

（1）业务简介

记账卡呼叫业务（Account Card Calling，ACC）允许用户在任何一部电话机上呼叫而不必支付现金，只需把费用记在相应的账号上即可。

使用 ACC 业务的用户拥有一个账号，在该账号下可以存入一定数额的款项。用户可以从任意一部具有市话权限的话机上呼叫国内，甚至国际长途用户，通话费用将从其账号上扣除而不是记在用户所用话机的账单上。每次呼叫时，智能网首先查询该用户输入的账号、密码是否有效，以及用户账号上是否有剩余的金额。在通话过程中实时计费，通话结束时系统自动保存有关的呼叫信息。若用户输入的账号、密码有误或金额不足，系统将给予相应的提示。曾得到或者仍在广泛使用的 300、201、9989 校园卡等业务均属于这种类型。

除将呼叫费用记在记账卡账号上之外，此业务的业务特征还包括依目的码进行限制、限值指示、密码设置与密码修改、卡号和密码输入次数的限制、查询余额、缩位拨号等。

（2）业务流程

ACC 业务流程如下。

① 主叫用户在任意一部具有市话呼叫权限的话机上均可使用记账卡业务，用户拨打记账卡业务接入码（如 300，9989）之后，呼叫被转接到相应的 SSP。

② SSP 识别出记账卡业务后，将相关信息传送给 SCP。

③ SCP 运行相应的业务逻辑，向 SSP 发送连接到 SRF（可能位于 SSP 中，也可能位于单独的智能外设 IP 中）的控制信息。

④ SSP 接到控制指令后，连接到 SRF，SRF 向用户发送语音提示信息，收集用户的卡号、密码及被叫用户号码等信息，并将相关信息返回给 SCP。

⑤ SCP 收到信息后，检查卡号密码的有效性及剩余金额；并根据本次呼叫的费率计算出通话时长；之后，指示 SSP 建立连接，并控制通话时长。

⑥ SSP 将呼叫接续到用户拨打的被叫号码所在地。

⑦ 呼叫结束后，SSP 将此次呼叫产生的通话记录、时长等相关信息报告给 SCP。

3. 虚拟专用网业务

虚拟专用网（VPN）业务允许业务用户利用公用网的资源，比如公用网的传输和交换设备，建立一个非永久性的虚拟专用网。这个专用网可以跨越地区或国家，用户可以根据需要与公网运营商协商，确定租用期限、设定专用网的参数，并且可以有自己的编号计划。通过这种方式构建专用网，可以为用户节省大量的建设和维护费用。

虚拟专用网的业务特征包括网内呼叫、网外呼叫、远端接入、可选的网外及网内呼叫阻截、按时间选择目的地、闭合用户群等。

4. 通用个人通信业务

通用个人通信业务（Universal Personal Telecommunication，UPT）又称为 700 号业务，运营商将其包装后又称为"一号通"业务。它为用户分配一个唯一的以"700"开头的 12 位个人通信号码（Personal Telecommunication Number，PTN），将来话接到用户预先指定的本地固定电话、移动电话或可直接拨入的语音信箱，使用户不论手机、办公室电话或家中电话的号码如何变动，都能被找到。用户可以在任何话机上通过该号码向智能网登记，将此话机作为来话目的地，这样所有对此 PTN 的呼叫都将被接入到用户登记的话机上。用户还可以在任意终端上利用此号码发出呼叫，费用记入此 PTN 所属的账户。

通用个人通信的业务特征包括按时间表转移、来话筛选、来话密码、去话呼叫及去话密码、呼叫限额、黑名单处理和跟我转移等。

（二）移动智能网业务

第三代数字移动通信系统（3rd Generation Mobile Communications System，3G）是当前正在建设和发展的移动通信系统。3G 的一个重要特征就是智能网技术的应用，并强调智能网和移动网的综合，即移动智能网。基于 GSM 体系的移动智能网研究主要由欧洲电信标准化组织（ETSI）完成相关标准的制定，ETSI 的 CAMEL 方案是这一领域的主流方案。无线智能网（WIN）是基于 CDMA 体制的另一种移动智能网实施方案，相关标准由美国电信工业联盟（TIA）制定。

GSM 移动智能网和 CDMA 移动智能网的应用规程协议虽然各不相同，但移动智能网的结构有极大的相似性。从物理实体上看，移动智能网结构与固定智能网类似，仍然包含 SCE、SMP、SMAP、SCP、SDP、SSP 及 IP 等组成部分，各实体所完成的功能也基本相同。但在移动网中，智能网所连接的不再是 PSTN/ISDN 交换机，而是 MSC、HLR 等移动网络设备。在移动智能网的组网应用中，接口与信令的标准化是实现智能网业务的关键。

CAMEL 方案和 WIN 方案均使用 No.7 信令作为各功能实体之间传送控制信息的信令系统，对于 WIN 无线智能网，所有的接口均为 MAP：对于 CAMEL 移动智能网，接口协议除了 MAP 之外还有 CAP。CAP 全称为 CAMEL 应用部分，CAP 是基于 ETSI 的 INAP 制定的。例如，SSP 与 SCP 之间采用 No.7 信令相连，其中 CAP 用于对话，MAP 用于 SSP 向 SCP 发送补充业务调用通知。若要提供移动智能业务，需要将 GSM 的 MAP 升级为 MAPPhase2+。

无论是 GSM 移动智能网还是 CDMA 无线智能网，都是在原有移动网络上进行智能化改造的结果，是智能网技术在 GSM 和 CDMA 移动网的拓展。而智能化、个性化、宽带化则是整个通信网发展的方向，第三代移动通信系统将实现与智能网 CS-3 的无缝互通。

目前在移动通信网中应用较多的智能业务有如下几种。

1.预付费业务

预付费业务（Prepaid Service，PPS）是指用户为要进行的呼叫或要使用的业务预先支付费用的一种业务。用户通过购买具有固定面值的充值卡等方式，预先在自己的账户中存储一定的资金。当用户发起呼叫时，系统根据用户账户的状态、余额和有效期等信息决定接受或拒绝呼叫。在呼叫过程中，系统对用户实时计费并从用户账户中扣除相应的金额。当用户余额不足时，提示用户，并在账户资金用完时终止呼叫。

预付费业务为运营商提供了一种无风险的经营方式，还可以减少话费欺诈行为，防止呆账、死账；为用户提供了无须信用审查即可开户、无须定期交费、无须押金的服务。预付费业务是全球范围内应用最为成功的智能网业务之一。

预付费的业务特征包括用户预先缴纳通话费用、用户账户资金不足时禁止用户呼入或呼出、用户可在本地或省内及省间漫游、多种提示方式、账户资金不足时可充值、黑名单功能、灵活的挂失及余额查询等。

2.移动虚拟专用网业务

移动虚拟专用网（MVPN）业务是指用户可以利用移动通信网的现有资源，构成一个能在某个集团用户群内相互通信的逻辑专用网络。适用于某个企业、团体内部的通信，具有独立的编号方案，可提供网内呼叫、网外呼叫、记账呼叫、呼叫前转和话务员登录等专用网功能。

MVPN业务利用GSM或CDMA的网络资源，为移动用户提供类似固网小交换机的专用网络业务。网内的移动用户可以形成一个闭合用户群，相互之间可以通过拨短号（比如移动电话的后4位）的方式呼叫网内的其他移动用户。虚拟网内的呼叫不仅资费更低，而且还可以设置网内呼叫筛选、呼叫类型限制等功能。

基于电路交换型的GSM网络，由于电路连接在通信结束后才能被释放，而且计费是以时间为单位的，费用高，利用率较低，不适于数据业务的发展。新一代移动网络使用分组交换技术，提供"永远在线"方式，根据流量计费。这样，用户就可以通过MVPN与内部网永久连接，并可在任意时刻发送或接收数据。因此，在3G网络基础上，使用MVPN可以提供更多、更符合用户需求的业务。比如企业用户就可以利用MVPN，随时随地远程接入内部网，以获得包含语音、数据、甚至视频在内的各种信息服务。

五、智能网的发展

（一）Internet与智能网

近年来，以Internet为代表的新技术革命正在深刻地影响和改变着传统电信网的概念和体系结构。如何有效地将传统电信网与Internet融合，已成为当今举世关注的研究热点。而利用智能网实现传统电信网与Internet的结合，开拓新的业务增长点，正是当前网络融合技术的一种途径。

由于智能网技术最早是从固定电话网中发展起来的,因而利用智能网结构和技术实现传统电信网与 Internet 的结合也被称为智能网与 Internet 的互通。

智能网与 Internet 互通的设想最初是由 IETF 提出的,并于 1997 年 7 月成立了 PINT(PSTN/Intemet IN Terworking)工作组,专门研究智能网与 Internet 的互通,研究怎样通过 Internet(主要是 Web 方式)访问、控制和增强 PSTN 业务。但 PINT 只讨论了 Internet 侧发起的 PSTN 业务,也就是说 PINT 并不关心 IP 电话的实现,它只考虑业务控制信令,而不交换呼叫控制信令,其研究重点是 Internet 与通向智能网实体的网关之间的接口协议。PINT 工作组也不关心 PINT 业务的计费问题,而是将这一问题留给智能网去解决。IETF 成立的另一个工作组 SPIRITS(Serviceinthe PSTN/IN Requesting In TemetService)的研究则支持将 PSTN 侧的事件报告向 Internet 域中实体报告的体系结构和协议,考虑从 PSTN 侧触发 Internet 域的业务。另外 ITU-T 于 1997 年 9 月在其第 11 研究组内成立了一个专题研究小组,主要研究如何利用智能网结构来支持 IN/Internet 互通业务,包括业务、结构、管理和安全等方面的内容,并将这方面的研究纳入了 INCS-3 及 INCS-4 研究计划中。在 INCS-4 标准中,提出了智能网支持 Internet 的增强型功能结构模型。该结构模型可以支持目前智能网与 Internet 网间互通所提出的各种业务,但该模型中某些功能节点的构成和接口协议还需要进一步完善。

我国于 2001 年初由北京邮电大学完成了智能网与 Internet 互通设备的研制任务,所用技术基于 ITU-T 的 INCS-4 建议,并有所增强。目前 Internet 与智能网的融合,还体现在运营商通过 Internet 向用户开放部分智能网用户数据的查询、修改,以及支持用户通过基于 Web 的方式实现部分智能业务的开通和管理等操作。

(二)下一代网络与智能网

下一代网络(Next Generation Network,NGN)是以软交换为核心,能够提供包括语音、数据、视频和多媒体业务的,基于分组技术的综合开放网络架构,代表了通信网络的发展方向。NGN 融合了电话网、广播电视网和 Internet,融合了固定网和移动网,这种融合首先是业务层的融合。NGN 的业务种类更加丰富,业务也更加个性化,比如多媒体短信、位置服务移动 E-mail、WAP 浏览、游戏下载等。

从对 NGN 业务特点的分析来看,NGN 业务与当前的电信业务,有以下两点显著不同。一是 NGN 已经不再局限于语音,而是不断地向数据领域扩展。随着 NGN 规模的不断扩大和技术的日益成熟,数据业务所占的比重将会逐渐增加。但目前语音业务仍然占有非常重要的地位,并且是运营商主要的收入来源。二是运营商之间的竞争,已经由网络规模的竞争转向业务的竞争。运营商只有开展对用户有吸引力的业务，才能提高业务量，增加收入。所以，怎样提供新业务就变得更加关键，业务真正成为 NGN 发展的驱动力。

对于基于语音的增值业务，智能网有着不可取代的优势，在当前的通信网中如此，在 NGN 中也是如此。从 IT 前的技术发展和业务成熟性来看，在下一代网络中，智能网有以下 3 种不同的实现方式。

1. 软交换访问智能网平台

在软交换访问智能平台方式下，智能业务仍由传统智能网的 SCP 提供，软交换实现 SSF 功能，负责智能业务的触发，然后通过信令网关与传统智能网的 SCP 互通，接受 SCP 对智能呼叫的控制，完成呼叫接续，以及与用户的交互作用，为 IAD 用户、SIP 用户、H.323 用户、PSTN 用户等各种用户提供智能网业务。

目前的软交换设备支持固定智能网的 INAP，因此，软交换可以与传统固定智能网的 SCP 互通，使用原有固定智能网所提供的记账卡、被叫集中付费、虚拟专用网等智能网业务。如果软交换设备支持 CAP、WINMAP，也可以作为 GSM 和 CDMA 网络中的 SSF，访问 GSM 和 CDMA 网络中的 SCP，为移动用户提供各种智能业务。

以软交换访问固定智能网 SCP，为使用 H.248 的 IAD 用户提供服务为例，其具体的实现过程为：软交换设备提供 SSF 功能，接收来自 IAD 用户的呼叫后，根据用户所拨的号码，触发智能业务；使用 INAP 通过信令网关访问固定智能网中的业务控制点（SCP），SCP 提供 SCF 和 SDF；SRF 则根据专用资源的位置及设备功能的不同，可以由独立 IP（智能外设）、辅助中继或软交换来提供。

① 由独立 IP 提供 SRF 时，智能网业务所需要的录音通知由传统智能网中的智能外设来提供。软交换触发智能业务，并通过信令网关（SG）与 SCP 交互 INAP 信息，当 SCP 指示软交换建立到的临时连接时，软交换通过 SG 使用 ISUP/TUP 建立与 IP 的连接。

② 由辅助中继提供 SRF 时，智能网业务所需要的录音通知由传统智能网中的 SSP 来提供。软交换触发智能业务，使用 INAP 通过信令网关与 SCP 交互，当 SCP 指示软交换建立到 SSP 的临时连接时，软交换通过 SG 使用 ISUP/TUP 建立与辅助 SSP 的连接，由辅助 SSP 提供专用资源功能。

③ 由软交换提供 SRF 时，智能网业务所需要的录音通知由软交换来提供。软交换触发智能业务，使用 INAP 通过信令网关与 SCP 交互，当需要播放录音通知时，由 SCP 指示软交换提供专用资源功能。

上述 3 种实现方式中，需要使用 SRF 与用户交互时，SCP 与软交换机之间交互的信令不同；对于呼叫监视、控制和接续过程，软交换机与 SCP 之间交互的信令是一致的。

2. SSP 访问应用服务器

该方式由 NGN 中的应用服务器来提供各种智能网业务，传统智能网的 SSP 通过信令网关访问应用服务器。应用服务器根据不同的网络呼叫接入相应的协议栈，并确定需要调用的业务逻辑，为 PSTN、GSM 和 CDMA 用户提供智能业务。

传统智能网的 SSP 访问应用服务器时，根据业务逻辑的需要，应用服务器与传统智能网的 SSP/IP/HLR 等互通，完成智能业务的逻辑控制、呼叫接续和专用资源提供等功能。如果业务需要，应用服务器也可以与 SCP 进行互通，完成对业务数据或用户数据的访问。

当原有的 PSTN 用户、GSM 用户或 CDMA 用户使用智能网业务时，原有网络的 SSP 会根据用户所拨的号码或签约信息触发相应的智能业务，然后通过信令网关向应用服务器发送业务请求，由应用服务器控制业务的执行，信令网关完成 No.7 信令和 IP 之间的转换，以承载上层的智能网协议（PSTN 网的 INAP、GSM 网的 CAP 和 MAP 及 CDMA 网的 WINMAP）。

传统智能网 SSP 访问应用服务器，除了需要信令网关完成信令转换以外，与传统智能网 SSP 访问 SCP 实现智能业务的方式相同。在这种情况下，应用服务器的作用与 SCP 一致，需要完成业务控制功能（SCF）和业务数据功能（SDF）。

3. 利用第三方来实现智能业务

下一代网络的一个显著特点就是具有开放的接口，提供各种开放的 API，例如，ParlayAPI 就为第三方业务的开发提供了创作平台。在以软交换为基础的下一代网络中，也可以通过第三方为 IAD 用户、SIP 用户、H.323 用户、PSTN 用户等各种用户提供智能网业务。软交换收到用户的呼叫以后，根据呼叫请求向应用服务器发送 SIP 消息，应用服务器根据收到的呼叫信息，通过 API 接口调用第三方的应用，由第三方应用来控制智能业务的执行。

在下一代网络中实现智能网的几种方式具有不同的特点，需要不同的网络配置、信令协议，可以为不同的用户服务。在下一代网络中实现智能网究竟采用哪种方式，需要根据具体的网络配置、业务种类和用户类型来确定。

第三章 数字移动通信技术的发展历程及关键技术

第一节 数字移动通信技术的发展历程

一、概述

从无线电通信诞生之日开始，可以说移动通信技术就产生了。1897 年马可尼的无线通信实验是在陆地上的固定站和一只拖船之间进行的，也证明了移动中的通信是可行的。

移动通信技术的发展开始于 20 世纪 20 年代，起初发展缓慢。从开始发展之后的 20 年里，只在短波的几个频段开发出了专用移动通信系统，比如美国底特律市警察使用的车载无线电系统。从 20 世纪 40 年代后的 20 年间，公用移动通信系统开始出现。到 20 世纪 60 年代~70 年代，移动通信系统得到进一步改进和完善，这一时期的代表是美国的改进型移动电话系统（Improved Mobile Tele-phone System，IMTS），使用 150 MHz 和 450 MHz 频段，采用大区制、中小容置，实现了无线频道自动选择并能够自动接续到公用电话网。

20 世纪 70 年代以前，移动通信网大都采用大区制，只有一个服务区，频率资源不能复用，系统容量有限，随着用户数的增长，系统趋于饱和。蜂窝网采用小区制，通过资源复用可以大大提高系统容量。同时，微电子技术、计算机技术的迅猛发展使得通信设备的小型化、计算机与移动通信的结合成为可能，为技术更为先进和复杂的蜂窝移动通信网的诞生铺平了道路。

到了 20 世纪 70 年代中后期，移动通信技术开始快速发展起来，新技术的开发与应用，解决了移动通信系统发展的瓶颈，并逐步在移动通信领域占据主导地位。20 世纪 80 年代以后，数字蜂窝移动通信技术的发展与成熟，使蜂窝移动通信网在整个通信领域占据了更为重要的位置。

二、第一代蜂窝移动通信

20 世纪 80 年代初发展起来的第一代蜂窝移动通信网是一种采用模拟技术体制的蜂窝移动通信系统，其特点是采用小区制，通过频率复用和多信道共用技术获得较大的系统容量，主要技术是先进移动电话系统（Advanced Mobile Phone Service，AMPS），由美国贝尔实验室于 1979 年研制成功，1983 年在芝加哥首次投入运营，其工作频段为 800 MHz。

全接入通信系统（Total Access Communications，TACS），由英国研制，1985 年在伦敦首次投入使用，工作频段为 900 MHz。

北欧移动电话（Norfic Mobile Tele-phone，NMT），由丹麦、芬兰、挪威和瑞典研制，1981 年投入使用，工作频段为 450 MHz，称为 NMT-450。后引入新的工作频段 900 MHz，称为 NMT-900。

此外，还有日本的 800 MHz 汽车电话系统 HAMTS，加拿大推出的 450 MHz 移动电话系统 MTS 等。

三、第二代蜂窝移动通信

第一代模拟蜂窝网虽然取得了很大成功，但也暴露了很多问题：频谱利用率低，移动设备复杂，费用高，业务种类受限制以及通话易被窃听等，最主要的问题是其容量已不能满足日益增长的移动用户需求。由于数字无线传输的频谱利用率更高，可大大提高系统容量；数字网能提供语音、数据多种业务，并与综合业务数字网（Integrated Services Digital Network，ISDN）等兼容。因此，蜂窝移动通信网的数字化成为必然。

第二代蜂窝移动通信网就是一种采用数字技术体制的蜂窝移动通信系统，欧洲、北美和日本从 20 世纪 80 年代中期开始各自开展了第二代蜂窝移动通信系统的研制，并制定了不同的标准，主要有基于时分多址（Time Division Multiple Access，TDMA）技术的欧洲全球移动通信系统（Global Systemfor Mobile Communication，GSM）、北美 D-AMPS（IS-54/IS-136）和日本 JDC，以及基于码分多址（Code Division Multiple Access，CDMA）技术的美国 IS-95（后又被称为 cdmaOne）。其中最具代表性的就是欧洲的全球移动通信系统 GSM 和美国的码分多址（CDMA）蜂窝移动通信系统 cdmaOne。

第二节　数字信号的传输技术

一、无线信道基本传播特性

无线信道定义为基站天线与移动台天线之间的电磁传播路径，包括发射与接收天线本身以及两副天线之间的传播介质，在移动通信中传播介质通常为大气。总体来讲，无线传播路径分为视距传播（Line-of-sight，LOS）和非视距传播（Non-line-of-sight，NLOS）。

（一）自由空间的电波传播

自由空间是指在理想的、均匀的、各向同性的介质中传播，电波传播不发生反射、折射、绕射、散射和吸收现象，只存在电磁波能量扩散而引起的传播损耗。在自由空间中，设 d 为发送天线与接收天线间的距离，那么，接收信号的功率可以用如下公式表达

$$P_r = \frac{A_r}{4\pi d^2} P_t G_t$$

式中：$A_r = \frac{\lambda^2 G_r}{4\pi}$ 是发射功率；P_t 是发射天线增益；G_r 是接收天线增益；是工作波长；d 是发射天线和接收天线的距离。

自由空间的传播损耗 L 定义为 $L = \frac{P_t}{P_r}$

当 $G_t = G_r = 1$ 时，自由空间的传播损耗可写作 $L = \frac{(4\pi d)^2}{\lambda^2}$

若以分贝表示，则有

$$L = 32.45 + 20 \lg f + 20 \lg d$$

式中：f 为工作频率（单位为 MHz）；为收发天线距离（单位为 km）。

需要指出的是，自由空间是不吸收电磁能量的介质。实质上自由空间的传播损耗是说，球面波在传播过程中，随着传播距离的增大，电磁能量在扩散中引起的球面波扩散损耗。电波的自由空间传播损耗是与距离的平方成正比的。实际上，接收机天线所捕获的信号能量只是发射机天线发射的一小部分，大部分能量都散失掉了。

（二）电磁信号基本传播方式

在实际移动通信传播环境中，反射、绕射和散射是无线信号 3 种主要的传播方式。

1.反射。当电磁波遇到比波长大得多的物体时发生反射，反射发生于地球表面、建筑物和墙壁表面。反射是产生多径衰落的主要因素。

2.绕射。当接收机和发射机之间的无线路径被尖利的边缘阻挡时发生绕射。

3.散射。当波穿行的介质中存在小于波长的物体并且单位体积内阻挡体的个数非常巨大时，发生散射。

二、无线信号的传播特性

无线电波在传播中，会受到大尺度衰落和小尺度衰落的影响。

（一）大尺度衰落

大尺度衰落，描述的是发射机与接收机之间长距离上的场强变化。在无线通信中，将由发射与接收天线间距、收发天线之间的地形、建筑物、植被等导致的信号功率衰落称为无线信号的大尺度衰落。

大尺度衰落主要包括路径损耗和阴影衰落。路径损耗主要是由收发天线间距、传播信号载频和地形因素导致；而阴影衰落主要是由于建筑物或地形遮挡导致某些区域接收信号突然下降。

确定某一特定地区的大尺度传播环境的主要因素有：

1.自然地形（高山、丘陵、平原、水域等）；

2.人工建筑的数量、高度、分布和材料特性；

3.该地区的植被特征；

4.天气状况；

5.自然和人为的电磁噪声状况。

（二）小尺度衰落

小尺度衰落，描述的是信号在小尺度区间（距离或者时间的微小变化）的传播过程中，信号的幅度、相位和场强瞬时值的快速变化特性，主要由多径传播和多普勒频移引起。

1.多径传播

由于无线信号反射、绕射和散射特性的综合作用，从发射天线到接收天线的传播路径不只一条，即一个发送信号经过传播环境会在接收端产生多个不同接收信号，这些信号以不同的到达强度、不同的到达时间到达接收天线。这种现象成为无线信号的多径传播，每一条传播路径成为多径信号的一径。由于多条路径来的接收电波到达时间不同，多径传播会造成多径衰落。从时间域来看，接收信号的波形被展宽。

2. 多普勒频移

多普勒效应指出，波在波源移向观察者时接收频率变高，而在波源远离观察者时接收频率变低。当观察者移动时也能得到同样的结论。但是由于缺少实验设备，多普勒当时没有用实验验证，几年后有人请一队小号手在平板车上演奏，再请训练有素的音乐家用耳朵来辨别音调的变化，以验证该效应。假设原有波源的波长为 λ，波速为 c，观察者移动速度为 v：当观察者走近波源时观察到的波源频率为 $(c+v)/\lambda$，如果观察者远离波源，则观察到的波源频率为 $(c-v)/\lambda$。一个常被使用的例子是火车的汽笛声，当火车接近观察者时，其汽鸣声会比平常更刺耳. 你可以在火车经过时听出刺耳声的变化。同样的情况还有：警车的警报声和赛车的发动机声。如果把声波视为有规律间隔发射的脉冲，可以想象若你每走一步，便发射了一个脉冲，那么在你之前的每一个脉冲都比你站立不动时更接近你自己。而在你后面的声源则比原来不动时远了一步。或者说，在你之前的脉冲频率比平常变高，而在你之后的脉冲频率比平常变低了。

第三节　准同步数字体系

一、PDH 数字体系与传输系统

（一）技术与应用背景

早期的长途电话通信采用以 FDM 为基础的模拟载波通信技术，性能较差。随着数字技术的发展，采用以 TDM 为基础的数字载波通信系统应运而生。由于数字技术特有的优势，在数字通信发展的初期，大量的数字传输系统采用准同步数字体系（Plesiochnmous Digital Hierarchy，PDH）。

PDH 是 20 世纪 60 年代逐渐发展起来的一种数字多路复接技术。目前，世界上有三种制式：第一种是以 1.544 Mb/s 为基群的 T 系列，第二种是以 2.048 Mb/s 为基群的 E 系列，第三种是以 1.544 Mb/s 为基群的 J 系列。所谓准同步数字体系 PDH 是相对于同步数字体系 SDH 而言的，将标称速率相同、实际容许有一定偏差的数字体系，称为准同步数字体系。

具体地说，PDH 系统，在数字通信网的每个节点上都分别设置高精度的时钟，这些时钟都具有统一的标准速率。尽管每个时钟的精度都很高，但还是有一些微小的差别。为了保证通信的质量，要求这些时钟的差别不能超过规定的范围。因此，这种同步方式严格来说不是真正的同步，所以称为"准同步"。

20世纪80年代到90年代中期，PDH系统主要用于当时的长途电话通信系统，后期也用于承载其他业务，在国家通信骨干网中发挥了重要作用。20世纪90年代后期主要用于语音或数据网络中的分支设备中。PDH可支持高达2.4Gb/s的速率或相当于3万个话路的语音电路。

（二）PDH体系结构

PDH的体系结构如图3-1所示。北美各国和日本等国家采用24路系统，即以1.544 Mb/S作为基群的数字速率系列（T体系和J体系）；而欧洲各国和中国等国家采用30/32路系统，即以2.048 Mb/s作为基群的数字速率系列（E体系）。

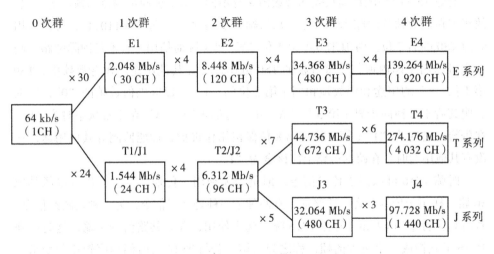

图3-1　PDH体系结构

对于E系列用En表示。例如：E1表示基群，传输速率为2.048 Mb/S；E3表示三次群，传输速率为34.368 Mb/s。

对于T系列用Tn表示。例如：T1表示基群，传输速率为1.544 Mb/s；T3表示三次群，传输速率为44.736 Mb/s。在时分复用系统中，高次群是由若干个低次群通过数字复用设备复接而成的。以E体系为例，30路PCM数字电话信号的复用设备为基本层（E1），每路PCM信号的信息速率为64 kb/s。由于要加入群同步码元和信令码元等额外开销，所以实际占用32路PCM信号，故其输出总速率为2.048 Mb/s，此输出称为基群信号（E1）。4个基群信号进行二次复用，得到速率为8.448 Mb/s的二次群信号（E2）。按照同样的方法再次复用，得到速率为34.368 Mb/s的三次群信号（E3）和139.264 Mb/s的四次群信号（E4）等。由此可见，相邻层次群之间路数成 4 倍关系，但是速率之间不是严格的 4 倍关系。和基群需要额外开销一样，高次群也需要额外开销，故其输出比特率都比相应的 4 路输入比特率的 4 倍还高一些。

（三）基群（E1）的帧结构

E 体系的基群（E1）采用 30/32PCM 帧结构，由于 1 路 PCM 电话信号的抽样速率为 8 000 sample/S，即抽样周期为 125 μs，这就是 1 帧的时间。将此 125 μs 时间分为 32 个时隙（Time Slot，TS），其中 30 个时隙（TS1-TS15 和 TS17-TS31）传输 30 路语音信号，另外 2 路时隙（TS0、TS16）分别传输同步码和信令。由以上分析可以计算，E1 基群速率为 8 000 sample/8x32x8b/sample=2 048 kb/s。

时隙 TS0 的功能在偶数帧和奇数帧又有不同。由于帧同步码每两帧发送一次，故规定在偶数帧的时隙 TS0 发送。每组帧同步码含 7b，为 "0011011"，规定占用时隙 TS0 的后 7 位。时隙 TS0 的第 1 位 "*" 供国际通信用；若不是国际链路，则它也可以用于国内通信。奇数帧的 TS0 留作告警等其他用途。在奇数帧中，TS0 第 1 位 "*" 的用途和偶数帧相同；第 2 位的 "1" 用以区别偶数帧的 "0"，辅助表明其后不是帧同步码；第 3 位 "A" 用于远端告警，"A" 在正常状态时为 "0"，在告警状态时为 "1"；第 4 位 – 第 8 位保留用作维护、性能监测等其他用途，在没有其他用途时，在跨国链路上应该全为 "1"。

时隙 TS16 可以用于传输信令，但是当无须用于传输信令时，也可以像其他 30 路一样用于传输语音。话路信令有两种：一种是共路信令，另一种是随路信令。若将总比特率为 64 kb/s 的各 TS16 统一起来使用，称为共路信令传输，这时必须将 16 个帧构成一个更大的帧，称之为复帧。若将 TS16 按时间顺序轮流分配给各个话路，直接传送各话路的信令，称为随路信令传送。此时每个信令占 4 b，即每个 TS16 含两路信令。

（四）数字同步与复接

1. 数字分 / 复接原理

所谓数字复接是指将两路或两路以上的低速数字信号按时分复用的方式合并成一路高速数字信号的过程；而数字分接则是解复接，为复接过程的逆过程。以下为了描述方便，把分 / 复接统称为复接。

数字复接系统由数字复接器和数字分接器组成。数字复接器是把两个或两个以上的支路（低次群），按时分复用方式合并成一个单一的高次群数字信号设备，它由定时、码速调整和复接单元等组成。数字分接器的功能是把已合路的高次群数字信号，分解成原来的低次群数字信号，它由帧同步、定时、数字分接和码速恢复等单元组成。定时单元给设备提供一个统一的基准时钟。码速调整单元是把速率不同的各支路信号调整成与复接设备定时信号完全同步的数字信号，以便由复接单元把各个支路信号复接成一个数字信号。另外在复接时还需要插入帧同步信号，以便接收端正确接收各支路信号。分接设备的定时单元是由接收信号中提取时钟，并分送给各支路进行分接用。因此，PDH 数字复接中的关键技术是数字复接技术和同步技术。

2. 数字复接技术

数字复接实际上是对数字信号实行时分复用，不同的支路信号复接后占有不同的时间间隔。复接的方法有以下 3 种：

（1）按位复接。这种方法是将每个支路码位依次逐位循环复接。这种复接器简单易行，设备简单，最大的优点是所需复接缓存器的容量较小，其缺点是对信号的交接处理不利。

（2）按字复接。这种方法是将每个支路的采样值依次逐字循环复接。对于 PCM 方式来说，8 位码代表一个采样值，称为一个"字"。按字复接时，每次复接支路的一个 8 位码"字"。它将 8 位码先存起来，在规定时间一次复接，各支路信号依次轮流复接。这种复接方式有利于多路合成处理和数字电话交换，但是循环周期较长，需要的缓存器容量较大，会使电路变得复杂。PDH 基群复接采用这种方式。

（3）按帧复接。指每次复接支路的 1 帧，优点是不破坏原来各支路信号的帧结构，有利于交换处理，缺点是所需缓存器的容量很大。复帧结构就是采用这种方式。

3. 同步技术

在 PDH 系统中，同步是数字信号进行复接、传输的技术基础，包括位同步和帧同步。由于待复接的几个独立的等级较低的数字信号可能具有不同的码速率，也可能具有相同的标称码速率，但瞬时码速率不相同，因此需要同步调整。所谓同步就是要使几个码速率不同的信号瞬时码速率完全一致，只有码速率完全相同的信号才能进行复接。

（1）同步问题

① 同源信号同步问题。由于两个数字系统 A 和 B 的时钟信号由同一个时钟源提供，来自这两个系统的支路信号称为同源信号。显然，这两个系统的输出信号只会有相位上的差别而不会有频率上的差别。这时，信号 A 和 B 是同步的，对信号 B 进行适当的相位调整（时延）之后，用一个简单的或门就可以将 A、B 两路信号复接成一个新的信号 C。

② 异源信号同步问题。各个系统有自己独立的时钟，即使它们的标称码速率

完全相同（如 2 048 kb/s），但由于各时钟频率都有一定的容差（如 102 Hz），因此，它们的瞬时码速率不会完全相同。对于这种码速率不同的信号，如果也用一个简单的或门进行直接复接，则会出现重叠和错位现象，在接收端将无法分开。

（2）同步复接与异步复接

同步复接或异步复接方式由各个待复接支路的时钟是统一的同源信号还是各自单独的异源信号决定。

同步复接是用一个高稳定的主时钟来控制被复接的几个低次群（同源信号），使这几个低次群的码速统一在主时钟的频率上，这样就达到系统同步的目的。这种复接方法的缺点是主时钟一旦出现故障，相关的通信系统将全部中断。它只限于在局部区域内使用。异步复接是各低次群使用各自的时钟（异源信号）。这样，各低次群的时钟速率就不一定相等，因而在复接时先要进行同步，使各低次群同步后再复接。对于异源信号，同步的方法可以采用"脉冲插入法"，就是人为地在各支路信号中插入一些脉冲，通过控制插入脉冲的多少来使各支路的瞬时码速率一致。由于这种码速调整方法使得待复接的信号码速率提高了，因此，这种码速调整方法叫作"正码速调整"。

实际上，不论同步复接还是异步复接，都需要码速调整。虽然同步复接时各低次群的数码率完全一致，但复接后的码序列中还要加入帧同步码、对端告警码等码元，这样数码率就要增加，因此需要采用码速调整技术。码速调整根据实现调整的方法不同，可分为正码速调整、正 / 负码速调整和正 /0/ 负码速调整，其中应用最普遍的是正码速调整。

（3）码速调整技术

每一个待复接的数码流都必须经过一个码速调整装置，将瞬时数码率不同的数码流调整到相同的、较高的数码率，然后再进行复接。码速调整装置的主体是缓冲存储器，还包括一些必要的控制电路，输入支路的数码率 f_L=2.048 Mb/s ± 100 b/s，输出数码率为 f_m=2.112 Mb/s。所谓正码速调整就是因为 $f_m>f_L$ 而得名的。

假定缓存器中的信息原来处于半满状态，随着时间的推移，由于读出时钟 f_m 大于写入时钟 f_L，缓存器中的信息势必越来越少，如果不采取特别措施，就将导致缓存器中的信息被取空，再读出的信息将是虚假的信息。

为了防止缓存器的信息被取空，需要采取一些措施。一旦缓存器中的信息比特数降到规定数量时，就发出控制信号，这时控制门关闭，读出时钟被扣除一个比特。由于没有读出时钟，缓存器中的信息就不能读出去，而这时信息仍往缓存器存入，因此缓存器中的信息就增加一个比特。如此重复下去，就可将数码流通过缓冲存储器传送出去，而输出信码的速率则增加为 f_L。

脉冲插入过程如图 3-2 所示，图中某支路输入码速率为九，在写入时钟作用下，将信码写入缓存器，读出时钟频率是人。由于人＞入，所以缓存器是处于慢写快读的状态，最后将会出现"取空"现象。如果在设计电路时加入一控制门，当缓冲存储器中的信息尚未"取空"而快要"取空"时，就让它停读一次。同时插入一个脉冲（这是非信息码），以提高码速率，如图中（a）、（b）所示。从图中可以看出，输入信码是以尺的速率写入缓存器，而读出脉冲是以人速率读出，如图中箭头所示。由于 $f_m > f_L$，读、写时间差（相位差）越来越小，到第 6 个脉冲到来时，f_m 与 f_L 几乎同时出现，这将出现没有写入都要求读出信息的情况从而造成"取空"现象。为了防止"取空"，这时就停读一次，同时插入一个脉冲，如图中虚线所示。插入脉冲在何时插入是根据缓存器的储存状态来决定的，可通过插入脉冲控制电路来完成。储存状态的检测可通过相位比较器来完成。

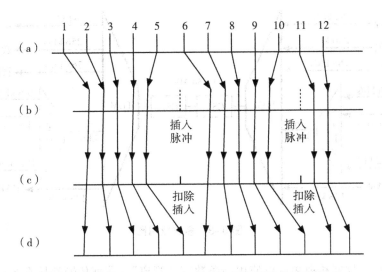

（a）支路输入数码流 f_L；（b）码速调整后的数码流 f_m；
（c）扣除插入脉冲后的接收信号；（d）恢复后的原数码流 f_L。

图 3-2 脉冲插入过程

在接收端，分接器先将高次群信码进行分接，分接后的各支路信码分别写入各自的缓存器。为了去掉发送端插入的插入脉冲（称标志信号脉冲），首先要通过标志信号检出电路检出标志信号，然后通过写入脉冲扣除电路扣除标志信号。扣除了标志信号后的支路信码的顺序与原来信码的顺序一样，但在时间间隔上是不均匀的，中间有空隙，如图 3-2（c）所示。但从长时间来看，其平均时间间隔（即平均码速）与原支路信码 f_L 相同，因此，在收端要恢复原支路信码，必须先从图 3-2（c）波形中提取八时钟。脉冲间隔均匀化的任务由锁相环完成。鉴相器的输入为已扣除插入脉冲的 f_m，另一个输入端接 VCO 输出，经鉴相、低通和 VCO 后获得一个频率等于时钟平均频率的读出时钟 f_L，从缓存器中读出信码 f_L。

二、典型应用示例

（一）多路复用传输应用

T1 典型应用如图 3-3 所示，其中 T1 多路复用器运行在一条 1.544 Mb/s 链路上，也可以使用数字交叉连接系统（Digital Cross-connect System，DCS），在需要时在多条链路上增加、减少或者交换有效负载。

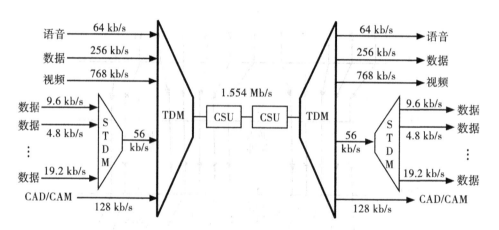

图 3-3　多路复用器

语音、数据和视频可以使用一条数字"管道"。数据传输端接在统计时分复用器（STDM）处，然后 STDM 用 TDM 对传输线上的业务进行修整，进行修整的地方是 T1 信道服务单元（Channel Service Unit，CSU）或者其他设备，例如数据业务单元（Data Service Unit，DSU），或是 DSU 与 CSU 的组合。CSU 的用途是将用户设备上的信号转换为能被数字线路接收的信号，并在接收端进行相反的处理。例如：码型变换器、数字调制/解调器、光/电转换器等。

（二）局间中继传输应用

交换局之间的局间中继可以采用 E1 或 E3 复用线路来替代传统的多条专用线路。

（三）PDH 技术存在的问题

（1）没有国际统一的数字速率标准。目前流行的是北美、日本和欧洲的 3 种体系，这种局面造成了国际互通的困难。

（2）采用异步复接。在 PDH 体系中只有基群速率的信号采用同步复接，其他多数等级信号采用异步复接。在异步复接中由于 PDH 收 / 发两端的时钟不一样，工作频率就不一样，两端的时隙因此不能同步。解决办法是靠塞入一些额外比特（正码速调整），使各支路信号与复用设备同步，才可复用成高速信号，然而这样一来在解复用的时候在高速信号中直接提取和识别支路信号比较困难。

（3）面向点对点的传输，组网的灵活性不够，无法提供最佳路由，选择上下话路困难，难以实现数字交叉连接功能。

（4）低阶支路信号上电路复杂，需要逐次复用、解复用。

（5）帧结构中缺乏足够的冗余信息用于传输网的监视、维护和管理。

第四节 移动通信中的多址接入技术

一、多址接入技术概述

通信网络中的用户通过通信子网来访问网络中的资源。当多个用户同时访问同一资源（如共享的通信链路）时，就可能会产生信息碰撞，导致通信失败。典型的共享链路的系统和网络有：卫星通信系统、蜂窝移动通信系统、局域网、分组无线电网等。在卫星和蜂窝移动通信系统中，多个用户采用竞争或预约分配等方法向一个中心站（卫星或移动通信系统中的基站）发送信息，中心站通过下行链路（中心站到用户的链路）发送应答信息。在局域网中，一个用户发送，所有用户都可以接收到，它是一个全连通的网络，其典型网络是以太网（Ethernet）。在分组无线电网络中，用户分布在一个很广的范围内，每个用户仅能接收到其通信范围以内的信息，任意两个用户之间可能需要多次中转才能相互交换信息，它是一个多跳的连通网络。在上述网络中，如果多个用户同时发送时，就会发生多个用户的帧在物理信道上相互重叠（即碰撞），可能使得接收端无法正确接收。为了在多个用户共享资源的条件下有效地进行通信，就需要有某种机制来决定资源的使用权，这就是网络的多址接入控制问题。所谓多址接入协议（mul-tipleaccessprotocol）就是在一个网络中，解决多个用户如何高效共享物理链路资源的技术。

（一）MAC层在通信协议中的位置

从之前讲述的分层协议体系的角度来看，多址技术实际上是在数据链路层上实现的。将与之对应的层次称为多址接入控制子层 MAC（Medium Access Control），它在通信协议体系中的位置如图 3-4 所示。MAC 子层位于数据链路逻辑控制子层 LLC（Logical Link Control）下方，物理层的上方。LLC 子层为本节点提供了到其邻节点的"链路"，而如何协调本节点和其他节点来有效地共享带宽资源，是 MAC 子层的主要功能。MAC 子层通过将有限的资源分配给多个用户，在众多用户之间实现公平、有效地共享有限带宽资源，使得系统获得尽可能高的吞吐量性能及尽可能低的系统时延。

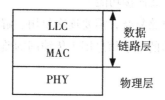

图 3-4　网络通信协议

（二）多址协议的分类

由于多址协议是一种协调多用户高效使用共享信道的技术，因此，根据对信道的使用情况，可将多址协议分为固定分配多址协议、随机分配多址协议和基于预约方式的多址协议。

所谓固定分配多址协议是指在用户接入信道时，专门为其分配一定的信道资源（如频率、时隙、码字或空间），该用户独享该资源，直到通信结束。由于用户在使用该资源时不和其他用户产生冲突，因此固定分配多址协议也称为无冲突的多址协议。典型的固定多址方式有频分多址（FDMA）、时分多址（TDMA）、码分多址（CDMA）和空分多址（SDMA）等。

所谓随机分配多址协议是指用户可以随时接入信道，并且可能不会顾及其他用户是否在传输。当信道中同时有多个用户接入时，在信道资源的使用上就会发生冲突（碰撞）。因此，随机分配多址协议也称为有竞争的多址协议。对于这类多址协议如何解决冲突从而使所有碰撞用户都可以成功进行传输是一个非常重要的问题。典型的随机分配多址协议有完全随机的多址接入协议（ALOHA 协议）和基于载波侦听的多址协议（CSMA 协议）。

所谓基于预约的多址协议，是指在数据分组传输之前，先进行资源预约。一旦预约到资源（如频率、时隙），则在该资源内可进行无冲突的传输。如基于分组的预约多址协议 PRMA（Packet Reservation Multiple Access），其基本思想是首先采用随机多址协议来竞争可用的空闲时隙，若移动台竞争成功，则它就预定了后续帧中相同的时隙。在后续帧中，它将不会与其他移动台的分组发生碰撞。

（三）系统模型

利用排队论的知识，很容易发现多址信道可以被看成一个多进单出的排队系统（即该系统有多个输入而仅仅有一个输出）。共享该信道的每一个节点都可以独立地产生分组形成共享信道的输入队列。而信道则相当于服务员，它要为各个输入的队列服务。由于各个输入队列是相互独立的，各节点无法知道其他节点队列的情况，信道（服务员）也不知道各个队列的情况，所以增加了系统的复杂性。如果可以通过某种措施，使各个节点产生的分组在进入信道之前排列成一个总的队列，然后由信道来服务，则可以有效地避免分组在信道上的碰撞，大大提高信道的利用率。

为了能够有效地分析多址接入协议，必须根据应用环境做一些假设。在讨论每种多址协议时，应该考虑下列问题：

1.网络的连通特性。通常将网络按其连通模式分为：单跳、两跳及多跳网络。所谓单跳网络是指网络中所有节点都可以接收到其他节点发送的数据，即为全连通的网络；所谓两跳网络是指网络中的部分节点之间不能直接通信，需要经过一次中继才能通信；而所谓多跳网络是指网络中源节点和目的节点之间的通信可能要经过多次中继。多跳网络既可以是有线网络，也可以是无线网络。在无线通信网络中，通信节点之间的有效通信距离是由发端的发送功率、节点之间的距离以及接收机灵敏度等条件决定的。

2.同步特性。通常用户是可以在任意时刻接入信道，但也可以以时隙为基础接入信道。在基于时隙的系统中，用户只有在时隙的起点才能接入信道。在这种系统中，要求全网有一个统一的时钟，并且将时间轴划分成若干个相等的时间段，称之为时隙。系统中所有数据的传输开始点都必须在一个时隙的起点。

3.反馈和应答机制。反馈信道是用户获得信道状态的途径。在本章的讨论中，假设用户（节点）可以获得信道传输状态的反馈信息和应答，即信道是空闲的，还是传输产生了碰撞或进行了一次成功传输。

4.数据产生模型。所有的用户都按照泊松过程独立地产生数据。

二、固定多址接入协议

固定多址接入协议又称为无竞争的多址接入协议或静态分配的多址接入协议。

固定多址接入为每个用户固定分配一定的系统资源，这样当用户有数据发送时，就能不受干扰地独享已分配的信道资源。固定多址接入的优点在于可以保证每个用户之间的"公平性"（每个用户都分配了固定的资源）以及数据的平均时延。

（一）频分多址接入

频分多址（FDMA）是把通信系统的总频段划分成若干个等间隔的频道（或称信道），并将这些频道分配给不同的用户使用，这些频道之间互不交叠。

FDMA 的最大优点是相互之间不会产生干扰。当用户数较少且数量大致固定、每个用户的业务量都较大时（比如在电话交换网中），FDMA 是一种有效的分配方法。但是，当网络中用户数较多且数量经常变化，或者通信量具有突发性的特点时，采用 FDMA 就会产生一些问题。最显著的两个问题是：当网络中的用户数少于已经划分的频道数时，许多宝贵的频道资源就白白浪费了；而且当网络中的频道已经分配完后，即使这时已分配到频道的用户没有进行通信，其他一些用户也会因为没有分配到频道而不能通信。

（二）时分多址接入

时分多址（TDMA）也是一种典型的固定多址接入协议。TDMA 多址接入协议将时间分割成周期性的帧，每一帧再分割成若干个时隙（无论帧或时隙都是互不重叠的），然后根据一定的时隙分配原则，使每个用户只能在指定的时隙内在时分多址的系统中，用户在每一帧中可以占用一个或多个时隙。如果用户在已分配的时隙上没有数据传输，则这段时间将被浪费。

（三）固定多址接入协议的性能分析

FDMA 和 TDMA 同属于固定的多址接入技术，两者的工作原理和系统性能基本相似。所以先从 TDMA 着手分析其性能，然后再讨论两者的差别。

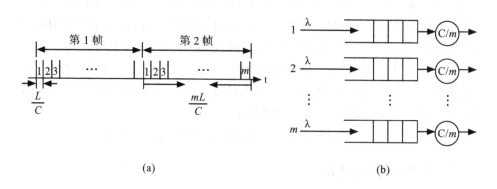

(a)　　　　　　　　　　　　(b)

图 3-5　时分多址技术

我们讨论一个由 m 个用户组成的 TDMA 系统。设共享信道的总容量为 C（bit/s），每个用户的分组到达率为 A（分组 / 秒），分组的固定长度为 L（bit）。如图 3-5（a）给出了每帧的时隙分配，图 3-5（b）给出了系统的模型。

对于每一个用户而言，分组的服务时间固定为 $T=\dfrac{L}{C}$，因此可以用一个有休假的 M/D/1 排队模型来分析。对于整个系统而言，由于每时隙等长，所以系统可以用 m 个独立的有休假的 M/D/1 排队模型加以分析，如图 3-5（b）所示。以任意一个用户的分组为例来分析系统的时延性能。令用户的分组经过该时分多址系统的时延为 T，则 T 由两部分组成：

① 分组的服务时间 $T=\dfrac{L}{C}$，即一帧内一个时隙的宽度；

② 分组的排队时延。

由有休假的 M/D/1 系统分析可知，分组在队列中的排队时延为

$$W=\frac{\rho L}{2(1-\rho)C_0}+\frac{L}{2C_0}$$

注意，这里等效的信道容量 C_0 等于 C/m，代入上式可得

$$W=\frac{\rho mt}{2(1-\rho)}+\frac{mT}{2}$$

其中

$$\rho=\frac{Lm\lambda}{C}=m\lambda T$$

定义系统的归一化最大吞吐量（即系统效率为在单位时间内系统实际传输业务量与信道允许的最大业务量之比，如几个用户总的平均数据到达率为 m λ，则信道允许的最大业务量为 $T=\dfrac{L}{C}$，有

$$S=\frac{Lm\lambda}{C}=m\lambda T=\rho$$

由此可见，该系统的归一化最大吞吐量等于系统的总业务强度，最大可达 100%。将式 $S=\dfrac{Lm\lambda}{C}=m\lambda T=\rho$ 代入式 $W=\dfrac{\rho L}{2(1-\rho)C_0}+\dfrac{L}{2C_0}$，可得

$$W=\frac{mST}{2(1-S)}+\frac{mT}{2}$$

因此，可得分组的平均时延为

$$T=T+\frac{mT}{2}+\frac{mST}{2(1-S)}$$

为了方便后面比较性能，用 T 对 T 进行归一化，得归一化的时延为

$$D=1+\frac{m}{2}+\frac{mS}{2(1-S)}$$

当 m 很大（譬如 m ≥ 20），式 $D=1+\frac{m}{2}+\frac{mS}{2(1-S)}$ 可简化为

$$D=m[\frac{1}{2}+\frac{S}{2(1-S)}]$$

可见，不管 S 取值多少（S ≤ 1），数据分组时延随 m 增大而上升。

为了获得与上述 TDMA 系统相对应的 FDMA 系统参数，将信道容量（最大数据速率）C 折算成信道总带宽 m 个用户分别固定使用其中一个子信道，每个子信道带宽为这样，FDMA 系统也构成如图 3-5（b）所示的 m 个 M/D/1 系统。与 FDMA 不同的是，TDMA 系统中的每个用户占一个时隙，而 FDMA 系统中每一个用户占一个子频带。如果在两种系统中对数据信号采用相同的调制方式，则按上述折算方法所得的时分和频分两种复接系统的资源是完全等价的。是在相同的输入条件，FDMA 系统的时延性能在两个方面与 TDMA 有差别：FDMA 没有半个帧的等待服务时延；FDMA 的每个分组传输时间比 TDMA 大 m 倍，即由此可得到 FDMA 的分组时延为

$$T=Mt+\frac{mTS}{2(1-S)}$$

仍用 T 归一化，可得 FDMA 的归一化时延公式为

$$D=m[1+\frac{S}{2(1-S)}]=\frac{m(2-S)}{2(1-S)}$$

比较式 $D=1+\frac{m}{2}+\frac{mS}{2(1-S)}$ 和式 $D=m[1+\frac{S}{2(1-S)}]=\frac{m(2-S)}{2(1-S)}$，可以得出

$$D_{FDMA}=D_{TDMA}+\frac{m}{2}-1 \quad (m \ge 2)$$

上式说明：当 m ≥ 2，FDMA 系统的分组时延总是大于 TDMA 系统的一个固定值（$\frac{m}{2}-1$），它与网络负荷无关。当 m=2 时，TDMA 与 FDMA 的性能相同，两曲线重合。m 值越大，两者的差别就越大。从上面的讨论和分析可以看出，传统

的固定多址接入协议不能有效地处理用户数量的可变性和通信业务的突发性，因此，将进一步讨论随机接入的多址协议。

三、随机多址接入协议

随机多址协议又叫作有竞争的多址接入协议。可细分为完全随机多址接入协议（ALOHA 协议）和基于载波侦听的多址接入协议（CSMA 协议）。不论是哪种随机多址接入协议，主要关心两个方面的问题：一个是稳态情况下系统的吞吐量和时延性能，另一个是系统的稳定性。从关于系统吞吐量的定义可知，系统的吞吐量等于网络的负荷（G）乘以一个分组成功发送的概率，即每个发送周期时间内成功发送的平均分组数；分组的时延指从分组产生到其成功传输所需的时间；所谓稳定的多址接入协议是指对于给定的到达率，多址协议可以保证每个分组的平均时延是有限的。

ALOHA 协议

ALOHA 协议是 20 世纪 70 年代 Hawaii 大学建立的在多个数据终端到计算中心之间的通信网络中使用的协议。由于网络中节点的地位是等同的，所以各节点通过竞争获得信道的使用权。ALOHA 协议的基本思想是：若一个空闲的节点有一个分组到达，则立即发送该分组，并期望不会和其他节点发生碰撞。

为了分析随机多址接入协议的性能，假设系统是由 m 个发送节点组成的单跳系统，信道是无差错及无捕获效应的信道，分组的到达和传输过程满足如下假定：

（1）各个节点的到达过程为独立参数为的 Poisson 到达过程，系统总的到达率为。

（2）在一个时隙或一个分组传输结束后，信道能够立即给出当前传输状态的反馈信息。反馈信息为"0"表明当前时隙或信道无分组传输，反馈信息为"1"表明当前时隙或信道仅有一个分组传输（即传输成功），反馈信息为"e"表明当前时隙或信道有多个分组在传输，即发生了碰撞，导致接收端无法正确接收。

（3）碰撞的节点将在后面的某一个时刻重传被碰撞的分组，直至传输成功。如果一个节点的分组必须重传，则称该节点为等待重传的节点。

（4）对于节点的缓存和到达过程作如下假设：

① 假设 A：无缓存情况。在该情况下，每个节点最多容纳一个分组。如果该节点有一个分组在等待传输或正在传输，则新到达的分组被丢弃且不会被传输。在该情况下，所求得的时延是有缓存情况下时延的下界（Low Bound）。

② 假设 B：系统有无限个节点（m= ∞）。每个新产生的分组到达一个新的节点。这样网络中所有的分组都参与竞争，导致网络的时延增加。因此，在该假设情况下求得的时延是有限节点情况下时延的上界（Up Bound）。

如果一个系统采用假设 A 或假设 B 分析的结果类似，则采用这种分析方法就是对具有任意大小缓存系统性能的一个很好的近似。

1. 纯 ALOHA 协议

纯 ALOHA 协议是最基本的 ALOHA 协议。只要有新的分组到达，就立即被发送并期望不与别的分组发生碰撞。一旦分组发生碰撞，则随机退避一段时间后进行重传。

在纯 ALOHA 协议中，什么情况下才能够正确传输一个分组呢？只要从数据分组开始发送的时间起点到其传输结束的这段时间内，没有其他数据分组发送，则该分组就可以成功传输。

2. 时隙 ALOHA 协议

从前面的描述中可以看到，在纯 ALOHA 协议中，分组的易受破坏区间为两个单位时间。如果缩小易受破坏区间，就可以减少分组碰撞的概率，提高系统的吞吐量。基于这一出发点，提出了时隙 ALOHA 协议。

时隙 ALOHA 系统将时间轴划分为若干个时隙，所有节点同步，各节点只能在时隙的开始时刻才能够发送分组，时隙宽度等于一个分组的传输时间。当一个分组到达某时隙后，它将在下一时隙开始传输，并期望不会与其他节点发生碰撞。如果在某时隙内仅有一个分组到达（包括新到达的分组和重传分组的到达），则该分组会传输成功。如果在某时隙内到达两个或两个以上分组，则将会发生碰撞。碰撞的分组将在以后的时隙中重传。很显然，此时的易受破坏区间长度减少为一个单位时间（时隙）。利用前面的假设条件，并假定系统有无穷多个节点（假设 B）。在一个时隙内到达的分组包括两个部分：一部分是新到达的分组，另一部分是重传的分组。设新到达的分组是到达率为 A（分组数 / 时隙）的 Poisson 过程。假定重传的时延足够随机化，这样就可以近似地认为重传分组的到达过程和新分组的到达过程之和是到达率为 G（$>\lambda$）的 Poisson 过程。

由于此时易受破坏区间的长度是一个时隙，则该分组成功传输的概率为 P_{succ}=P[在易受破坏区间（1 个时间单位）内没有传输]=e^{-G} 系统的吞吐量（S）为

$$S=GP_{succ}=Ge^{-G}$$

由于分组的长度为一个时隙宽度，所以系统的吞吐量在数值上和一个时隙内成功传输的分组数是相等的，即和一个时隙内分组成果传输的概率在数值上相等。

对式 $S=GP_{succ}=Ge^{-G}$ 求最大值，其最大吞吐量为 ≈ 0.368 分组 / 时隙，对应的 G=1 分组 / 时隙。很明显，时隙 ALOHA 的最大吞吐量是纯 ALOHA 系统最大吞吐量的 2 倍。

3. 时隙 ALOHA 协议稳定性分析

对于时隙 ALOHA 系统，当 G<1 时，系统空闲的时隙数较多；当 G>1 时，碰撞较多，从而导致系统性能下降。因此，为了达到最佳的性能，应当将 G 维持在 1 附近变化。

当系统达到稳态时，应该有新分组的到达率等于系统的离开速率，即有 S=A。则将 S=A 的曲线与对应的吞吐盘曲线相交，可以看到在对应的 Ge^{-G} 曲线上有两个平衡点。

为了分析系统的动态行为，先采用假设 A（无缓存的情况）来进行讨论。时隙 ALOHA 的行为可以用离散时间马尔可夫链来描述，其系统的状态为每个时隙开始时刻等待重传的节点数。令

n：在每个时隙开始时刻等待重传的节点数；

m：系统中的总节点数；

q_r：碰撞后等待重传的节点在每一个时隙内重传的概率；

q_a：每个节点有新分组到达的概率；

λ：m 个节点的总到达率（即每个节点的到达率），其单位为分组数 / 时隙；

$Q_r(I,n)$：n 个等待重传的节点中，有 i 个节点在当前时隙传输的概率；

$Q_a(I,n)$：m-n 个空闲节点中有 i 个新到达的分组在当前时隙中传输的概率。

显然，每个节点有新分组到达的概率 $q_a=1-e^{-\frac{\lambda}{m}}$。在给定 n 的条件下，有：

$Q_r(I,n)=(1-q_r)^{n-i}q$

$Q_r(I,n)=(1-q_r)^{m-n-i}q$

令 $P_{n,n+i}$ 表示时隙开始时刻有 n 个等待重传节点，到下一时隙开始时刻有 n+i 个等待重传节点的转移概率。其状态转移概率为

$$p_{n,n+i}=\begin{cases} Q_n(i,n) & 2\leqslant i\leqslant m-n \\ Q_n(I,n)[1-Q_r(0,n)] & i=1 \\ Q_n(I,n)Q_r(0,n)+Q_n(0,n)[1-Q_r(I,n)] & i=0 \\ Q_n(0,n)Q_r(I,n) & i=-1 \end{cases}$$

第一个式中表示有 i（$2\leqslant i\leqslant m-n$）个新到达的分组在当前时隙中进行传输，此时必然会导致碰撞。从而不论原来的所有处于等待重传状态的节点是否进行传输，都将使系统的状态从 n→n+i。第二个式表示在 n 个等待重传节点有分组在当前时隙中传输的情况下，空闲节点中有一个新到达的分组在当前时隙中进行传输，

此时也必然产生碰撞，并且使 n → n+1。第二个式子包含了两种情况：第一种是仅有一个新到达分组进行传输，所有等待重传的分组没有分组进行传输的情况，此时新到达的分组将成功传输，即第三个式中第一项表示新到达分组成功传输的概率；第二种情况是没有新分组到达，等待重传节点没有分组传输或有两个及两个以上分组传输的情况，即第三个式中第二项表示在等待重传节点没有分组传输或有两个及两个以上分组传输的概率。不论在哪种情况下，网络中处于等待重传状态的节点数都不会变化，此时有 n → n。第四个式表示等待重传的节点有一个分组成功传输的概率。

系统是不会出现 0—1 的状态转移的，这是因为此时系统中仅有一个分组，必然会传输成功。而且，每次状态减少的转移中只能减少 1，这是因为一次成功传输只能减少一个分组。在稳态情况下，对于任一状态 n 而言，从其他状态转入的频率应当等于从该状态转移出去的频率。

4. 有碰撞检测功能的载波侦听型多址协议（CSMA/CD）

前面讨论的 CSMA 协议由于在发送之前进行载波监听，所以减少了冲突的机会。但由于传播时延的存在，冲突还是不可避免的。只要发生冲突，信道就被浪费一段时间。CSMA/CD（Collision Detection）比 CSMA 又增加了一个功能，这就是边发送边监听。只要监听到信道上发生了冲突，则冲突的节点就必须停止发送。这样，信道就很快空闲下来，因而提高了信道的利用率。这种边发送边监听的功能称为冲突检测。

CSMA/CD 的工作过程如下：当一个节点有分组到达时，它首先侦听信道，看信道是否空闲。如果信道空闲，则立即发送分组；如果信道忙，则连续侦听信道，直至信道空闲后立即发送分组。该节点在发送分组的同时，监测信道 6 秒，以便确定本节点的分组是否与其他节点发生碰撞。如果没有发生碰撞，则该节点会无冲突地占用该总线，直至传输结束。如果发生碰撞，则该节点停止发送，随机时延一段时间后重复上述过程。在实际应用时，发送节点在检测到碰撞以后，还要产生一个阻塞信号来阻塞信道，以防止其他节点没有检测到碰撞而继续传输。总的来说，CSMA/CD 接入协议比 CSMA 多址接入协议的控制规则增加了如下三点。

（1）"边说边听"—任一发送节点在发送数据帧期间要保持侦听信道的碰撞情况。一旦检测到碰撞发生，应立即中止发送，而不管目前正在发送的数据帧是否发完。

（2）"强化干扰"—发送节点在检测到碰撞并停止发送后，立即改为发送一小段"强化干扰信号"，以增强碰撞检测效果。

（3）"碰撞检测窗口"——任一发送节点若能完整的发完一个数据帧，则停顿一段时间（两倍的最大传播时延）并监听信道情况。若在此期间未发生碰撞，则可认为该数据帧已经发送成功。此时间区间即称"碰撞检测窗口"。

上述第（1）点保证尽快确知碰撞发生和尽早关闭碰撞发生后的无用发送，这有利于提高信道利用率；第（2）点可以提高网络中所有节点对于碰撞检测的可信度，保证了分布式控制的一致性；第（3）点有利于提高一个数据帧发送成功的可信度。如果接收节点在此窗口内发送应答帧（ACK 或 NAK）的话，则可保证应答传输成功。

四、预约多址接入协议

在前面介绍的几种随机多址接入技术中，可以看到它们共同的关键技术是如何最大限度地减少发送冲突，从而尽量提高信道利用率和系统吞吐量。本节要讨论的预约多址协议的要点就是最大限度地减少或消除随机因素，避免发送竞争所带来的对信道资源的无秩序竞争，使系统能按各节点的业务需求合理地分配信道资源。所以，预约方式有时又被称为按需分配方式。

预约方式要求在网络节点之间"隐式"或"显式"地交换预约控制信息。依据这些信息，各网络节点可以执行同一个控制算法，以达到分布式控制操作的协调。预约信息的传输需要占用信道资源。因此，预约信息的多少反映了多址协议开销的多少。依据这种开销形式的不同，预约方式可分为隐式预约方式和显式预约方式。

在随机多址协议中，当数据分组发生碰撞时，整个分组都被破坏。如果分组较长，则信道的利用率较低。当数据分组较长时，可以在数据分组传输之前，以一定的准则发送一个很短的预约分组，为数据分组预约一定的系统资源。如果预约分组成功传输，则该数据分组在预约到的系统资源（频率、时隙等）中可以无冲突的传输。由于预约分组所浪费的信道容量很少，因而提高了系统效率。

第五节　GSM 与 CDMA 移动通信系统

第一代移动通信技术还停留在模拟通信的阶段，两个具有代表的系统 AMPS 和 TACS，它们的名字几乎已被人们遗忘了很久。但是，在第二代数字移动通信时期出现的两个代表系统 GSM 和 CDMA，却对后期的技术影响深远，至今也还存有为数不少的用户仍然在使用。

一、GSM

（一）GSM 系统网络结构和接口

GSM 系统网络结构由以下功能单元组成，如图 3-6 所示。

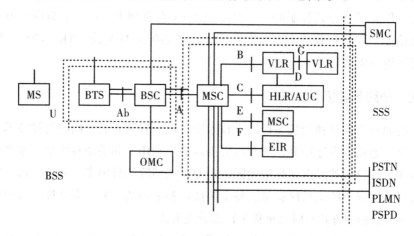

图 3-6　GSM 系统网络结构

1. 移动台 MS

移动台包括两部分：移动设备和 SIM 卡。

移动设备是用户所使用的硬件设备，用来接入到系统，每部移动设备都有一个唯一对应于它的永久性识别号 IMEI。

SIM 卡是一张插到移动设备中去的智能卡。SIM 卡用来识别移动用户的身份，还存有一些该用户能获得什么服务信息及一些其他的信息。

移动设备可以从商店购买，但 SIM 卡必须从网络运营商处获取，如果移动设备内没有插 SIM 卡，则只能用来做紧急呼叫。

2. 基站子系统（BSS）

在一定的覆盖区中由 MSC 控制，与 MS 进行通信的系统设备。

由基站收发信台（BTS）和基站控制器（BSC）构成。实际上，一个基站控制器根据话务量需要可以控制数十个 BTS。

BTS：BTS 提供基站与移动台之间的空中接口，完全由 BSC 控制，主要负责无线传输，完成无线和有线的转换、无线分集、无线信道加密、跳频等功能。

BSC：具有对一个或多个 BTS 进行控制的功能，任何送到 BTS 的操作信息都来自 BSC，反之任何从 BTS 送出的信息也将经 BSC 送出。

3. 网络交换子系统（NSS）

网络交换子系统（NSS）主要包含有 GSM 系统的交换功能和用于用户数据与移动性管理、安全性管理所需的数据库功能。主要包括以下几个部分：

（1）移动业务交换中心 MSC

GSM 系统的核心，对于管辖区域内的用户进行控制、完成话路交换。

（2）访问用户位置寄存器（VLR）

用来存储用户当前位置信息的数据库。例如，用户的号码、所处位置区的识别、向用户提供的服务等参数。当用户漫游到新的 MSC 控制区时，必须向该地区的 VLR 申请登记。一旦移动用户离开该 VLR 的控制区域，则重新在另一个 VLR 登记，原 VLR 将取消临时记录的该移动用户数据。VLR 可看成是一个动态用户数据库。

VLR 往往和 MSC 合并在一个设备实体中，因为每一次呼叫，这两者之间总有大量的信令流通。如果分放在两个实体设备中，会使它们之间的信令链路承受高负荷。

（3）归属用户位置寄存器（HLR）

HLR 是 GSM 系统的中央数据库，每个移动用户都应在其归属位置寄存器 HLR 注册登记，它主要存储两类信息：一是有关用户的参数，包括移动用户识别号码 IMSI 号、Ki 号、接入优先级、用户类别和补充业务等数据；二是有关用户目前所处位置的信息，用户经常会漫游到 HLR 所服务的区域之外，那么 HLR 需要登记由该区传来的位置信息。这样当呼叫任何一个不知道当前所在哪一个地区的移动用户时，均可以由该移动用户的 HLR 获知它当前所在的地区，从而建立连接。

（4）鉴权中心（AUC）

用于产生为确定移动用户的身份和对呼叫保密所需鉴权、加密的三参数的功能实体。

（5）移动设备识别寄存器（EIR）。

也是一个数据库，EIR 存储着移动设备参数，主要完成对移动设备的识别、监视和闭锁等功能，以防止非法移动台的使用。通过检查白色清单、黑色清单、灰色清单这 3 种表格，在表格中分别列出了准许使用的、出现故障需监视的、失窃不准使用的移动设备的 IMEI 识别码，使得运营部门对于不管是失窃还是由于技术故障或误操而危及网路正常运行的 MS 设备，都能采取及时的防范措施，以确保网路内所使用移动设备的唯一性和安全性。

4. OMC 操作维护中心

对全网进行监控与操作，如系统自检、报警、备用设备激活、系统的故障诊断与处理，话务量的统计与计费等。

（二）GSM 系统的编号计划

在 GSM 系统中，出于识别的目的，定义了如下的一些编号：

1. 移动台的国际 ISDN 号码（MSISDN）

打电话的时候拨打的手机号，在国际长途电话中要使用的标识号，中国为 86。

NDC（National Destination Code）= 国内目的地码，即网络接入号，也就是手机平时拨号的前 3 位。中国移动 GSM 网的接入号为 134 ～ 139、150 ～ 152、157 ～ 159，中国联通 GSM 网的接入号为 130 ～ 132、155 ～ 156。

H0H1H2H3：用户归属位置寄存器的识别号，确定用户归属，精确到地市。

SN（Subscriber Number）= 用户号码。

如一个 GSM 移动手机号码为 8613668022501，86 是国家码，136 是 NDC，用于识别网络接入号；6802 用于识别归属区，2501 是用户号码。

2. 国际移动用户识别码（IMSI）

IMSI 是一个手机号码的唯一身份证明，共 15 位。

移动国家号 MCC+ 移动网号 MNC+ 移动用户识别码 MSIN

460　　　　00　　　0912121001

MCC（Mobile Country Code）= 移动国家号码，由 3 位数字组成，唯一地识别移动用户所属的国家，我国为 460。

MNC（Mobile Network Code）= 移动网号，由 2 位数字组成，用于识别移动用户所归属的移动网。中国移动的 GSM 网为 00，中国联通的 GSM 网为 01。

MSIN（Mobile Station Identity Number）= 移动用户识别码，采用等长 10 位数字构成，用于唯一地识别国内 GSM 移动通信网中的移动用户。

3. 移动用户漫游号码 MSRN

MSRN 由用户漫游地的 MSC/VLR 临时分配的，用来标识用户目前所在的 MSC。该号码在接续完成后即可释放给其他用户使用。

4. 临时移动用户识别码 TMSI

TMSI 是为了对用户身份进行保密，而在无线通道上代替 IMSI 使用的临时移动用户标识，这样可以保护用户在空中的话务及信令通道的隐私，它的 IMSI 不会暴露给别人。

二、CDMA

随着移动通信的飞速发展，因频率资源有限而引起的矛盾也日益突出。如何使有限的频率资源分配给更多的用户使用，已成为当前发展移动通信的首要课题，而 CDMA 便成为解决这一问题的首选技术。CDMA 是码分多址（Code Division Multiple Access）的英文缩写，它是在扩频通信技术上发展起来的一种崭新而成熟的无线通信技术。CDMA 技术的出现源于人们对更高质量无线通信的需求。第二次世界大战期间因战争的需要而研究开发出 CDMA 技术，其思想初衷是防止敌方对己方通信的干扰，在战争期间广泛应用于军事干扰通信，后来由美国高通公司更新成为商用蜂窝电信技术。

（一）CDMA 技术的标准化

CDMA 技术的标准化经历了以下几个阶段。IS-95A 是 cdmaOne 系列标准中最先发布的标准，是 1995 年美国电信工业协会（TIA）颁布的窄带 CDMA（N-CDMA）标准。IS-95B 是 IS-95A 的进一步发展，主要目的是满足更高的比特速率业务的需求。IS-95B 可提供的理论最大比特速率为 115 Kbit/s，实际上只能实现 64 Kbit/s。IS-95A 和 IS-95B 均有一系列标准，其总称为 IS-95。其后，CDMA2000 成为窄带 CDMA 系统向第三代移动通信系统过渡的标准。CDMA2000 在标准研究的前期，提出了 CDMA2000 1x 和 CDMA20003x 的发展策略，但随后的研究表明，1x 和 1x 增强型技术代表了未来发展方向。

CDMA2000 1x 原意是指 CDMA2000 的第一阶段，网络部分引入分组交换，可支持移动 IP 业务。其中 1x 来源于单载波无线传输技术，即只需要占用一个 1.25 MHz 的无线传输带宽；而 3x 表示占有连续的 3 个 1.25 MHz 无线传输带宽，即采用多载波的方式支持多种射频带宽。它与 1x 相比优势在于能提供更高的数据速率。CDMA2000 1xEV 是在 CDMA2000 1x 基础上进一步提高速率的增强体制，采用高速率数据（HDR）技术，能在 1.25 MHz 内提供 2 Mbit/s 以上的数据业务，是 CDMA2000 1x 的边缘技术。

（二）CDMA 技术的优点

CDMA 是一项革命性的新技术，其优点已经获得全世界广泛的研究和认同。与 FDMA、TDMA 系统相比，CDMA 系统具有许多独特的优点，其中一部分是扩频通信系统所固有的，另一部分则是由软切换和功率控制等技术所带来的。CDMA 移动通信网是由扩频、多址接入、蜂窝组网和频率复用等几种技术组合而成，因此它具有容量大、抗干扰性好、保密安全性好、软容量、通话质量好等优点。

（三）GPRS

GPRS（General Packet Radio Service，通用分组无线业务）是在现有的 GSM 移动通信系统基础之上发展起来的一种移动分组数据业务。GPRS 通过在 GSM 数字移动通信网络中引入分组交换功能实体，以支持采用分组方式进行的数据传输。GPRS 系统可以看成是对原有的 GSM 电路交换系统进行的业务扩充，以满足用户利用移动终端接入 Internet 或其他分组数据网络的需求。

GPRS 经常被描述成"2.5G"，也就是说这项技术位于第二代（2G）和第三代（3G）移动通信技术之间。GPRS 主要的应用领域有：E-mail 电子邮件、WWW 浏览、WAP 业务、电子商务、信息查询、远程监控等。

GPRS 的特点有如下几个：

（1）按需动态占用资源：只在有数据传输时才分配无线资源；

（2）频谱利用率较高；

（3）数据传输速率最高可达到 171.2 Kbit/s；

（4）适合各种突发性强的数据传输；

（5）按传输的数据量和计时两者结合的计费方式。

第六节　移动通信新技术

一、第三代移动通信

2009 年 1 月 7 日，工信部批准中国移动通信集团公司增加基于 TD-SCDMA 技术制式的 3G 业务经营许可，中国电信集团公司增加基于 CDMA2000 技术制式的 3G 业务经营许可，中国联合网络通信集团公司增加基于 WCDMA 技术制式的 3G 业务经营许可，开启了我国的 3G 大门。本节将介绍第三代移动通信的特点和全球 4 大 3G 标准。

第三代移动通信技术（简称 3G），又称为 IMT-2000，是指支持高速数据传输的蜂窝移动通信技术。与之前的制式的最大区别在于数据接入带宽大大提高，无线网络必须能够支持不同的数据传输速度，也就是说在室内、室外和行车的环境中能够分别支持至少 2 Mbps、384 Kbps 以及 144 Kbps 的传输速度（此数值根据网络环境会发生变化），而且业务种类将涉及语音、数据、图像以及多媒体业务。

IMT-2000 的目标主要有以下几个方面：

第一，形成全球统一的频率与统一的标准。

第二，全球漫游。

用户不再限制于一个地区或一个网络，而能在整个系统和全球漫游；这意味着真正地实现随时随地的个人通信。系统在设计上要具有高度的通用性，拥有足够的系统容量和强大的多用户管理能力，能提供全球漫游。

第三，提供多种业务。

能提供高质量的多媒体业务，包括高质量的语音、可变速率的数据、高分辨率的图像等多种业务，实现多种信息一体化。

3G 有四大标准 WCDMA、CDMA2000、TD-SCDMA 和 WiMAX。

（一）WCDMA

WCDMA，全称 Wideband CDMA，为宽频分码多重存取，是基于 GSM 网发展出来的 3G 技术规范。由欧洲提出，主要由以 GSM 为主的欧洲厂商支持，包括爱立信、诺基亚等厂商。该标准能够架设在现有的 GSM 网络上，对于系统提供商而言可以较轻易过渡，具有先天的市场优势。目前，该制式由中国联通进行运营。带宽：5 MHz，码片速率：3.84 MHz，中国频段：1 940 MHz ～ 1 955 MHz（上行）、2 130 MHz ～ 2 145 MHz（下行）。

（二）CDMA2000

CDMA2000，由美国高通北美公司为主导提出，韩国成为该标准的主导者。从 CDMA lx 数字标准衍生出来，可从原有的 CDMA lx 结构直接升级到 3G，建设成本低。但使用 CDMA 的国家和地区只有日、韩和北美，支持者不如 WCDMA 多，研发技术却是目前各标准中进度最快的。目前，该制式由中国电信进行运营。带宽：1.23 MHz，码片速率：1.228 8 MHz，中国频段：1 920 MHz ～ 1 935 MHz（上行）、2 110 MHz ～ 2 125 MHz（下行）。

（三）TD-SCDMA

TD-SCDMA，全称 Time Division-Synchronous CDMA（时分同步 – 码分多址），是由我国提出的第三代移动通信标准，TD-SCDMA 是由大唐电信科技产业集团代表中国提交并于 2000 年 5 月被国际电联、2001 年 3 月被 3GPP 认可的世界第三代移动通信（3G）的三个主要标准之一。

该标准是由中国大陆独自制定的 3G 标准，但技术发明始于西门子公司，全球一半以上的设备厂商都支持 TD-SCDMA 标准。TD-SCDMA 辐射低，被誉为绿色 3G。该标准将智能无线、同步 CDMA 和软件无线电等当今国际领先技术融于其中，在频谱利用率、对业务支持有灵活性、频率灵活性及成本等方面的独特优势。目前，该制式由中国移动进行运营。带宽：1.6 MHz，码片速率：1.28 MHz，中国频段：1 880 MHz ～ 1 920 MHz、2 010 MHz ～ 2 025 MHz（上行）、2 300 MHz ～ 2 400 MHz（下行）。

（四）WiMAX

WiMAX 全称为 World Interoperability for Microwave Access，即全球微波接入互操作性，是一项基于 IEEE 802.16 标准的新的宽带无线接入城域网技术（Broadband Wireless Access Metropolitan Area Network）。它是针对微波频段提出的一种新的空中接口标准。

WiMAX 的基本目标是提供一种在城域网接入多厂商环境下，确保不同厂商的无线设备互连互通；主要用于为家庭、企业以及移动通信网络提供最后一千米的高速宽带接入，以及将来的个人移动通信业务。

和目前的其他技术相比，WiMAX 具有以下技术特点：

1. 标准化，成本低：由于使用同一技术标准，不同厂商设备可在同一系统中工作，增加了运营商选择设备时的自主权，降低了成本；

2. 数据传输速率更高：WiMAX 所能提供的最高接入速度是 75 M，目前实际应用时每 3.5 MHz 载波可传输净速率为 18 Mbps，频率利用系数高；

3. NLOS（非视距传输）：采用 OFDM/OFDMA 技术，具备非视距传输能力，可方便更多用户接入基站，大大减少基础建设投资；

4. 传输距离远：最大传输半径 50 千米，是无线局域网所不能比拟的；

5. 部署灵活，配置伸缩性强，可平滑升级：根据业务需求区域灵活部署基站，网络建设初期，可选用最小配置，根据业务增长，逐步增加设备；

6. 无"最后一千米"瓶颈限制：作为一种无线城域网技术，它可以将 Wi-Fi 热点连接到互联网，也可作为 DSL 等有线接入方式的无线扩展，实现最后一千米的宽带接入；

7. 同时支持数百个企业级和家庭 DSL 连接；

8. 提供广泛的多媒体通信服务：能够实现电信级的多媒体通信服务，支持语音、视频和 Internet。

对于 WiMAX 技术，它具有巨大的潜力，WiMAX 将可能成为未来 3G 网络的补充手段，在高速信息接入领域发挥其特性。

二、4G 通信

2013 年 12 月 4 日，在 3G 招牌发放 5 年之后，工信部又正式向中国移动、中国电信、中国联通颁发 3 张 TD-LTE 制式的 4G 牌照，宣告了 4G 时代的到来。

（一）4G 通信的特点

第四代移动通信系统（4G）也称为 beyond 3G（超 3G），它集 3G 与 WLAN 于一体，并能够传输高质量视频图像，它的图像传输质量与高清晰度电视不相上下。4G 系统能够以 100 Mbps 的速度下载，比目前的拨号上网快 2 000 倍，上传的速度也能达到 20 Mbps，并能够满足几乎所有用户对于无线服务的要求。而在用户最为关注的价格方面，4G 与固定宽带网络在价格方面不相上下，而且计费方式更加灵活机动，用户完全可以根据自身的需求确定所需的服务。此外，4G 可以在 DSL 和有线电视调制解调器没有覆盖的地方部署，然后再扩展到整个地区。很明显，4G 有着不可比拟的优越性，它是能够解决 3G 系统不足的下一代系统。

4G 通信具有以下一些特征：

1. 通信速度更快

由于人们研究 4G 通信的最初目的就是提高蜂窝电话和其他移动装置无线访问 Internet 的速率，因此 4G 通信的特征莫过于它具有更快的无线通信速度。专家预估，第四代移动通信系统的速度可以达到 10 M ～ 20 Mbps，最高可以达到 100 Mbps。

2. 网络频谱更宽

要想使 4G 通信达到 100 Mbps 的传输速度，通信运营商必须在 3G 通信网络的基础上进行大幅度的改造，以便使 4G 网络在通信带宽上比 3G 网络的带宽高出许多。据研究，每个 4G 信道将占有 100 MHz 的频谱，相当于 WCDMA3G 网络的 20 倍。

3. 通信更加灵活

从严格意义上说，4G 手机的功能已不能简单划归"电话机"的范畴，因为语音数据的传输只是 4G 移动电话的功能之一而已。而且 4G 手机从外观和式样上看将有更惊人的突破，可以想象的是，一副眼镜、一只手表或是一个化妆盒都有可能成为 4G 终端。

4. 智能性更高

第四代移动通信的智能性更高，不仅表现在 4G 通信终端设备的设计和操作具有智能化，更重要的是 4G 手机可以实现许多难以想象的功能，例如，4G 手机将能根据环境、时间以及其他因素来适时提醒手机的主人。

5. 实现更高质量的多媒体通信

4G 通信提供的无线多媒体通信服务将包括语音、数据、影像等，大量信息通过宽频的信道传送出去，为此 4G 也称为"多媒体移动通信"。

（二）4G 系统的关键技术

4G 是一个远比 3G 复杂的移动通信系统，它的实现要依托于很多新兴的技术，如 OFDM、软件无线电、IPv6 技术、智能天线等。正是依靠这些复杂的技术，4G 系统才得以实现 100 Mbps 甚至更高的传输速度，为人们提供高质量的数据服务，实现人们自由通信的梦想。

1. OFDM 技术

第三代移动通信系统主要是以 CDMA 为核心技术，而第四代移动通信系统技术则以 OFDM 最受瞩目，OFDM 是一种无线环境下的高速传输技术。无线信道的频率响应曲线大多是非平坦的，而 OFDM 技术的主要思想就是在频域内将给定信道分成许多正交子信道，在每个子信道上使用一个子载波进行调制，并且各子载波并行传输。这样，尽管总的信道是非平坦的，即具有频率选择性，但是每个子信道是相对平坦的，并且在每个子信道上进行的是窄带传输，信号带宽小于信道的相应带宽，因此就可以大大消除信号波形间的干扰。OFDM 技术的最大优点是能对抗频率选择性衰落或窄带干扰。在 OFDM 系统中各个子信道的载波相互正交，于是它们的频谱是相互重叠的，这样不但减小了子载波间的相互干扰，同时又提高了频谱利用率。

由于 OFDM 技术能够克服在支持高速率数据传输时符号间干扰增大的问题，并且有频谱效率高、硬件实施简单等优点，因此 OFDM 被看成是第四代移动通信系统中的核心技术。OFDM 技术主要的技术难点是系统中的频率和时间同步，基于导频符号辅助的信道估计，峰平比问题和多普勒频偏的影响以及基于 OFDM、多载波技术的新一代蜂窝移动通信系统的多址方案的研究。

2. 软件无线电技术

所谓软件无线电（Software Defined Radio, SDR），就是采用数字信号处理技术，在可编程控制的通用硬件平台上，利用软件来定义实现无线电台的各部分功能：包括前端接收、中频处理以及信号的基带处理等，即整个无线电台从高频、中频、基带直到控制协议部分全部由软件编程来完成。

其核心思想是在尽可能靠近天线的地方使用宽带的"数字/模拟"转换器，尽早地完成信号的数字化，从而使得无线电台的功能尽可能地用软件来定义和实现。总之，软件无线电是一种基于数字信号处理（DSP）芯片，以软件为核心的崭新的无线通信体系结构。

软件无线电技术主要涉及数字信号处理硬件（DSPH）、现场可编程器件（FPGA）、数字信号处理（DSP）等。目前，软件无线电技术虽然基本上实现了其基本功能：硬件数字化、软件可编程化、设备可重复配置性，但是其传统的流水线式结构严重影响了设备可配置功能和设备的可扩展性。1999 年，美国麻省理工学院 V.Bose 等人在 Spectrum Ware 项目支持下提出了网络式结构的虚拟无线电概念。这个项目致力于建立一个充分利用工作站提供的资源和网络优势的理想无线电结构，人们称它为虚拟无线电，这将是软件无线电的发展方向。

3. IPv6 技术

4G 通信系统采用基于 IP 的分组的方式传送数据流，不再采用电路交换的方式，因此 IPv6 技术将成为下一代网络的核心协议。

选择 IPv6 协议主要基于两方面的考虑，一是有足够的地址空间，二是支持移动性管理，这两方面是 IPv4 不具备的。此外，IPv6 还能够提供较 IPv4 更好的 QoS 保证及更好的安全性。首先，由于承载网是 IP 网，未来的移动终端必然需要拥有唯一的一个 IP 地址作为身份标识。目前使用的 IPv4 的地址长度仅有 32 bit，其 IP 地址资源已经逐渐枯竭。而 IPv6 具有长达 128 bit 的地址空间，能够彻底解决地址资源不足的问题。

其次，未来的移动用户接入 4G 通信系统与现在的互联网用户接入 Internet 不同，其最大的特点是具有不确定的移动性，因此必然要求所采用的 IP 协议能够提供强大的移动性管理功能以支持越区切换及无缝漫游。IPv6 中引入了移动 IP 的概念，可以解决这个问题。

4. 智能天线（SA）

随着电子通信产业的飞速发展，我们生活环境中的无线干扰也日渐嘈杂，来自广播、移动通信、无线通信等各个不同领域的电磁波相互干扰着，这为在复杂的背景噪声中正确接收有效信号带来了一定的难度。

目前 2G 通信系统中采用的天线分为全向天线和定向天线两种，全向天线应用于 360° 覆盖的小区，定向天线应用于小区分裂后的部分覆盖小区。这两种天线覆盖的区域形状都是不变的，因此对于基站来说，给每一个移动用户的下行信号是广播式发送的，这样势必会引起系统干扰，并降低了系统容量。

智能天线原名自适应天线阵列（Adaptive Antenna Array，AAA），最初应用于雷达、声呐等军事方面，主要用来完成空间滤波和定位。智能天线采用了空分多址（SDMA）的技术，利用信号在传输方向上的差别，将同频率或同时隙、同码道的信号进行区分，动态改变信号的覆盖区域，使主波束对准用户方向，旁瓣对准干扰信号方向，并能够自动跟踪用户和监测环境变化，为每位用户提供优质的上行链路和下行链路信号，从而达到抑制干扰、准确提取有效信号的目的。智能天线具有抑制信号干扰、自动跟踪以及数字波束调节等智能功能，被认为是未来移动通信的关键技术。

第四章　多媒体通信技术的关键技术分析

第一节　多媒体通信的基本概念

一、多媒体网络的概念

"多媒体"一词源自英文 Multimedia，这是一个复合词，它的核心是媒体（Medium）。所谓媒体就是信息的载体。媒体在计算机领域中有两种含义：一是指存储信息的载体，如磁盘、光盘、半导体等，也称介质；二是指传递信息的载体，如数字、文字、声音、图形图像，也称媒介。多媒体就是如数字、文字、声音、图形图像等多种媒体的组合。

多媒体网络是一个端到端的、能够提供多性能服务的网络。因此，它由多媒体终端、多媒体接入网络、多媒体传输骨干网络以及能够满足多媒体网络化应用的网络软件 4 个部分组成。

多媒体网络的应用包括：政府、商业及工业上的培训；各学校的教学；点播多媒体（Video-On-Demand，VOD）；分布式多媒体数据库存取；多媒体电子邮件；视频会议；现场直播等。多媒体网络应用分为三类：① 存储式的流媒体应用；② 直播式的流媒体应用；③ 实时交互式的应用。存储式流媒体应用中，客户端从服务器请求音频/视频文件，以流水方式从网络上进行接收并显示，提供交互，即用户可进行操作（如同操作录像机：暂停、恢复播放、快进、回退等），其延迟（从客户端发出请求到开始播出）为 1～10 秒。实况转播（单向实时）应用如同TV 和无线广播，但是从因特网上传送，非交互，只是收视/收听。实时交互应用有网络电话或视频会议，由于实时特性，比流媒体点播和实况转播要求更为严格，视频延迟小于 150 ms 尚可，音频小于 150 ms 比较好，小于 400 ms 可以接受。

二、一个多媒体网络应用系统的分析

VOD 是一个常见的多媒体网络应用，对于用户而言，只需配备响应的多媒体电脑终端或者一台电视机和机顶盒、一个视频点播遥控器，"想看什么就看什么，想什么时候看就什么时候看"，用户和被访问的资料之间高度的交互性使它区别于传统的视频节目的接收方式。它是多媒体数据压缩解压技术，是综合了计算机技术、通信技术和电视技术的一门综合技术。

一个 VOD 系统可以分成节目制作中心、服务器、网络传输和用户终端几个子系统，其中网络传输部分又可分为交换网和接入网，对于规模较大的 VOD 系统，节目制作中心和服务器之间也由网络连接，对于规模较小的 VOD 网络，节目制作中心和服务器可以合并在一起。

1. VOD 系统的基本要求。网络中的多媒体数据以实时数据流的形式传输，与传统的文件数据不同，多媒体数据流一旦开始传输，就必须以稳定的速率传送到桌面电脑上，以保证其平滑地回放，视频、音频数据流都不能有停滞和间断；网络拥堵、CPU 争用或 I/O 瓶颈都可能导致传送的延迟，引起数据流传输阻塞。

VOD 必须满足如下要求：

① 音频、视频数据流平滑，无停顿和抖动；

② 综合各种文字、图片、声音、视频信息；

③ 查询方法简便、快捷，具有快速的响应速度；

④ 多媒体信息展示的界面简洁、明了、切合需要。

2. VOD 视频点播的基本业务功能。一般来讲，VOD 业务需要具备以下功能：

① 下载：用户终端将给目前国内无智能的电视机提供智能。由于经济的因素，许多用户的终端是采用机顶盒，而不是计算机。而且一般的机顶盒并不准备配备硬盘。这就意味着只有一小部分操作系统能被存储在机顶盒的 ROM 或 EPROM 中。所需的功能环境随着应用一起下载。

② 导航：用户将需要一个友好的界面以在多个业务中进行选择。一个智能化的导航系统可被编程为具有记忆和存储选择的能力，同时它还能向用户推荐节目。

③ 访问证实：现在许多电视系统是由广告商付费的。将来在交互式环境中，几乎所有的广告都被省略了，这样，基于访问证实的计费就成为唯一一条对提供新业务进行计费的有效、可接收的途径。

④ 用户定制：用户定制通过给用户提供选择，定义自动登录模式，确定语言、业务、导航系统或业务提供者。

⑤ 用户身份鉴定 / 授权：用户终端设计了三个用户目录：管理者、用户和匿名用户。管理者对用户终端设备的总体负责且有权赋予、剥夺或改变用户对每种业务的权限。用户将能使用其被授权的任何应用并定制其业务环境。匿名访问主要用于公告业务。

⑥ 计费 / 加密：从用户的观念来看，所有的业务提供应该只有一张账单。考虑到居家购物和居家银行，就必须有先进的加密手段。

⑦ 内容：VOD 不存在内容的问题，因为有大量素材（如旧电影或电视剧）。但由于许可证、版权等问题，这些内容的获得有时十分缓慢。

⑧ Internet 访问能结合 Internet 应用的特点并满足下层需要，如协议封装和 Internet IP-to-ATM 地址转换。

三、多媒体网络的特性

由 VOD 系统可知，多媒体网络需要传输文本、图像、声音、视频等多媒体信息，表 4-1 显示了这些多媒体信息对网络的要求。

表 4-1　多媒体信息对网络的要求

多媒体信息	对网络的要求
语音	实时性：延时、抖动敏感；误码相对不敏感
数据	实时性要求不高，但要有严格的误码 / 校错保证
图像	实时性要求不高，但要求更高的带宽
视频	高带宽、并对实时性要求较严，允许有误码

从上表可以看出，为了完成承载多媒体业务的要求，多媒体网络应具有如下几个特性：

1. 业务等级保证，也称为 QoS（Quality of Service）保证。多媒体网络应能根据不同的业务提供不同的质量等级（如带宽、延时、抖动等）。

2. 高带宽，也就是网络的宽带化。随着图像、视频等多媒体在网上的大量采用，要求网络能提供足够的带宽。

3. 可靠性保证。作为向用户提供服务的运营网络，必须提供充分的网络可靠性，以满足各种业务不中断的要求。

4. 实时性，这是多媒体通信网与传统数据网的本质区别。多媒体通信网应能满足各种实时业务（如语音、视频）的要求。实时数据传输对数据从发送者到达接收者之间的延迟极其敏感，数据必须在特定的时间内被接收，否则无效。在实时数据传输中，根据不同的需求，将其分成两种：① 数据的"丢失"将引起严重或灾难性的后果；② 对延迟和丢失有一定的容忍能力。

上述四点体现出网络多媒体包括了两个基本特性，即等时性和实时性。等时性是指在等时传输模式下，应用对于一次传输发起时的延迟并不十分关心，但是一旦开始传输数据，就要求在连续的数据帧之间的延迟保持在一定范围内；实时性指网络多媒体应用所要求的是多媒体信息的及时传递，可以忍受一定的报文丢失率。

实时多媒体流又称为连续媒体（continous media），其中两个使用最为广泛的媒体流是音频和视频多媒体信息。

在多媒体会话中，声音时断时续是非常难以忍受的，因此音频信息的传输要求网络提供一个最低的可用带宽。

视频传输的视频流的速率一直在变化。视频数据可能没有音频那样有比较严格的延时限制，如果没有足够的带宽，可以降低帧刷新的频率。

这就是多媒体网络的通信特性：网络上的多媒体通信应用和数据通信应用有比较大的差别，多媒体通信应用要求在客户端播放声音和图像时要流畅，声音和图像要同步，因此对网络的时延和带宽要求很高。而数据通信应用则把可靠性放在第一位，对网络的时延和带宽的要求不那么苛刻。

四、多媒体网络技术

TCP/UDP/IP 协议簇提供的是尽力而为，无延迟或延迟变动承诺的服务。要使现有的 IP 网络发展成实用的多媒体网络，从目前技术和市场发展来看，应通过对 IP 网络相关技术和协议的改进，以减少"尽力而为"对因特网的服务原则的影响，一般可以采取如下策略：

1.使用 UDP 来避免 TCP 和它的慢启动过程；

2.在客户端缓存部分内容并控制回放，来弥补传输抖动造成的影响；

3.给分组加上时间戳，来提醒接收端及时回放该分组；

4.选择压缩技术等来适应可用带宽；

5.开发和采用以光纤为基础的、高速有效的骨干网络技术和宽带接入技术组建网络；

6.制定和采用新的协议和标准，优化网络的"灵魂"。

目前，有以下技术用于网络多媒体数据的 QoS 需求：

（1）集成服务（IntServ）：改变因特网协议，以便应用程序能够预定端对端的带宽。

（2）区别服务（DifflServ）：对因特网的基础结构进行改造，使其可以提供分级的服务。

（3）冗余尺寸（Laissez-Faire）：没有带宽预定，不用分组标记，只要需求增加，则供应更多的带宽。还有：将存储内容置于网络的边缘；ISP 和主干上增加缓存；ICP 内容提供商将内容置于 CDN 节点；P2P：选择临近的存储有内容的对等节点。

（4）虚拟专网（VPN）：为企业保留永久性的带宽域（blocks of bandwidth）。路由器可以根据 IP 地址来识别 VPN 的信息流，使用特殊的调度策略来提供预留的带宽。

（5）实时传输协议：如 RTP、RTCP、RTSP。

（6）重视网络的优化和可管理性，对全网实施可靠的网络管理和监测，保证网络的健康发展。

第二节　多媒体通信系统中的关键技术

一、多媒体压缩与传输

（一）多媒体压缩

多媒体计算机技术是面向三维图形、环绕立体声和彩色全屏幕运动画面的处理技术。而数字计算机面临的是数值、文字、语音、音乐、图形、动画、图像、视频等多种媒体的问题，它承载着由模拟量转化成数字量信息的输入、输出、存储和传输。数字化了的视频和音频信号的数量之大是非常惊人的，它给存储器的存储容量、通信干线的信道传输率以及计算机的速度都增加了极大的压力，要解决这一问题，单纯用扩大存储器容量、增加通信干线传输率的办法是不现实的。

数据压缩技术为图像、视频和音频信号的压缩，文件存储和分布式利用，提高通信干线的传输效率等应用提供了一个行之有效的方法，同时使计算机实时处理音频、视频信息，以保证播放出高质量的视频、音频节目。

目前，有三个重要的有关视频图像压缩编码的国际标准系列：JPEG 标准；H.261 标准；MPEG 标准。

1. JPEG 标准

1986 年，CCITT 和 ISO 两个国际组织组成了一个联合图片专家组（Joint Photographic Experts Group），其任务是建立第一个实用于连续色调图像压缩的国际标准，简称 JPEG 标准。它是国际上彩色、灰度、静止图像的第一个国际标准，它不仅适于静态图像的压缩，电视图像序列的帧内图像的压缩编码也常采用 JPEG 压缩标准。

目前 JPEG 标准得到了广泛认可，在 Internet 上的许多图片都是以 JPEG 标准压缩的，文件的后缀为 jpg。

自从 JPEG 标准推出之后，各集成电路生产厂家纷纷研制适用于 JPEG 的硬件芯片。在这些芯片中，市场占有份额最大的是 C_Cube 公司的 CL550。

2. H.261 标准

H.261 是视频图像压缩编码国际标准，主要用于视频电话和电视会议，可以以较好的质量来传输更复杂的图像。除了 H.261，ITU 还提出了 H.263 和 H.264。H.261、H.262、H.264 的编解码框架并无显著变化，也是基于混合编码的方案：以运动矢量代表图像序列各帧的运动内容，使用前面已解码帧对其进行运动估计和补偿，或使用帧内预测技术，所得的图像参差值要经过变换、量化、熵编码等部分的处理。但 H.264 的性能提升在于各个部分的技术方案的改进及新算法的应用。H.264/AVC 是目前由 ITU-T 的视频编码专家组（VCEG）及 ISO/IEC 的活动图像专家组（MPEG）大力发展研究的，适应于低码率传输的新一代压缩视频标准。2003 年 3 月，由两个专家组组成的联合视频专家组（JVT）公布了这一压缩视频标准的最终草案，此标准被称为 ITU-T 的 H.264 协议或 ISO/IEC 的 MPEG-4 的高级视频编码部分。

3. MPEG 标准

1988 年，ISO 成立了活动图像专家组（MPEG），负责活动图像及其伴音的编码标准制定工作。1990 年制定出标准草案，1991 年成立国际标准，编号为 ISOU172。MPEG 视频压缩技术是针对运动图像的数据压缩技术。目前又分为 MPEG-I、MPEG-II、MPEG-IV、MPEG-7 和 MPEG-21。

MPEG-I 最初用于数字存储上活动图像及伴音的编码，编码率为 1.5 Mbit/s，图像采用 SIF 格式，两路立体声伴音的质量接近 CD 音质，到现在，MPEG-I 压缩技术的应用已经相当成熟，广泛地应用在 VCD 制作、图像监控领域。

MPEG-II 是 MPEG-I 的扩充、丰富和完善。MPEG-II 的视频数据速率为 4.5 Mbit/s，能提供 720x480（NTSC）或 720x576（PAL）分辨率的广播级质量的图像，适用于包括宽屏幕和高清电视（HDTV）在内的高质量电视和广播。

随着网络、有线 / 无线通信系统的迅猛发展，交互式计算机和交互式电视技术的普遍应用，以及视频、音频数据综合服务等应用的发展趋势，对计算机多媒体数据压缩编码、解码技术及其遵循的标准提出更多、更高的要求，有许多要求MPEG-Ⅰ 和 MPEG-Ⅱ 标准是难以支持的，因此 MPEG-Ⅳ 应运而生，它正是为解决这些高需求而推出的。

MPEG-Ⅳ 开发的不同压缩编码有以下几类：

（1）基于内容的多媒体数据访问工具：应用于从在线的程序库和传送信息的数据库中进行基于内容的信息检索。

（2）基于内容的处理和比特流编辑：应用于交互式家庭购物、影视的制作和编辑、数字特技。

（3）混合自然和人工数据编码：应用于动画和音响的自然组合，在游戏节目中，观众可以移动和传送覆盖在要查看的视频中的图形，从不同的观察点描绘图形和声音。

（4）改进的时间随机访问：应用于音像数据的远程终端随机访问。

（5）改进的编码效率：应用于低带宽信道上的有效音像数据存储和传送。

（6）多重并行数据流的编码：多媒体表演，如虚拟现实游戏、三维动画、训练和飞行模拟、多媒体演示和教育。

如今，越来越多的声像信息以数字形式存储和传输，这为人们更灵活地使用这些信息提供了可能性。但随之而来的问题是，随着网络上信息爆炸性地增长，获取到指定的感兴趣的信息的难度却越来越大。传统的基于关键字或文件名的检索方法显然不适于数据量庞大、又不具有天然结构特征的声像数据，因此，近些年来多媒体研究的一个热点是声像数据的基于内容的检索，例如"从这段新闻片中找出有天安门的镜头"这种形式的检索。实现这种基于内容检索的一个关键性的步骤是要定义一种描述声像信息内容的格式，而这与声像信息的存储形式（编码）又是密切相关的。国际标准化组织运动图像专家组注意到了这方面的需求和潜在的应用市场，在推出影响极大的 MPEG-Ⅰ、MPEG-Ⅱ 之后，尚未完成 MPEG-Ⅳ 的最后定稿，便开始着手制定专门支持多媒体信息基于内容检索的编码方案——MPEG-7。

MPEG-7 作为 MPEG 家族中的一员，正式名称叫作"多媒体内容描述接口"，它将为各种类型的多媒体信息规定一种标准化的描述，这种描述与多媒体信息的内容本身一起，支持用户对其感兴趣的各种"资料"的快速、有效的检索。例如：

① 数字化图书馆（图像分类目录、音乐字典等）；② 多媒体目录服务；③ 广播式媒体选择（收音机频道、电视频道等）；④ 多媒体编辑（个人电子新闻服务、媒体著作）；⑤ 教育；⑥ 旅游信息；⑦ 娱乐（如寻找游戏、卡拉 OK 节目）；⑧ 购物（如寻找你喜欢的衣服）等。

MPEG-21 致力于为多媒体传输，并使用定义一个标准化的、可互操作的、高度自动化的开放框架，这个框架考虑到了对象化的多媒体接入及使用不同的网络和终端进行传输等问题，这种框架还会在一种互操作的模式下为用户提供更丰富的信息。MPEG-21 标准其实就是一些关键技术的集成，通过这种集成环境对全球数字媒体资源进行增强，实现内容描述、创建、发布、使用、识别、收费管理、版权保护、用户隐私权保护、终端和网络资源获取、事件报告等功能。

在多媒体技术中，存储声音信息的文件格式主要有：WAV 文件、VOC 文件、MIDI 文件、AIF 文件、SON 文件及 RMI 文件等。至于音频格式，有 MP3、WMA（WMA9）、WAV（PCM、ADPCM）、DAT 等。至于视频格式，H.264 将会是未来流行的编解码格式，其次是 MPEG-4、MPEG-2、WMV、RMVB 等格式。

（二）流媒体及 RTSP 协议

1. 流媒体系统

随着多媒体压缩技术和计算机硬件的发展，音频和视频信息经过录制之后可以保存在计算机的存储器中，与此同时，ADSL、FTTC 等宽带网络技术为用户带来了相对充裕的网络带宽，那么用户如何通过 Internet 访问位于 WWW 的多媒体文件呢？

第一种方法：通过 HTTP 服务器访问多媒体文件。多媒体信息首先被录制下来并进行压缩后，保存在 HTTP 服务器上，用户然后通过浏览器把 HTTP 服务器上保存的媒体文件完整地下载下来，再进行播放。常常通过一个单独的帮助器应用程序（helper application）来播放多媒体文件，该应用程序通常叫作媒体播放器（mediaplayer）。

这种方法的基本过程如下：

（1）用户通过浏览器单击该媒体文件对应的超链接，首先与 HTTP 服务器建立一条 TCP 连接，然后提交 HTTP 请求来传送媒体文件。

（2）HTTP 服务器通过该 TCP 连接发送包含了对应的媒体文件的 HTTP 响应。

（3）浏览器检查 HTTP 响应的头部信息后，了解到 HTTP 响应中携带的内容的媒体类型，启动相应的媒体播放器，然后把下载后的文件递交给该媒体播放器，媒体播放器开始进行播放。

这种方法存在的问题：媒体文件经常会非常大，通过网络传输到客户方进行播放会导致播放时延很长。由于媒体文件下载后首先要保存到存储设备上，也会占用比较大的空间。这种方法要求媒体文件已经预先录制好，对于那些实时录制的媒体流就无法进行播放。

第二种方法：考虑采取边下载边播放的方法，以减少播放时延。这也就是所谓的流媒体技术，有时也称之为网络放送（webcasting）。流媒体基本原理：当一个预先录制或者在线录制的音频或视频文件通过流放技术传递时，客户方的媒体播放器首先保留一小块缓冲区。收到的媒体分组被保存在这个缓冲区中，一旦缓冲区满（经常只要几秒钟的时间）后就开始进行播放。只要数据到达的速度不小于播放速度，多媒体数据就能够平滑地播放。

其基本步骤如下：

（1）用户通过浏览器单击超链接以请求传送音频或视频文件，这个超链接指向一个媒体说明文件，也称为元文件（meta-file），该文件包含实际的媒体文件的URL地址。

（2）Web浏览器首先与HTTP服务器建立一条TCP连接，然后提交HTTP请求来传送包含了实际的媒体文件URL的元文件。

（3）HTTP服务器通过该TCP连接发送包含了元文件的HTTP响应。

（4）浏览器检查HTTP响应的头部信息后，了解到HTTP响应中携带内容的媒体类型，启动相应的媒体播放器，然后把下载后的元文件递交给该媒体播放器。

（5）媒体播放器直接与HTTP服务器建立TCP连接，然后发送HTTP请求来传送实际的媒体文件。

（6）HTTP服务器把媒体文件封装进HTTP响应中，媒体播放器在收到一小段数据后开始播放。

这种方法相比第一种方法大大减少了播放时延，但由于媒体流通过HTTP协议来进行传送，用户和服务器之间的交互非常困难，且用这种面向连接的方式来传输媒体流也是非常不适合的。

第三种方法：媒体流不再是直接从HTTP服务器通过HTTP连接传给媒体播放器，而是引入了一个流媒体服务器，这样流媒体服务器和媒体服务器之间可以使用它们自己的协议进行通信。

其基本步骤如下：

（1）用户通过浏览器单击超链接以请求传送音频或视频文件，这个超链接指向一个媒体说明文件。

（2）Web 浏览器首先与 HTTP 服务器建立一条 TCP 连接，然后提交 HTTP 请求来传送包含了实际的媒体文件 URL 的元文件。

（3）HTTP 服务器通过该 TCP 连接发送包含了元文件的 HTTP 响应。

浏览器检查 HTTP 响应的头部信息后，了解到 HTTP 响应中携带内容的媒体类型，启动相应的媒体播放器，然后把下载后的元文件递交给该媒体播放器。

（4）媒体播放器按照自己的协议与流媒体服务器进行通信，收到一小段数据后开始播放。

（5）流媒体服务器和媒体播放器之间通过建筑于 UDP 之上的实时运输协议 RTP 来传输多媒体协议。

流媒体系统的组成：一个流媒体系统包含了用于通过 Web 来创建、存储和递交相应的音频和视频等媒体文件的硬件和软件。包括三个部分，分别是媒体服务器和媒体文件、单独的或作为插件的媒体播放器、相应的多媒体编码和创建工具。一个媒体播放器首先需要把收到的按照某种多媒体压缩方案进行编码的媒体信息进行解压缩后播放。媒体播放器应该通过播放缓冲区来去掉延迟的抖动带来的影响。媒体播放器也应该能够处理分组丢失的情况。媒体播放器应该提供用户控制的功能。

2. RTSP 协议

（1）RTSP 协议概述。

媒体流的控制方法可以有两种方法：一种方法是发送消息给源要求其进行播放、停止等操作。该方法可用于媒体流只有一个客户进行控制的环境中；另一种方法是媒体流会正常到达接收者，在接收者处进行媒体流的播放控制。该方法在有多个接收者并且没有场地控制（floor control）的环境下更有效。

客户发送指令，媒体服务器收到指令后完成指定的操作，然后给客户发送响应信息，这种基于网络的请求 / 响应模式即为远程过程调用（Remote Procedure Call，RPC）。

最为广泛使用的 RPC 系统是 Sun 公司的 RPC 系统，其他的还包括 Microsoft 的 DCOM、Java RM 等。

HTTP 可以作为一种通用的请求 / 响应类的远程过程调用机制。

RTSP 的设计思想：RTSP 是一种控制一个或者多个时间同步的实时音频、视频等连续媒体流的递交的客户 / 服务方协议。RTSP 相当于媒体服务器的"网络远程控制器"，提供了类似于 VCR 的远程控制功能，比如暂停、播放、跳转等。

RTSP 可能会同时控制一个或者多个媒体流，这些媒体流被称为多媒体表演

（presentation）。有关信息通过一个相应的会话描述来定义，包括有哪些媒体流、每个媒体流的编码方式、传输地址和媒体流携带内容的有关描述等。

RTSP 消息采用 TCP 或 UDP 来传输。RTSP 提供了相应的机制来保证 RTSP 消息传输的可靠性。如果采用 TCP，则 URL 的协议字段为 rtsp；而如果采用 UDP，则为 rtspu。

RTSP 消息分为请求和响应两种类型。如果为 RTSP 请求消息则包含了相应的方法，后面跟着其对应的 URL；如果为响应消息，则给出了执行结果的状态码和对应的文本描述。

RTSP 消息由通用头部、请求或响应头部、实体头部、消息体组成。请求或响应头部：包括可以接受的编码方式、采用的软件和最近的实体日期等，响应头部包括响应的有效期、重试时间、服务器种类等；实体头部：有关消息体的信息，包括消息体的长度、类型、过期时间、最近修改的时间；消息体（如果有）：携带的数据，一般采用 MIME 来编码。

RTSP 相对于 HTTP 的改进：① RTSP 服务器需要维护相应的状态，RTSP 协议引入了会话标识的概念，会话标识代表了客户方和服务方共享的状态；② RTSP 允许服务器发送请求，同时 RTSP 也提供了相应的协议扩展机制，允许加入新的请求类型；③ RTSP 消息和多媒体数据是通过不同的协议和信道来传递的。RTSP 是一种带外（out-of-band）协议，即 RTSP 消息和多媒体数据是通过不同的协议和信道（注意 RTSP 规范中给出了一种交替机制，允许 RTSP 消息和媒体流合在一起传递）来传递的。RTSP 并没有规定媒体流的传输协议，它可以采取 RTP 协议，也可以是任何其他形式的媒体传输协议。

RTSP 支持多种传输模式，第一种是单播，第二种是组播。

（2）RTSP 协议过程。

RTSP 应用的基本操作流程大致如下：

① 客户方首先必须获得要播放的媒体演出的描述信息，一种方法是通过 HTTP 或者电子邮件等手段来得到，另一种方法是通过 RTSP 的 DESCRIBE 消息来获取。在获得媒体流的信息之后，客户方启动相应的媒体应用程序来准备处理媒体流。

② 客户方发送 SETUP 请求来建立会话，服务方返回一个会话标识。同时服务方将分配相应的资源，比如媒体流将要传输的网络套接字、预约网络带宽等。

③ 客户方通过发送 PLAY 请求播放请求头部中的 URL 指定的媒体流，同时客户方还指定了播放的起始时间和结束时间。

④ 在播放的时候，客户可以发送 PAUSE 请求来暂停播放，然后通过 PLAY 请求来继续播放，PLAY 请求可以通过指定一个新的播放区域来跳转播放。

⑤ 最后客户方发出一个 TEARDOWN 请求来拆除会话，释放分配的资源。

（三）RTP 协议与 RTCP 协议

进行实时多媒体通信时，需要解决以下问题：①通信的实体间应该就采取什么样的压缩算法进行协商，以采取最有效的压缩算法；②实时多媒体要求提供时间戳，接收者能够根据时间戳来进行回放。实时多媒体数据在传输过程中可能会丢失，接收者应该能够处理数据丢失的情况。实时多媒体应用应该能够对网络的拥塞做出响应，这就需要相应的机制来把数据的丢失情况反馈回发送者。

为了满足实时多媒体通信要求，需要新的传输层协议，实时传输协议 RTP 是一种用于实时多媒体的标准传输协议，在 RFC 1889 定义。RFC 1889 定义了一对协议，RTP 和实时传输控制协议 RTCP。

1. RTP

RTP 用于交换多媒体信息，设计目的是提供实时数据传输中的时间戳信息以及各数据流的同步功能。而 RTCP 用于定期发送对应该多媒体流的控制信息。两个协议都独立于下面的传输层和网络层协议。RTP 本身并不能为按序传输数据包提供可靠的保证，也不提供流量控制和拥塞控制，这些都由实时传输控制协议 RTCP 来负责完成。RTP 一般运行于 UDP 之上，RTP 数据流的端口为偶数端口（x），而 RTCP 则使用相邻的为奇数的端口（x+1）。RTP 支持组播方式的多媒体应用，它也可以运行在其他网络或传输协议之上。会话发起协议（SIP）和 H.232 都使用 RTP。

RTP 具有以下特点：RTP 不需要预先建立连接，同时也并没有更多的可靠性控制。从应用开发者的角度来看，RTP 是一种应用层协议。新的多媒体应用不可能使用传统 TCP 协议，而且不大可能设计出一种符合各种类型的新应用的通用协议。因此 RTP 协议只定义了一个实时多媒体应用的框架（Framework）。

RTP 支持点到点的通信，也支持会议方式的通信，采用组播方式进行通信，所有会议成员的音频流都通过该组播地址＋第一个 UDP 端口号（偶数）传输。RTP 头中的信息将告诉接收器如何重建数据，并描述了比特流是如何打包的。一个 RTP 消息包括了一个 12 个字节的固定头部，而接下来多个相关源标识 CSRC（Contributing Source）只在 RTP 混合器合成多个流下才使用，可选的扩展头部用于协议的扩展，负载字段所携带的实时多媒体信息的格式是由具体的应用确定的。

在 12 个字节的固定头部中，版本号 V 占 2 比特，目前的版本号为 2。

填充标志 P 占 1 比特，表示该消息中有填充的字节。RTP 的填充机制巧妙地利用了 UDP 的格式，RTP 消息通过 UDP 封装，而 UDP 头部给出了经过填充后的 RTP 消息的长度，UDP 消息中的最后一个字节给出了所填充的字节的数目，这样 RTP 消息的头部字段可以省掉长度字段。

扩展比特 X：扩展比特表示是否有一个扩展的头部，一个特定的应用可能需要对协议进行扩展，从而可以利用这样一个扩展的头部。

CC 字段 4 比特，CC 字段给出了相关源标识的个数，固定头部后面的 CSRC 列表包含了那些被合成在一起的源标识。

负载类型（PayloadType）的首位为标志比特 Marker，标志比特的具体含义随所承载的负载类型而定。负载类型字段的后 7 比特给出了所携带的多媒体信息的类型，例如负载类型的值为 31 表示负载为 H.263 编码的多媒体信息，96～127 之间的负载类型值可以通过协议动态定义。将负载类型信息包含在每一个报文中，避免了每次连接的重新初始化，这样做还允许动态地变换编码方案。

顺序号（Sequence Number）：16 比特的顺序号用于检测报文丢失的情况，同时可以区别那些同一个时间戳的报文。一个 RTP 流每次发出一个 RTP 分组时该顺序号递增，初始顺序号是随机选择的。

时间戳（Time stamp）：时间戳信息描述了该报文中携带的第一个样本生成的时间，这个时间并不是绝对的时间值，只有时间戳之间的相对值才有意义。时间戳的频率由所承载的负载类型确定。在当前的版本中，所有的视频数据使用 65 536 Hz。

SSRC 标识：SSRC 标识用来标识该多媒体的信息源，RTP 会话（RTP Session）中的每个多媒体源都被分配了一个 32 个比特的同步源 SSRC（Synchronization source）标识，它是在每个 RTP 数据源初始化时随机生成的，并且需确保在所有成员中保持唯一确定。

CSRC 列表：CSRC 列表给出了本 RTP 分组携带的负载在合成前的多媒体流的 SSRC 列表。CSRC 列表中携带的个数在前面的 CC 字段指定，最多可以携带 15 个 SSRC。RTP 支持在某个网关处把多个源混合在一起来形成一个新的单个流。这个时候这个流的分组头部包含了所有被混合在一起的流的 ID，那个网关称为 RTP 混合器（Mixer）。混合器接收来自于一个或者多个源的 RTP 流，然后按照某种方式（可能改变其中的数据格式）将这些流合成在一起。这个新的多媒体流实际上是一个单一的多媒体源，具有唯一的 SSRC 标识，同时在 RTP 头部中给出了那些原来的流的 SSRC 标识列表。RTP 还支持一种叫作 RTP 转发器（RTP Translator）的设备，该设备转发 RTP 流，在转发的同时可能还会改变数据的格式，但是它并不改变 SSRC 标识。

2. RTCP

RTCP 作为实时传输控制协议，它的主要功能是：对多媒体递交的质量的反馈；提供把多媒体流与会话成员对应起来的手段；提供 RTP 媒体时间戳和发送者的实时时钟之间的关系；提供了相应的文本信息来标识会话中的发送者。通常 RTCP 会采用与 RTP 相同的分发机制，向会话中的所有成员周期性地发送控制信息，应用程序通过接收这些数据，从中获取相关资料，从而能够对服务质量进行控制或者对网络状况进行诊断。

RTCP 定义了五种不同的分组来携带不同类型的控制信息：

（1）发送报告（Sender Report，SR）：给出了会话成员最近发送的多媒体流的情况，还包含了该成员最近接收到多媒体流的状况。

（2）接收报告（ReceiverReport，RR）：给出了该成员最近接收到的多媒体流的状况。

（3）源描述（Source Description，SDES）：给出了有关该成员的一些描述信息。

（4）BYE 分组：在成员离开会话时采用。

（5）APP：用于携带和应用相关的信息，它的具体格式和含义在相应的脚本（Profile）中定义。

这些不同类型的 RTCP 报文通过低层协议（如 UDP）传递，RTCP 报文可以"堆叠"在一起形成一个 RTCP 消息再发送。在"堆叠"起来的 RTCP 消息中至少必须包含 2 个 RTCP 分组，一个是接收报告，另外一个是源描述。"堆叠"起来的 RTCP 消息不能太长，否则无法通过低层网络。

RR 给出了最近接收到的所有 RTP 流的情况，它实际上是由多个接收报告块组成。每个接收报告块对应相应的 RTP 流，每个接收报告块包含如下信息：①该报告对应的 RTP 流的 SSRC 标识；②在上次接收报告至今这段时间内来自于该 RTP 流的分组丢失率；③总的丢失分组数；④目前接收到的最高顺序号；⑤到达抖动（Interarrival Jitter）估计；⑥最近的 SR 时刻 t_{LSR}；⑦从接收到那个最近的发送报告到发送这个接收报告的间隔时间 t_{ISR}。

到达抖动的估计值是怎样计算的呢？到达抖动描述了两个相邻的 RTP 报文在发送时的间隔与收到时的间隔的偏差情况。通过变换后相当于 RTP 相对传输时间的偏差 D，即 RTP 报文到达接收者的时间与报文中包括的 RTP 时间戳的差，即 RTP 报文 i 和 j 之间的相对传输时间为：

D（i，j）=（Arrival$_j$–Time stamp$_j$）–（Arrival$_i$–Time stamp$_i$）

到达抖动可以按照下式进行更新：

Jittler=Jittler+（ID（i–1），i）I–Jittler）/16

SR 实际上包括两个部分，一个部分是发送报告块，另一个是接收报告块。发送报告块包含以下信息：① 最近生成的 RTP 分组所对应的 RTP 时间戳和 NTP 时间戳（即实际的时间）；② 目前为止已发送的分组和字节数。NTP 时间戳作为同步的基准。

利用 SR 和 RR 可以计算出发送者到接收者的往返传输时间 RTT。

RTP 数据包中除了 32 位的 SSRC 标识外，不提供任何额外的数据源标识信息。SSRC 必须在 RTP 会话中唯一，如果有两个以上多媒体源选择了同一个 SSRC，则必须重新选择一个。另外，用户可能由于断电、断网等原因而重新启动应用程序，这样多媒体流的 SSRC 也会改变。

每一个会话成员都要定期发送 RTCP 报文。较短的周期有利于更好地实时控制，但这会加重网络负载。必须很好地平衡两者之间的关系。RTCP 提供了相应的机制来保证所有成员发送的 RTCP 总负载只占会话带宽的一小部分。根据实验表明，RTCP 所占比例为 5%，是一个可接受的值，并且可以很好地控制几百到几千个会话成员。为了限制 RTCP 负载的规模，必须知道会话带宽和会议中的成员数。活跃的发送者应该比一般的接收者获得更多的带宽，以便它们能及时发送 CNAME 信息，从而使得成员在接收到多媒体信息时知道到底是谁在讲话。协议把 RTCP 负载的 25% 分配给发送者，而剩余的 75% 则属于接收者平均分享。假设一个会议中只有一个发送者，有 m 个接收者，该发送者产生的视频流为 2 Mb/s，因此，RTCP 负载限制为 100 Kb/s，发送者的 RTCP 负载为 25 Kb/s，会议的成员定期计算平均 RTCP 分组大小，并且根据当前的成员数来决定其所占用的 RTCP 带宽，从而计算出 RTCP 分组的传输间隔。

发送者的 RTCP 分组传输间隔为：

T=（发送者个数 /0.25*0.05* 会话带宽）*（平均 RTCP 分组长度）

接收者的 RTCP 分组传输间隔为：

T=（接收者个数 /0.25*0.05* 会话带宽）*（平均 RTCP 分组长度）

3. 工作过程

当应用程序开始一个 RTP 会话时将使用两个端口：一个给 RTP，一个给 RTCP。在 RTP 会话期间，各参与者周期性地传送 RTCP 包。RTCP 包中含有已发送的数据包的数量、丢失的数据包的数量等统计资料，因此，服务器可以利用这些信息动态地改变传输速率，甚至改变有效载荷类型。RTP 和 RTCP 配合使用，它们能以有效的反馈和最小的开销使传输效率最佳化，因而特别适合传送网上的实时数据。

例如，基于 RTP 的 MPEG-4 视频传输。MPEG-4 数据流分别被封装上 RTP 报头、UDP 报头和 IP 报头，然后 IP 数据包通过 Internet 向接收端发送。当发送端收到已被正常编码压缩的 MPEG-4 码流后，按照 RTP 数据传输协议的报文格式装入 RTP 报文的数据负载段，并配置 RTP 报文头部的时间戳、同步信息、序列号等参数，此时数据报文已被"流"化了；同时发送端周期性地接收 RTCP 包，将 QoS 反馈控制信息发送到视频服务器，服务器利用这些信息动态地改变自身参数设置。接收端收到 IP 包后先分析 RTP 包头，判断版本、长度、负载类型等信息的有效性，更新缓冲区的 RTP 信息，如收到的字节数、视频帧数、包数、序列号数等信息；按照 RTP 时间戳和包序列号等进行信源同步，整理 RTP 包顺序，重构视频帧；最后根据负载类型标识进行解码，将数据放入缓存，供解码器解码输出；同时接收端根据 RTP 包中的信息周期性回送包含 QoS 反馈控制信息的 RTCP 包到数据发送端，以检测发送端和接收端数据的一致性。

（四）SIP 与 H.323 会话控制

1. SIP 协议的背景和功能

所谓会话指的是多个参与者互相交换数据的情况。会话中成员可以通过组播、单播或者两者结合在一起进行通信，交换的数据可以是音频、视频、数据等多媒体类型。SIP（Session Initiation Protocol，会话初始协议）的开发目的是用来帮助提供跨越因特网的高级电话业务，它用来建立、改变和终止基于 IP 网络的用户间的呼叫。SIP 既不是会话描述协议，也不提供会议控制功能。为了描述消息内容的负载情况和特点，SIP 使用 Internet 的会话描述协议（SDP）来描述终端设备的特点。为了提供电话业务，它还需要结合不同的标准和协议，例如，为了提供服务质量（QoS），它与负责语音质量的资源保留设置协议（RSVP）互相操作，还与若干个其他协议进行协作，包括负责定位的轻型目录访问协议（LDAP）、负责身份验证的远程身份验证拨入用户服务（RADIUS）以及负责数据实时传输的 RTP 等多个协议。

SIP 是一种应用层的控制协议，它是在诸如 SMTP（简单邮件传送协议）和 HTTP（超文本传送协议）基础之上建立起来的。到目前为止，它走过了以下几个阶段：

（1）1996 年出现 SIP 的概念，这时 SIP 的主要应用是针对 Internet 上的各种文本应用，如电子邮件、文字聊天等。

（2）1999 年，ITEF 针对多方多媒体会话控制（MMUSIC）发布了第一个 SIP 规范，即 RFC2543 建议，供各厂商和机构讨论。

（3）2002 年，ITEF 发表了 RFC3261 建议，以取代 RFC2543。

由于网络环境及相关多媒体技术的不足，在 SIP 协议首次被提出的时候，仅针对各种文本应用，随着技术的发展，通过和 IETF 中的 IP 电话工作组（IPTEL）、IP 网中的电话选路（TRIP）工作组等兄弟工作组配合工作，在 SIP 协议中大大加强了对多媒体通信的支持。

由于 Internet 的飞速发展，SIP 已经开始被 ITU-TSG16、ETSITIPON（欧洲标准化组织）、IMTE 等各种标准化组织所接受，并在这些组织中成立了与 SIP 相关的工作组。特别是作为 ITU-TSG16 主要成员，在多年发展 H.323 应用的基础上，针对 SIP 应用在视频领域的特点，提出了 SIP 的应用指导，并推出了相应的 SIP 协议栈，使得 ITU 的成员实现了这两种协议之间的互通性。

SIP 被描述为用来生成、修改和终结一个或多个参与者之间的会话。这些会话包括因特网多媒体会议、因特网（或任何 IP 网络）电话呼叫和多媒体发布。会话中的成员能够通过多播或单播联系的网络来通信。SIP 支持会话描述，它允许参与者在一组兼容媒体类型上达成一致。它同时通过代理和重定向请求到用户当前位置来支持用户移动性。SIP 不与任何特定的会议控制协议捆绑。

SIP 提供以下功能：

（1）用户定位：SIP 通过 E-mail 形式的地址来标明用户地址。每一用户通过统一的 URL 来标识，它通过诸如用户电话号码或主机名等元素来构造（例如 usercompany.com）。此功能保证无论被呼叫方在哪里都确保呼叫到达被叫方。

（2）特征协商：它允许与呼叫有关的组（可以是多方呼叫）在支持的特征上达成一致。例如视频可以或不可以被支持。

（3）会话参与者管理：呼叫中，参与者能够引入其他用户加入呼叫或取消到其他用户的连接。此外，用户可以被转移或置为呼叫保持。

（4）呼叫特征改变：用户应该能够改变呼叫过程中的呼叫特征。例如，一个呼叫可以被设置为"voice-only"，但是在呼叫过程中，用户可以开启视频功能。也就是说，一个加入呼叫的第三方为了加入该呼叫可以开启不同的特征。

2. SIP 系统的基本组成

SIP 中有两类设备：SIP 用户代理和 SIP 网络服务器。SIP 用户代理又称为 SIP 终端，是 SIP 系统中的最终用户，在 RFC3261 中将它们定义为一个应用。根据它们在会话中扮演的不同角色，又分为用户代理客户机（UAC）和用户代理服务器（UAS）两种。其中前者用于发起呼叫请求，后者用于响应呼叫请求。用户代理是呼叫的终端系统元素，而 SIP 服务器是处理与多个呼叫相关联信令的网络设备，有三种服务器形式存在于网络中：SIP 代理服务器、SIP 重定向服务器及 SIP 注册服务器。各类设备的主要功能如下：

（1）SIP 代理服务器（SIP Proxy Server）：是一个中间元素，它既是一个客户机，又是一个服务器，具有解析名字的能力，能够代理前面的用户向下一跳服务器发出呼叫请求，由服务器决定下一跳的地址。

SIP 代理服务器分为有状态代理服务器和无状态代理服务器，区别是有状态代理服务器记住它接收的入请求，以及回送的响应和它转送的出请求。无状态代理服务器一旦转送请求后就忘记所有的信息。允许有状态代理服务器生成请求以并行地尝试多个可能的用户位置，并且送回最好的响应。无状态代理服务器可能是最快的，并且是 SIP 结构的骨干。有状态代理服务器可能是离用户代理最近的本地设备，它控制用户域，并且是应用服务的主要平台。

（2）SIP 重定向服务器（SIP Redirect Server）：是一个规划 SIP 呼叫路径的服务器，在获得了下一跳的地址后，立刻告诉前面的用户，让该用户直接向下一跳地址发出请求，而自己则退出对这个呼叫的控制。

（3）SIP 注册服务器（SIP Register Server）：用来完成对 UAS 的登录，在 SIP 网络中，所有 UAS 都要在某个注册服务器中登录，以便 UAC 通过服务器能找到它们。

一个 SIP 呼叫建立的过程：

（1）SIP 用户代理向 SIP 代理服务器发送呼叫，建立请求（INVITE）。

（2）SIP 代理服务器向重定向服务器发送呼叫建立请求。

（3）重定向服务器返回重定向消息。

（4）SIP 代理服务器向重定向服务器指定的 SIP 代理服务器发送呼叫，建立请求。

（5）被请求的 SIP 代理服务器使用非 SIP 协议（例如域名查询或者 LDAP）到定位服务器查询被叫位置。

（6）定位服务器返回被叫位置（被叫 SIP 代理服务器）。

（7）被请求的 SIP 代理服务器向被叫 SIP 代理服务器发送呼叫，建立请求。

（8）被叫 SIP 代理服务器向 SIP 用户代理（被叫）发送呼叫，建立请求（被叫振铃或显示）。

（9）被叫用户代理向被叫 SIP 用户代理服务器发送同意或拒绝。

（10）被叫用户代理服务器向主叫代理服务器所请求的代理服务器发送同

意或拒绝。

（11）主叫代理服务器所请求的代理服务器向主叫代理服务器发送同意或拒绝。

（12）主叫代理服务器向主叫 SIP 用户代理指示被叫是否同意呼叫请求。

呼叫建立后，双方根据协商得到的媒体和压缩算法等信息相互通信。呼叫拆除过程类似于建立过程。

对于建立请求，SIP 称之为方法，SIP 定义了下述方法：① INVITE——邀请用户加入呼叫。② BYE——终止一个呼叫上的两个用户之间的呼叫；③ OPTIONS——请求关于服务器能力的信息；④ ACK——确认客户机已经接收到对 INVITE 的最终响应；⑤ REGISTER——提供地址解析的映射，让服务器知道其他用户的位置；⑥ INFO——用于会话中信令。

当一用户希望呼叫另一用户，呼叫者用 INVITE 请求初始呼叫，请求包含足够的信息用以被呼叫方参与会话。如果客户机知道另一方的位置，它能够直接将请求发送到另一方的 IP 地址。如果不知道，客户机将请求发送到本地配置的 SIP 网络服务器。如果服务器是代理服务器，它将解析被呼叫用户的位置并且将请求发送给它们。有很多方法完成上步，例如搜索 DNS 或访问数据库。服务器也可以是重定向服务器，它可以返回被呼叫用户的位置到呼叫客户机，用以直接与用户联系。在定位用户的过程中，SIP 网络服务器当然能够代理或重定向呼叫到其他的服务器，直到到达一个明确知道被呼叫用户 IP 地址的服务器。

一旦发现用户地址，请求就发送给该用户，此时将产生几种选择。最简单的情况是用户电话客户机接收请求——也就是用户的电话振铃。如果用户接受呼叫，客户机用客户机软件的指定能力响应请求并且建立连接。如果用户拒绝呼叫，会话将被重定向到语音邮箱服务器或另一用户。"指定能力"参照用户想启用的功能。例如，客户机软件可以支持视频会议，但如果用户只想使用音频会议，则只会启用音频功能。

SIP 协议凭借简单、易于扩展、便于实现等诸多优点越来越得到业界的青睐，它正逐步成为 NGN（下一代网络）和 3G 多媒体子系统域中的重要协议，并且市场上出现越来越多的支持 SIP 的客户端软件和智能多媒体终端，以及用 SIP 协议实现的服务器和软交换设备。

3. H.323 网络

H.323 是 ITU 多媒体通信系列标准 H.32x 的一部分，该系列标准使得在现有通信网络上进行视频会议成为可能。其中，H.320 是在 N-ISDN 上进行多媒体通信的标准；H.321 是在 B-ISDN 上进行多媒体通信的标准；E322 是在有服务质量保证上进行多媒体通信的标准；R324 是在 GSTN（通用交换电话网）和无线网络上进行多媒体通信的标准。H.323 为现有的分组网络（Packet Based Networks，PBN）（如 IP 网络）提供多媒体通信标准。H.323 专门为不提供服务质量（QoS）保证的局域网技术制定，例如运行于以太网、快速以太网和令牌环网（Token Ring）上的 TCP/IP 和 IPX。尽管 H.323 协议特别为局域网制定，只要带宽时延满足要求，同样可以应用在更大范围，例如城域网和广域网。1997 年 5 月，国际电信联盟第 15 研究小组重新定义了 H.323，它成为在"不保证服务质量的分组交换网上传递信息的多媒体通信系统"的标准。

H.323 是在 H.320 的基础上建立起来的。H.320 是同步电路交换网（如 ISDN）上视频传输的标准。电路交换网适用于实时应用，如长时间和具有确定延迟的音频和视频信号传递。电路的建立依赖于带外信令、集中的路由控制和昂贵的交换设备。使用 H.320 协议，电话网商用会议电视的理想电路是 384 Kbit/s。使用 384 Kbit/s 的电路可以以合理的成本提供高质量的音频和视频信号。采用 2 M 或者 1.544 M 的中继直连当然很容易满足上述带宽要求，但是等于建立专网，价格令用户难以承受。H.323 增加的一些功能是由分组交换网络代替电路交换网络所带来的，另一些功能则是由压缩算法和信令技术的发展带来的。H.323 协议在规定了与 H.320 相同的视频、音频压缩算法的同时又补充了一些新的算法。它是一个庞大的协议簇，主要定义了四个逻辑部件：终端、网关、网守和多点控制单元。

（1）终端：在基于 IP 的网络上是一个客户端点。它需要支持下面 3 项功能：支持信令和控制；支持实时通信；支持编码，即传前压缩，接收后进行解压缩。终端必须支持音频通信，而视频通信和数据传输是可选的。

（2）网关：提供在包交换网络和电路交换网络（Switch Circuit Network，SCN）之间的一个连接。

（3）网守：在 H.323 系统中是可选的，但如果出现，它们就具有某些强制性的功能，所有终端的呼叫都必须受到网守的控制。网守完成地址翻译、准入控制、带宽控制、区域管理 4 个必需功能。每个网守负责管理一个区域，一个区域由被单个网守管理的所有终端、网关和多点控制单元等部件组成。网守还支持呼叫控制信令、呼叫鉴权、带宽管理和呼叫管理 4 个可选的功能。

（4）多点控制单元（MCU）：多点控制单元支持 3 个以上的终端用户进行会话。典型的 MCU 包括一个多点控制器（MC）和若干个（也可以没有）多点处理器（MP）。MC 提供控制功能，如终端之间的协商。MP 完成会话中媒体流的处理，如话音的混合、话音/视频的交换。

4. H.323 协议

H.323 是一个复杂而庞大的协议簇，所有 H.323 终端都必须支持采用脉码调制的编码速率为 64 kb/s 或者 56 kb/s 的 G.711 标准，另外还可能支持多种音频编码。H.323 终端的视频支持是可选的，标准定义了两种视频编码，分别是 H.261 和 H.263。H.263 在比特速率较低的情况下能够提供更高的图像质量，它支持多种图像格式，其中 QCIF（128 × 96）、QCIF（176 × 144）、CIF（352 × 244）是必需的，而 4CIF（702 × 576）和 16CIF（1408 × 1152）是可选的。

音频和视频分组是如何通过网络传输呢？H.323 采用 RTP 协议来进行多媒体分组的实时传输。H.323 采用信道（Channel）来描述进行信息交换的两个通信实体。对于每个音频流或者视频流，一般有一个发送媒体信道和一个接收媒体信道，因此音频和视频分别通过不同的 RTP 流传输。

H.323 终端可能支持实时数据通信。这样可以提供应用共享、白板、文件传输等服务。采用 T.120 建议作为实时数据会议的标准。

RAS（Registration Admission and Status）用来完成用户注册、准入控制、带宽管理等网守支持的功能，定义在 H.225 中。

两个 H323 终端之间进行通信必须首先建立一条连接，该连接被称为呼叫信令（Call Signaling）信道，用于建立和拆除呼叫，提供传统的电话功能。如果没有网守，则要在进行通信的两个终端间建立一条 H.225 呼叫信令信道。如果 H.323 终端在通过网守注册时决定采用网守路由的呼叫信令，则终端在进行呼叫时必须和网守建立一条 H.225 呼叫信令信道。

由于每个终端可能支持不同的音频和视频编码方式，需要就采用的编码进行协商，为此 H.323 终端之间必须建立一条连接，该连接被称为 H.245 控制信令信道。H.245 信道的地址在通过 H.225 呼叫信令信道建立呼叫时指定。H.245 支持的媒体控制功能：

① 能力交换：每个终端把自己支持的能力（包括媒体类型、编码和比特速率等）通知对方，从而呼叫双方选择一个共同支持的媒体和编码方案；② 逻辑信道的打开和关闭：每个媒体流都有一个对应的媒体逻辑信道，H.245 通过传递相应的消息来给出媒体逻辑信道采用的 RTP 和 RTCP 地址和端口号；③ 流量控制：终端间通信出现问题时，发送相应的反馈信息；④ 其他命令和消息：完成其他媒体控制功能，比如终端改变编码方案时通知对方。

H.323 协议栈运行在运输层和网络层协议之上。因特网中，H.245 控制信令信道和 H.225.0 呼叫信令信道则采用可靠的 TCP 协议来传输。

5. SIP 与 H.323 的比较

（1）协议功能模块比较。SIP 协议功能模块中，用户代理等价于一个 H.323 的终端（或者分组交换网络侧的网关），SIP 服务器则等价于 H.323 的网守。另外，SIP 类似 H.323 中的 RAS 和 Q.931 协议，而 SDP 则相当于 H.254。在 IETF 的 SIP 体系结构中，媒体流的承载采用了 RTP 协议，这是和 H.323 一样的。所以，H.323 与 IETF 的 SIP 主要不同在于呼叫信令和控制是如何实现的。

（2）基本呼叫的建立和拆除。H.323 第二版的呼叫建立是基于可靠的传输协议——TCP 协议，所以呼叫建立需要两个连接阶段：TCP 连接建立和呼叫连接建立。在 H.323 第三版中支持 TCP 和 UDP，简化了呼叫建立过程。SIP 的呼叫建立类似 H.323 第三版的处理过程，使用 INVITE 信息包。呼叫拆除的过程与呼叫建立相反，主叫和被叫都能拆除，H.323 协议采用 RELEASE COMPLETE，SIP 协议采用 BYE。

（3）呼叫控制业务。SIP 和 H.323 都支持呼叫保持、呼叫转移、呼叫前转、呼叫等待、电话会议和其他补充业务。以呼叫保持为例：H.323 定义了近点呼叫保持和远点呼叫保持两种保持业务的场景。网守仅仅透明地传送 SS—HOLD。而 SIP 实现同样的功能，只要向需要呼叫保持的一方发送一个更改了 SDP 描述的 INVITE 命令即可。更改的 SDP 描述段仅将媒体发送的目的地址变为空，而其他的内容不变。收到该用户的 UA，让呼叫保持，直到有新的 INVITE 到来为止。

（4）SIP 的第三方控制。第三方控制是指不参与会话的第三者具有建立呼叫的能力，这个业务特征目前只有 SIP 具有。H.323 也在进行试图添加同样的业务功能的工作。第三方控制有很多应用场合，包括秘书为经理拨号、电话营销的自动拨号、参加者呼叫转移和呼叫中心业务。第三方控制是 SIP 值得很好利用的业务特征。由于 SIP 的这一特性，ITU-T 和 IETF 在实现 PINT ON 和因特网互通业务时都采用了 SIP 协议。

（5）能力交换。能力交换就是彼此交流各自对媒体流的处理能力，确定双方共有的能力，从而确保多媒体信号被双方接受。H.323 采用 H.245 协议进行能力交换。终端的所有能力都描述在一组 Capability Descriptor 结构中，它们的每个项是一个 Simultaneous Capabilities 结构和一个 Capability Descriptor Number。借助这种结构，每个终端能力的精确信息被表示在相关的紧缩结构中。

SIP 使用 SDP 来进行能力交换，主叫方使用一个 OPTION 需求去找出被叫。因为受制于 SDP 的表达方式，所以 SIP 还不如 H.245 有完整灵活的协商能力，例如 SIP 不支持不对称能力交换（只收或只发）及声频和视频编码的并发能力。

（6）服务质量。服务质量包含很多不同方面的指标，一个和多媒体流相关的

QoS 参数包括带宽、最大时延、时延抖动和包丢失率。另外，还有呼叫建立时延，它在很大程度上依赖于信令协议。呼叫建立时延还依赖所用的承载信令信息的传输协议，尤其是在信令信息丢失而需要重传的时候。所以对于媒体流，首先要考虑信令协议对 QoS 的支持，然后再考察呼叫建立时延，因为呼叫建立时延受错误检测和错误纠正机制的影响。

（7）媒体流的 QoS 支持。在 H.323 中，网守提供一组丰富的控制和管理功能，包括地址翻译、接纳控制、带宽控制和地域管理。网守中还提供呼叫控制信令、呼叫签权、带宽管理和呼叫管理等选择功能。SIP 自身不支持管理和控制功能，而是依赖于其他协议。

近年来，新的分级服务体系结构开始引人注目，H.323 第三版能提供某些基于 QoS 协商参数（位流速、时延、抖动）的分级服务。在呼叫初始化时，终端可以申请担保服务、受控服务和无指明服务中的一种，SIP 和 H.323 老版本均不支持类似的服务。

（8）呼叫建立时延。H.323 第一版在呼叫建立时延时很大，第二版进行了改进，第三版则更好。SIP 在呼叫建立时非常类似于 H.323 第三版，如果 UDP 呼叫建立失败，则 H.323 第三版要好于 SIP。H.323 第三版几乎同时建立一个 UDP 连接和一个 TCP 连接，它提供一个有效的机制，如果 UDP 连接成功，则关闭 TCP 连接。否则，立刻启用 TCP。SIP 是顺序操作 UDP 和 TCP，如果 UDP 失败，则会增加呼叫建立时延。

（9）环路检测。为防止环路，H.323 定义 Path Value 域来指出信令信息在丢弃前可达到的最大数目。问题是定义一个适用的值很关键。此外，网络变化后，这个值也要相应改变。SIP 采用了 via 头字段，检查其内容，如果新端点已出现在 via 列表中，则表示有环路了。SIP 的方法好于 H.323。

（10）互操作性。

① 版本之间的互操作性：H.323 的完整后向兼容性使所有不同的 H.323 版本都能实现无缝集成。在 SIP 方面，新版本可能使某些旧功能不再被实现。

② 与其他信令协议的互操作性：要支持传统的电信业务，VoIP 信令协议必须支持 ISDN 和 No.7 信令，Q.931 接口用于 User-Network 接口（UNI），ISUP 用于 Network-Network（NNI）。由于 H.323 的呼叫建立只是 No.7 信令/ISUP 的一个子集，所以 H.323 只能部分地转换 No.7 信令的信息。H.32x 系列定义了其他互操作协议，如 H.320 用于 ISDN 和 B-ISDN，H.324 用于 GSTN。

SIP 协议目前的版本不提供 No.7 信令的翻译，但有不少 Internet 的协议草案在进行这方面的工作。随着软交换概念的提出和发展 SIP 也受到了重视，SIP 有可能作为软交换设备之间的信令协议，成为各种信令相互操作的纽带。

（11）实现的难易性。H.323 信令信息符合 ASN.1PER 的二进制编码，需要特殊的编解码器。SIP 信息是基于文本的，采用 ISO10646 以 UTF-8 编码。基于文本的编码很容易用 Java、Tcl 和 Pert 等语言来实现，调试方便。

总之，H.323 是一个复杂而庞大的协议簇，现阶段是视频应用的主流技术。由于过于复杂，现在正受到基于 SIP 协议视频应用的挑战。

第三节 音频信息处理技术

一、基本概念

声音是空气压力忽大忽小而使耳朵产生的听觉印象。音频是声音的电子重现。一般来说，人耳所能听到的声压变化范围是 20 Hz ～ 20 kHz。人们是以帕斯卡（Pa）为单位来度量响度的，也可用声压级（Sound Pressure Level，SPL）来表示，其中，1 帕斯卡等于 1 牛顿每平方米（N/m^2）。但是，在生活中人们更常使用某个 SPL 值相对于另一个 SPL 值的比率（分贝）来描述声音。通常能听到的声音幅度范围大约是 100 分贝（dB）。对于音频应用，我们更关心系统能处理的最高电平。因此，对于音频，0 dB 通常近似于系统所能处理的最高电平，所以，从这种角度来说，大多数分贝值都是负值。

我们可以将耳朵看作这样一种器官，它将声压的改变转换成具有能量和频率信息的脑信号。人类听觉系统使用 26 个彼此重叠的带通滤波器。当频率增大时，这些滤波器的带宽会增加。

（一）听觉掩蔽

在人类听觉系统中，一个声音的存在会影响人们对其他声音的听觉能力，使一个声音在听觉上掩蔽了另一个声音，即所谓的"掩蔽效应"。由于掩蔽声的存在，使被掩蔽声的闻域（人刚好可听到声音的响度）必须提高的分贝数被定义为一个声音对另一个声音的掩蔽值。掩蔽效应受四种要素的影响：时间、频率、声压级、声音品质（例如，纯音和噪音）。

（二）频谱掩蔽

频谱掩蔽发生在高电平音调使附近频率的低电平声音不能被人耳听到的情况

下。当频率离掩蔽音调越远时，掩蔽效应减弱的速度就越快。可以这样来解释这种效应，雪橇上的铃声可以掩蔽高音碰撞的声音，但不能掩蔽低音鼓的声音。

（三）瞬态掩蔽

声音有一个冲击时间（即幅值随时间推移而增大的时间段）和一个衰退时间（即幅值随时间推移而减小的时间段）。拨小提琴所产生声音的冲击和衰退都很快，而拉小提琴所产生声音的冲击和衰退都很慢。此外，在冲击前和衰退后，声音都有掩蔽效应。前掩蔽时间为 50 ~ 200 ms，而后掩蔽时间约为该范围的 1/10。

（四）失真

失真是用得非常广泛的概念，在这里主要用来描述重现声音和原来声音的相差程度。而表示这种相差程度的方法有两种：

1. 失真的主观度量。失真的一个主观评价指标称为平均观点分（Mean Opinion Score，MOS）。听众根据系统质量的好坏，使用 N 分制给系统打分。例如，在为 HDTV 选择音频压缩方案时就使用了这种度量方法。

一方面，MOS 确实是度量音频重现的最低限度，另外一方面，度量的结果随听众、测试位置和原材料的不同而不同，因此，很难将一组结果和另一组结果相比较。

2. 失真的客观度量。失真的客观度量是一种可以校准和重现的测试，它可对原始信号和重现信号之间的差别进行度量。这里有个问题就是失真的绝对大小也许和失真声音使人厌烦的程度没有多大关系。现实生活中有一个失真的例子，我们几乎每天都会碰到，但它并不是那么令人厌烦，这个例子就是削波。如果一个纯音（正弦波）通过一个动态范围不足的放大器，那么，放大器也许会将该正弦波的波峰和波谷拉平，这样就产生了一组奇谐波。对于这种类型的失真，原始（或基波）信号和失真之间有种一致的对应关系，因此，这种失真并不一定使你感到烦躁。

（五）声道

单声道（Monophonic）意味着单个声源，而立体声并不表示有两个声源。立体声（Stere-ophonic）指的是三维听觉效果。为了确定声源位置，大脑要将每个耳朵所听到声音的三个属性进行比较，这三个属性分别是：

1. 幅值（Amplitude）：如果左耳听到的声音比右耳的大，那么我们就认为声音在左边。

2. 相位（Phas）：如果人的两耳听到的信号具有相同的相位，那么大脑就认为声音在中部；如果两耳听到信号有 180° 的相位差，那么声音就不包含方向信息了。

3. 时序（Timing）：声音的传播速度为 30 厘米每毫秒；如果声音到达右耳的时间比到达左耳的早，我们就认为声源就在右边。

一般来说，如果听众所处的位置刚好是两个声源（例如两个扬声器）的中轴线上，则听众就可以享受三维立体声的效果；否则听众就会失去完全的立体声效果，因为他距离其中一个声源的距离更短。

声源位置可以通过添加一个中央通道的方法来确定。为此，Dolby 公司在 20 个世纪 70 年代就实现了由四个声道产生三维立体声的效果，这四个声道分别是：左声道、右声道、中央声道、环绕声道。为了使声音更加丰富，现在的立体声剧院（包括家庭剧院）都增加了一个超低音声道，主要目的是增强低音。

二、音频信号数字化

音频信息处理主要包括音频信号的数字化和音频信息的压缩两大技术，音频信息的压缩是音频信息处理的关键技术，而音频信号的数字化是为音频信息的压缩作准备的。音频信号的数字化过程就是将模拟音频信号转换成有限数字表示的离散序列，即数字音频序列，在这一处理过程中涉及模拟音频信号的采样、量化和编码。对同一音频信号采用不同的采样、量化和编码方式就可形成多种形式的数字化音频。

（一）采样过程

模拟音频信号是一个在时间上和幅值上都连续的信号。采样过程就是在时间上将连续信号离散化的过程，采样一般是按均匀的时间间隔进行的。目前常见的音频信号的频率范围：电话信号的频带为 200 Hz ～ 3.4 kHz，调频（AM）信号的频带为 50 Hz ～ 7 kHz，调频广播（FM）信号的频带为 20 Hz ～ 15 kHz，真音频信号的频带为 10 Hz ～ 20 kHz。根据不同的音频信源和应用目标，可采用不同采样频率，如 8 kHz、11.025 kHz、22.05 kHz、16 kHz、37.8 kHz、44.1 kHz 或 48 kHz 是典型的采样频率值。

（二）量化过程

量化过程是指将每个采样值在幅度上再进行离散化处理。量化可分为均匀量化（量化值的分布是均匀的或者说每个量化阶距是相同的）和非均匀量化。量化会失真，并且量化失真是一种不可逆失真，这就是通常所说的量化噪声。

（三）编码过程

编码过程是指用二进制数来表示每个采样的量化值。如果量化是均匀的，又采用自然二进制数表示，这种编码方法就是脉冲编码调制（Pulse code Modulation，

PCM），这是一种最简单、最方便的编码方法。

经过编码后的声音信号就是数字音频信号，音频压缩编码就是在它的基础上进行的。

三、常见多媒体应用的语音编码器的选择

（一）可视电话/会议和远程教学

编码器类型的选择主要取决于用来传输信号的网络和速率。对于高速率、高可靠的网络（如 ISDN、ATM 和帧中继），拥有最佳质量的 G.722 成为自然的选择。G.722 提供的 7 kHz 带宽，更适合会议电话。如果带宽被限制在 56 ~ 128 kb/s，则对多种可能的语音和音频输入有强适应能力的 G.728 成为优选。当速率降低时，如使用话带调制解调器或遇到可靠性较差的网络（如 Internet），则语音编码器的最佳选择是 G.723.1。

（二）带有数据共享的商务会议

在这一应用中可能的网络是企业 Intranet 或者 Internet。根据网络的服务质量和可用带宽，语音编码的三个最佳选择是 G.722、G.728 和 G.729。除了此应用不包含视频以外，选择的出发点与会议电视基本相同，G.729 或 G.729 的附件 A 代替了 G.723.1，可降低时延，保持对话的自然状态。

（三）单用户游戏

在这一应用中，话音主要提供音响效果，它可以预先记录和处理，并提供尽可能高的保真度。游戏只包含比特流和语音解码器，时延不成问题。为使游戏的规模合理，倾向于在适用的语音编码器中选择速率最低的，例如参数编码器的 LPC。

（四）远程站点的多用户游戏

游戏参加者可以相互交谈，于是产生了与对话相似的问题。这类对话的动态与普通对话大不相同，将在一定程度上改变时延的含义。例如，连接是点到点调制解调器连接或通过 Internet 连接，如果使用 Internet，则需求与数据流形式有关，有些情况下要求能够辨认参加者的声音，参数编码器具备这个特点，因为它能间接地把语音分解成几个参数，与单用户游戏一样，这一应用要求很低的速率。由于终端必须进行编码和解码，因此要求选择有复杂度的编码器。

（五）多媒体信息传送

在这一应用中，被发送的信息包括语音，可能还结合了其他非语音信息，如文本、图形、图像、数据和视频信息。该应用是异步通信的一个典型例子，因此，

时延不是主要问题，由于消息要在一个团体中共享，因而所使用的编码必须满足公用标准。信息共享的支路网络将决定于速率限制。在多数情况下，保真度不是主要问题，因而可用 G.729 或 G.723.1 等编码器。同时，如果所有参加者就实用标准达成一致，低速率参量编码器不失为好的选择。

（六）语音注释文档

在多媒体文档中，语音或作为注解或作为完整文档的一部分。该应用与单用户游戏相似，不必选择标准。为了尽量减少存储空间，应当使用低速率编码器。编码器的选择取决于速率、复杂度和开放式麦克风性能。

四、IP 电话技术

IP 电话泛指在以 IP 为网络层协议的计算机网络中进行话音通信的系统，即通过 IP 网络传送语音，经常表示为 VoIP。其基本原理是：使用语音压缩算法对语音数据进行压缩编码，再按 IP 协议将这些语音数据打包，并通过 IP 网络将语音 IP 包分组传输到目的地，最后经解压处理，还原成原来的语音信号。IP 电话技术自 1995 年以来得到了迅猛发展，目前已成为数据语音通信中最有竞争力的技术之一。IP 电话技术之所以得到迅猛发展，主要是它具有通信费用低，占用带宽小，可以提供较多增值业务以及更有效利用 IP 资源等优点。

（一）IP 电话的实现方式

IP 电话有多种实现方式，如电话机到电话机或 PC、PC 到电话机或 PC 和以太电话机到以太电话机或 PC 等。最初实现方式是 PC 到 PC，即利用 IP 地址发出呼叫，并采用语音压缩打包传送方式，在 Internet 上实现实时话音传送。其中，话音压缩、编解码和打包等处理过程均由 PC 中的处理器、声卡和网卡等硬件资源完成，这种方式与公用电话通信方式存在较多差异，且限定在 Internet 上，所以局限性较大。

电话机到电话机实现方式是：首先通过程控电话交换机将传统电话机连接到 IP 电话网关上，通过电话号码在 IP 网上呼叫，发送端网关鉴别主叫用户，在翻译电话号码 / 网关 IP 地址后，发出 IP 电话呼叫，并与最近的被叫网关连接，同时完成话音编码和打包，最后接收端网关实现拆包、解码和连接被叫。

在电话到 PC 或 PC 到电话的实现方式中，由网关负责 IP 地址和电话号码的对应和翻译，并完成话音编解码和打包。以太电话机是一种新型 IP 电话终端设备，它通过以太网络接口直接连接至 Internet，可通过 IP 地址或 E.164 标准电话号码，直接呼叫普通电话机或 PC。

（二）IP电话的系统构成

目前，IP电话系统主要由IP电话终端、网关和网守等几部分构成。其中，IP电话终端有传统电话机、配备有IP电话软件（如Netmeeting）的多媒体PC机和以太电话机等。如果使用传统电话机，则需要通过网关设备或适配器进行数据转换，才能形成IP网络数据包。IP电话网关为IP网络与电话网之间提供接口，用户通过PSTN本地环路与IP网关相连，该网关负责把模拟信号转换为数字信号，并压缩打包，形成可以在Internet上传输的IP分组语音信号，然后通过Internet传送至被叫用户的网关端，由被叫端网关对IP数据包进行解包、解压和解码，还原为可识别的模拟语音信号，再通过PSTN传送至被叫方的终端。实际上，网守是IP电话网的智能集线器，是整个系统的服务平台，负责系统的管理、配置和维护，提供拨号方案管理、安全性管理、集中账务管理、数据库管理及备份和网络管理等功能。其中，网管系统负责管理整个IP电话系统，包括设备的控制及配置、数据配给、拨号方案管理及负载均衡和远程监控等。计费系统负责计算用户呼叫费用，并提供相应的单据和统计报表，计费系统可由IP电话系统制造商提供，也可以由第三方制作（此时需IP电话系统制造商提供编程接口）。

（三）IP电话与传统电话的比较

IP电话业务有着和传统业务无法比拟的长处。IP电话与传统电话相比，有许多不相同的地方：语音传输的媒介是完全不同的，IP电话的传输媒介为IP网络，而传统电话为公众电话交换网；它们的交换方式也是完全不同的，IP电话运用的是分组交换技术，信息根据IP协议分成一个个分组进行传输，每个分组上都有目的地址与分组序号，到目的地后再还原成原来的信号，而且分组可以沿不同的途径到达目的地，而传统电话用的是电路交换的方式，即电话通信的电路一旦接通后，电话用户就占用了一个信道，无论用户是否在讲话，只要用户不挂断，信道就一直被占用着。一般情况下，通话时总有一方在讲话、另一方在听，听的一方没有讲话也占用着信道，而讲话过程中也总会有停顿的时间，所以用电路交换方式时线路利用率很低，至少有60%以上的时间被浪费掉。因此，利用IP网络传送语音信息要比电话传送语音的线路利用率高许多倍，这也是电话费用大大降低的重要原因。然而，和传统的语音网络一样，IP电话中主要的技术问题仍然是信令、寻址和路由，此外，3E有延迟问题。下面分别进行讨论，并与传统电话技术，即语音网络进行对比。

1.信令

在语音网络中，信令的任务是建立一种连接。信令出现于网络入口处。它选择线路建立网络通道，而且（在远程站点）通知呼叫到达信息。完成一次电话的通话需要建立多种形式的信令。首先，提起电话时，系统向 PBX（Private Branch Exchange：个人分支交换机）发送一个"摘机"信号，PBX 就会发拨号音进行响应，然后电话向 PBX 传送拨号数字。PBX 和电话之间的信号交换称为站点环绕信令。PBX 收到来自电话机的拨号数字后，开始进行处理。在转接过程中，又要用到多种信令，如信道辅助信令（CAS）、通用信道信令（CCS）等，最终完成电话的接续。

在 IP 电话网络中，信令的种类比较复杂，分为外部信令和内部信令两种。外部信令用于 IP 网络和 PSTN 之间的互联，基本遵循 PSTN 电话网的信令标准。内部信令用于 IP 网络内部之间的连接控制和呼叫处理，可以由 IP 电话相关组织制定或遵循 IP 电话承载网络自身的规定。内部信令必须提供两种功能：连接控制和呼叫处理。连接控制信令用于网关之间的联系或通过已传输的分组语音；呼叫处理是指在网关之间发送呼叫状态，如振铃、忙音等。

在 IP 网络中，信令工作过程是：网关把从交换机接收的拨号数字映射为 IP 地址，并向该 IP 地址的站点发送 Q.931 通知建立请求信号。同时，系统使用控制信道建立实时协议语音流，并使用 RSVP（资源预留协议）请求服务质量。

2. 寻址

在电话网络中要实现寻址功能，其每一部电话机都必须有一个单独的地址。传统电话网络的寻址依靠国际和国内标准、本地电话公司服务和内部用户特定代码等技术相结合来完成。国际电信联盟 ITU-T 推荐的 E.164 标准定义了 ISDN 网络上的国际编号规则，国际电话服务编号规则是该编号规则的一个子集。每个国家的国家编号规则必须符合 E.164 标准，并同国际编号规则联合使用。公共交换式电话服务商必须确保其编号规则兼容 E.164 标准，而且其用户网络也遵循这一标准。

IP 电话网络的寻址和传统电话网络的寻址差别很大。IP 网络采用 TCP/IP 的寻址规则和协议，后者主要包括两个方面。

（1）地址解析

地址解析共有三种方法：

①广播：对共享媒体而言，一种简单的方法是使用广播。如果某一站点有目标站点的 IP 地址，但没有其以太网地址，该站点可以向共享媒体上的所有站点广播一个请求。所有设备都会收到该消息，但只有该 IP 地址的站点做出响应，将其以太网地址发送给源站点。

②地址解析服务器：用于面向连接的网络，如 ATM 网。

③本地配置表：在简单的网络中，每一个端站点都可以设置一个相应的第三层和第二层地址。

（2）地址简化

地址简化有两种方案：

①动态主机配置协议（DHCP）：简化维护和管理 IP 地址的工作，服务器可以按需动态地为设备指定 IP 地址。

②域名系统（DNS）：用户不需知道目标站点的 IP 地址，而使用易于记忆的命名方法。DNS 服务器可以按照一定的格式解析 IP 地址。DNS 提供 IP 地址后，端站点可以直接相互通信。

从 PBX 到 IP 主机地址的拨号数字转换由拨号规则映射功能完成。系统把目标电话号码映射为目标 IP 地址。建立连接后，对于用户而言，企业的内部网络就是透明的了。

3. 路由

传统电话网络的路由与编号规则和线路密切相关，路由用于建立从主叫电话到被叫电话的通话。然而，大多数路由操作则复杂得多，还能够允许用户选择服务，或将电话转接到另一个用户。在交换机中建立一组表格和规则后就可以进行路由选择。电话到来时从这些表格和规则便可以提供通往目标的路径以及相应的服务。

IP 电话网络的路由协议已经非常成熟，并且具有丰富的功能。尽管目前的某些路由协议，如 EIGRP 在计算最佳路径时会产生很长的延迟，但仍然存在一些快速的路由协议，使语音业务能够利用 IP 网络的自校正功能，诸如策略路由和访问列表等先进功能，可为语音业务提供复杂、安全的路由方案。

4. 延迟

在语音网络中，距离是导致延迟的主要因素。因为电信号的传播速度接近光速，所以近距离的延迟是难以察觉的，但 1 万千米以上距离的延迟就比较明显了。延迟的问题表现在两个方面，固定的延迟可能干扰人们谈话和问答节奏。延迟变动（称为抖动）将在发音之间产生随机中断，这可能影响对谈话的理解，因此，抖动是更为严重的问题。

由于 IP 业务遵循"尽力服务"的原则，即"先来先服务"的原则进行业务处理，所以容易出现较大的延迟和延迟变化，这也许是 IP 电话亟待解决的重要问题。当然，根据这个问题可以采用一些处理方法。例如，优先级排队技术允许网络将不同的业务类型置入特定的 QoS 队列，将本技术用于使语音业务的传输优先级高于数据业务，可降低队列延迟。此外 IP 领域的一些新进展也有利于解决延迟问题。

（四）IP 电话的相关标准

1. H.323 标准

H.323 标准是 ITU-T 第 16 研究组（SG16）为多媒体会议系统而提出的一个建议书。H.323 标准并不是为 IP 电话专门提出的，因而它涉及的范围要远比 IP 电话宽。只要是 IP 电话，特别是电话到电话经由网关的这种 IP 电话工作方式，就可以采用 H.323 标准来完成，因而 H.323 标准被"借"过来作为 IP 电话的标准。由于目前 IP 电话发展很快，而 IP 网络多媒体会议系统发展得相对比较慢，因而为了适应 IP 电话的应用，H.323 也的确专为 IP 电话增加了一些新内容（如呼叫的快速建立过程）。对 IP 电话来说，它不只用 H.323 标准，而且用了一系列标准，其中有 H.225、H.245、H.235、H.450 和 H.341 等。只有 H.323 标准是"总体技术要求"，因而通常把这模式的 IP 电话称为 H.323IP 电话。

H.323 标准是一个较为完备的建议书，它提供了一种集中处理和管理的工作模式，这种工作模式与电信网的管理方式是匹配的，这就是为什么电信网中使用的 IP 电话几乎无例外地都采用了基于 H.323 的 IP 电话工作模式。H.323 标准的体系结构主要有四个关键部分：H.323 终端、H.323 网关、H.323 网守、H.323 多点控制单元（MCU）。

目前对 H.323IP 电话最有争议的是两个方面。一是，有人认为 H.323 模式只适宜做小网，不适宜做大网。其理由是 H.323 单域结构是无法做大网的，另外其地址解析命令 LRQ 用广播方式，又进一步限制了它的工作范围。但是，现在 H.323V2 以及对于该协议的相关发展，多级多域 IP 电话体系结构和多层非广播方式地址解析机理的研究，使这个问题已经克服。从目前来看，理论和实践都表明，H.323 有能力做成任意规模的 IP 电话系统。另一个是，认为 H.323 标准过于复杂，从而造成基于 H.323 标准的 IP 电话系统也过于复杂。对于从电话到电话的 IP 电话来说，功能不可能分配到边缘（电话机是无智能的），而只可能用集中的管理和处理方式，因而 H.323 模式实际上是一种很好的工作模式。

2. SIP

SIP 即会话初始化协议（Session Initiation Protocol），SIP 提出了另一套 IP 电话的体系结构，是一个与 H.323 并列的协议。下面对 SIP 作较为详细的描述。

（1）系统的组成

一个 SIP 系统主要由两部分组成：用户代理和网络服务器。用户代理有用户代理客户机（UAC）和用户代理服务器（UAS），其中用户代理客户机用于发起呼叫，而用户代理服务器则用于响应呼叫。用户代理客户机和用户代理服务器构成了用户端必备的应用程序，由这两个应用程序完成呼叫的发起和接收。网络服务器也有两类，它们是代理服务器（Proxy）和重定位服务器（redirect）。代理服务器类似于Http的Proxy和SMTP的MTA（Message Transfer Agent），有点像中继器，它本身并不对用户请求进行响应，只是转发用户的中继器，然后将自身地址加入该消息的路径头部分，以保证将响应按原路返回并防止环路的发生。重定位服务器收到用户的请求后，若判定自身不是目的地址，则向用户响应下一个应访问服务器的地址，而不是转发请求报文。

（2）SIP网络结构

SIP的出发点是想借鉴Web业务成功的经验，以现有的Internet为基础来构架IP电话业务网，因此，SIP有着与H.323完全不同的设计思想。它是一个分散式的协议，它将网络设备的复杂性推向网络边缘，使核心网络仍是一个"besteffort"（尽最大努力传送）的传送通道，这就是SIP系统中核心网络服务器可以不保留状态（Stateless）的原因（SIP消息本身含有一个呼叫的所有信息）。因为核心网络服务器需要处理大量的呼叫，不保留每一呼叫的状态，所以将大大提高系统的处理能力，为组建大规模的IP电话业务网奠定了基础，而边缘网络服务器可以是有状态（Stateful）的。这种Stateless和Stateful结合的模式既可以充分发挥SIP的特点（如用户定位和查找），又保留了Internet无法连接数据传送的设计思路。与以H.323协议为基础的IP电话相比，SIP需要相对智能的终端，即终端需要包含用户代理客户机构和用户代理服务器两部分，由这两部分实现呼叫请求、呼叫应答和一些用户的特定需要，正是因为SIP系统有了相对智能的终端系统，所以它才有可能实现用户个性化的需要。SIP的普遍使用有待于Internet用户数量的进一步增加，至少与电话网上电话机的数量具有可比性。

其中，IP网络包含SIP系统所必需的各种网络服务器。一次正常接续的流程是：① UAC向网络服务器（Proxy或redirect）发出呼叫请求；② 网络服务器（Proxy或redirect）通过名字查找，用户定位，最终找到被叫UAS；③ 被叫UAS响应用户请求（拒绝或接受请求），该响应沿原路返回；④ 主叫UAC收到响应后，接通被叫或者终止这次呼叫请求。

对于用户终端是非智能终端的场合，也可以使用SIP作为呼叫信令，但这将大大削弱SIP特有的优势，如支持用户的移动性、用户对话的选择性以及与Web相结合的一些应用。

网关设备应兼有UAC和UAS的功能，相当于将智能用户终端向网络中间推移，由网关实现智能终端的功能。但在这种情况下，SIP 所支持的用户个性化特点将大大被削弱，因为网关需要为多个用户而不是为单个用户服务，因此 SIP 更适用于智能用户终端，以现有的松散型 Internet 为基础，和现有的 Internet 上使用的协议紧密结合。另外，可以考虑在用户电话机前加前置机的办法来取代网关设备，由前置机来实现 UAC 和 UAS 的功能，这样做的代价是将增加用户购买前置机的开销。

（3）SIP 消息

S1P 主要有六类消息，它们分别是 INVITE、BYE、OPTION、ACK、REGISTER 和 CANCEL 消息。

① INVITE：INVITE 消息用于发起呼叫请求。INVITE 消息包括消息头和数据区两部分。INVITE 消息头包含主、被呼叫的地址信息，呼叫主题和呼叫优先级等信息；数据区则是关于会话媒体的信息，可由会话描述协议（SDP）来实现，SDP 和 H.245 标准具有类似的功能，主要用于描述终端的媒体处理能力。由于数据区对于 SIP 是不可见的，因此，SIP 也可以和 H.245 标准相结合使用。

② BYE：当一个用户决定终止会话时，可以使用 BYE 表示会话结束。

③ OPTION：用于询问被叫端的能力信息，但 OPTION 本身并不能发起呼叫。

④ ACK：对已收到的消息进行确认回答。

⑤ REGISTER：用于用户向 SIP 服务器传送位置信息或地址信息。

⑥ CANCEL：取消当前的请求，但它并不能终止已经建立的连接。

（4）SIP 的特点

SIP 具有简单、扩展性好以及和现有的 Internet 应用紧密的特点。简单是指仅用三条消息 INVITE、BYE 和 ACK 与四个头（To、Form、Call-ID、CSeq）就能实现简单的 Internet 电话。扩展性是指网络服务器具有 Stateful 和 Stateless 相结合的特点。与现有 Internet 应用紧密结合的特点主要是指 SIP 可以和 Web 以及 E-mail 业务紧密结合，目前 IF/TF 的 PINT 工作组正在制定的点击拨号（Click-to-dial）和点击传真（Click-to-fax）协议就是以 SIP 为基础的。它的缺点就是要求终端是智能的。

3. MGCP、H.248 标准

MGCP 即媒体网关控制协议（Media Gateway Control Protocol），它与 H.323 和 SIP 不在同一层面。H.323 标准和 SIP 提出了两套 IP 电话体系结构。二者是完全独立的，它们不可能互相兼容，不可能一个包含另一个，二者之间只是存在互通问题。MGCP 不涉及 IP 电话的体系结构，只涉及网关分解问题，因而它不仅可以用于 H.323IP 电话系统，也可以用于 SIP 的 IP 电话系统。其次，在网关分解方面，

IETF 和 ITU-T 配合得很好。在两大组织直辖下，形成了 H.248 标准 /MACOGO。H.248 中引入了 Context 概念（最早由 Lucent 在 MGCP 中引入此概念），另外，增加了许多 Package 的定义，从而将 MGCP 大大推进了一步。应该说 H.248 标准已经取代了 MGCP，成为 MGC 与 MG 之间的协议标准了。

网关分解成媒体网关（MG）与媒体网关控制器（MGC），是研制大型电信级 IP 电话网关的需要。从逻辑上来讲很简单，网关可以由媒体网关和媒体网关控制器组成。从物理上来讲就没有那么简单了，到目前为止，网关的分解并没有一种确定的方式，而是根据不同的需求作不同的分解。

一般来说，媒体网关控制器的功能分别为：处理与网守间的 H.225RAS 消息；处理 7 号信令（可选）；处理 H.323 信令（可选）。而媒体网关的功能则为：IP 网络的终结点接口；电路交换网终结点接口；处理 H.323 信令（在某类分解中）；处理带有 RAS 功能的电路交换信令（在某类分解中）；处理媒体流。

由媒体网关控制器去控制媒体网关的协议为 H.248 标准，与之相关的有两个名词定义必须搞清楚：

（1）通信终结客体（Termination）。通信终结客体是源媒体流或目的媒体流客体（Object），通信终结客体可以用于表示时隙、模拟线和 RTP 流等。

（2）关联通信客体（Context）。关联通信客体是一次呼叫或一个会话中的通信终结客体的集合，一个关联通信客体代表一次呼叫或一个会话中的媒体类型。例如，从 SCN 到 IP 呼叫的关联通信客体包含 TDM 音频通信终结客体和 RTP 音频流通信终结客体。

关联通信客体（Context）首次提出是在 MGCP 中，它使得协议的灵活性和可扩展性更好，H.248 标准沿用了这个概念。

（五）IP 电话的关键技术

IP 电话的基本原理是：由专门设备或软件将呼叫方的话音 / 传真信号采样并数字化、压缩打包，经过 IP 网络传输到对方，对方的专门设备或软件接收到话音包后，进行解压缩，还原成模拟信号送给电话听筒或传真机。

IP 电话是一种利用 Internet 作为传输载体实现计算机与计算机、普通电话与普通电话、计算机与普通电话之间进行话音通信的技术。IP 电话是一个复杂的系统工程，涉及的技术也很繁杂。

1. 音频压缩技术

IP 电话技术的基础是音频压缩技术，话音的分组传送通常要求网络提供充足的带宽，所以对现有的多数 IP 网络而言，话音压缩技术是实施 IP 话音通信的关键所在。前面我们介绍的采用 CS-ACELP 算法（Conjugate Structured-Algebraic Code Excited Liner Predictive：共轭结构代数码激励线性预测）的 G.729、采用 ADPCM 算法的 G.728、采用 U>CELP 算法的 G.726 以及采用 MP-MLQ 算法的 G.723/G.723.1 都可作为 IP 电话的音频压缩标准。目前采用较多的是 G.729 和 G.723/G.723.1。

编码压缩方法由 ITU-T 统一制定，并标准化。它的压缩能力由 DSP 的处理能力决定，通常 DSP 的处理能力用 MIPS（Millions of Instructions Per Second）来度量。编码压缩仅负责对实际传输的 IP 分组数据进行压缩，它不负责对 IP 头压缩，一般 IP/UDP 头（包括地址信息和控制信息）要耗去 7 kb/s 左右的带宽，如果有些 IP 路由器支持 IP 包头的压缩，那么带宽损耗可以降低到 2 ～ 3 kb/s。

在实际选择语音压缩的算法时，要综合考虑各种因素。例如，高比特率可以保证良好的话音品质，但要占用大量存储空间，耗费更多的系统资源；而过低的比特率又会影响话音的品质和增加延时。所以在较低比特率的前提下保持较好的话音质量，是选择压缩算法的原则。目前改进后的 H.323 选择 G.723.1 作为默认的话音编码标准。

2. IP 电话的传输延时问题

IP 音频流传输的实时性要求很高，要实现交互式的应用。ITU-T 把 24 ms 定为传输延时的上限，超过了这个上限就采用回声消除系统。实时的感觉取决于用户的体验，来回延时通常应当在 200 ～ 1 000 ms 之间，这就要求单向传输延时低于 100 ～ 500 ms。

端到端的延时是指通过网络传输的所有延时，包括在源系统中等待媒体或网络准备好所花费的时间。延时是支持音频实时网络的一个主要性能参数。实际上，在各种信息类型中音频对网络延时最为敏感，通常采用以下办法解决音频延时问题。

IP 网络使用 TCP 和 UDP 两种上层协议。使用 TCP 时，由 TCP 判断数据是否已经完整地传送到接收方，然后决定是否需要重传，直到所有的信息全部完整传送到接收方。这样便引入了延时，且该延时是不确定的。传递信息的时间将比"信息长度除以数据速率"所得出的时间长。

当一个数字音频信号通过网络发出时，位流就包含非常精确的时间关系。通常，位流被分成块（称为帧、元素或组，这依赖于采用何种网络技术）。如果那些数据块之间的时间关系没有被考虑（即如果某些数据块比其他数据块传输到达得较早或较迟），那么产生的音频就会失真，就好像声音是由不能平滑转动的录音机产生的。

解决这个问题的简单方法是，如果在接收端存在输入缓冲器，那么音频数据块可以暂时存放在这个缓冲器中，接收系统等待一段时间（称为延时偏差），在开始播放之前，音频数据流的一部分暂时被存放。

输入缓冲器必须经过归档处理（Filing Process），在延时偏差后，读缓冲器的机制被称为消耗过程，当然开始时消耗过程不必等缓冲器填满。实际上，延时偏差通常比完全填满平衡缓冲器所需的最小时间短。

理论上讲，延时偏差应该与延时变化的估计上界相符。然而，要求实时音频信道支持的应用可能有它自己在音频的传输和最后播放出来之间的可接受的总延时限制，交互式应用要求单程总延时在 0.5～1 s 之间。

假设应用在延时偏差上的限制已知，实际上延时偏差应当取什么值呢？我们考虑一个例子：假设音频被服务器传输到它的实际播出之间的逝去时间少于200 ms，且平均传输延时是 120 ms，接收系统可能把延时偏差设置为 80 ms，这意味着没有音频在比最大允许延时小的延时后被播出。80 ms 是否合适取决于传输延时的统计分布。有两种方法可决定延时偏差的值：

（1）静态延时偏差：延时偏差的值是静态设置的，可能基于延时分布的某个估计。在这种情况下趋向于取一个相当高的值以减小在延时偏差后数据块到达的可能性，这种技术对于那些在时间上性能稳定，特别是那些传输延时并不依赖于所提供的负载的网络很有效。相反，对那些分组交换网（如共享 LAN 或 IP 网络）使用静态偏差技术后，会导致在下载期间延时过长。

（2）自适应延时偏差：接收系统测量端到端之间的实际延时且采用相应的延时偏差，对那些延时分布在忙和闲时变化很大的分组交换网来说，这种技术比静态设置要好。困难在于，延时偏差不同的时间的转换。这个变化应当尽量使听者不会注意到。

如果过分地延时，使延时平衡缓存器变空了，则数模转换器将不会得到任何数据，这就会产生声音跳跃或停顿。当这种情况发生时，就称为出现缓冲区饿死。这是数字音频播放系统设计的主要难点，必须在缓冲器大小和长延时偏差间找平衡点。

3.分组语音技术

传统的电话网是以电路交换的方式传输语音的，它需要的基本带宽为 64 kb/s。而要在基于 IP 的分组网络上传输语音，就必须对模拟的语音信号进行特殊的处理，使处理后的信号可以适合在面向无连接的分组网络上传输，这项技术称为分组语音技术。

（1）分组语音技术简述

分组语音技术是指将语音信号转换为一定长度的数字化语音包，采用存储转发的方法以包的形式进行交换和传输的技术。电话技术通常需要 64 kb/s 以上的带宽，而分组语音需要的带宽不到 10 kb/s。网关的任务就是将语音信号从传统的电话格式转换为适用于分组传输的格式，然后通过网络将分组数据发送到目标网关。

（2）处理流程

无论对于实时的应用（如 IP 电话）还是非实时的应用（如语音邮件），发送端语音都要依次经过模拟信号、数字信号、语音包的处理过程，并在接收端对语音包进行相反的处理，从而得到与输入端相同的语音信号。我们可以把处理流程分为发送端的处理流程和接收端的处理流程两部分来介绍。

第一部分，发送端的处理流程。首先，把模拟信号转换为数字信号，并对其进行进入缓冲器前的量化数据处理。声卡和音频设备先对模拟语音信号进行 8 bit 或 16 bit 量化，然后再送入缓冲器。许多低比特率的编码器对语音块（也被称为帧）进行编码，典型帧为 10～30 ms，考虑到传输过程中的代价，语音包通常由 60 ms、120 ms 或 240 ms 长的语音数据组成。

其次，把语音包按照特定的帧长进行编码。大部分的编码器都有特定的帧尺寸，若一个编码器使用 15 ms 的帧，则把从第一级来的 120 ms 的包分成 8 帧，并按顺序进行编码。每个帧含 120 个语音样点（抽样频率为 8 kHz）。编码后，将 8 个压缩的帧合成一个压缩的语音包送入网络处理器。

网络处理器为语音包添加包头、时标和其他信息后通过网络传送到另一端点。

第二部分，接收端的处理流程。首先，网络提供一个可变长度的缓冲器，用来调节网络产生的抖动。缓冲器可容纳许多语音包，用户可选择缓冲器的大小，大的缓冲器能调节大的抖动，但产生延迟较大，小的缓冲器产生延迟较小，但不能调节大的抖动。

其次，解码器将经过编码的语音包解压缩后产生新的语音包。这里也可按帧进行操作，其长度完全和编码器的长度相同。若帧长度为 15 ms，则 120 ms 的语音包被分成 8 帧，然后被解码还原成 120 ms 的语音数据流送入解码缓冲器。

最后，缓冲器中语音样点被播放驱动器取出进入声卡，通过扬声器按预定的频率（例如 8 kHz）播出。

以上两部分处理流程，再经过中间的传输过程就完成了语音分组通信的一个全过程。

在这个过程中，全部网络被看成一个整体从输入端接收语音包，然后将其传送到网络输出端，由于延迟可以在某个范围内变化，就可能出现网络传输中的抖动现象。

4. 静噪抑制技术

所谓静噪抑制技术，是指检测到通话过程或传真过程中的安静时段，并在这些安静时段停止发送语音包。大量研究表明，在一路全双工电话交谈中，只有 36% ～ 40% 的信号是活动的或有效的。当一方在讲话时，另一方在听，而且讲话过程中有大量显著的停顿。通过静噪抑制技术，大量网络带宽节省下来用于其他话音或数据通信。

5. 回声消除技术

当 IP 电话系统与 PSTN 互联时，涉及有混合线圈的 2/4 线转换电路，就会产生回声。当回声返回时间超过 10 ms 时，人耳就可听到明显的回声了，干扰正常通话。对于时延相对较大的 IP 网络环境，时延很容易就达到 50 ms，因此必须应用回声消除技术清除回声。回声消除主要采用回波抵消方法，即通过自适应方法估计回波信号的大小，然后在接收信号中减去此估计值以抵消回波。回波抵消功能一般由网关完成。

6. 话音抖动处理技术

IP 网络的一个特征就是网络延时与网络抖动，这可能导致 IP 电话音质下降。网络延时是指一个 IP 包在网络上传输所需的平均时间，网络抖动是指 IP 包传输时间的长短变化。当网络上的话音延时（加上声音采样、数字化、压缩延时）超过 200 ms 时，通话双方一般就愿意倾向采用半双工的通话方式，一方说完后另一方再说。另一方面，如果网络抖动较严重，那么有的话音包因迟到被丢弃，会产生话音的断续及部分失真，严重影响音质。为了防止这种抖动，人们采用了抖动缓冲技术，即在接收方设定一个缓冲器，话音包到达时首先进入缓冲器暂存，系统以稳定平滑的速率将话音包从缓冲器中取出、解压、播放给受话者。这种缓冲技术可以在一定限度内有效处理话音抖动，并提高音质。

7. 话音优先技术

话音通信实时性要求较高。为了保证提供高音质的 IP 电话通信，在广域网带宽不足（拥挤）的 IP 网络上，一般需要话音优先技术。当 WAN 带宽低于 502 kb/s 时，一般在 IP 网络路由器中设定话音包的优先级为最高，这样，路由器一旦发现话音包，就会将它们插入到 IP 包队列的最前面优先发送。这样，网络的延时与抖动情况对话音通信的影响均将得到改善。

另一种技术是采用资源预留协议（RSVP）为话音通信预留带宽。只要有话音呼叫请求网络，就能根据规则为话音通信预留出设定带宽，直到通话结束，带宽才释放。但是，在企业 IP 网上，人们一般并不使用 RSVP，而采用优先级技术。几乎所有品牌的路由器均支持一些优先级技术。

将话音包的优先级定为最高级别，任何时候路由器只要发现有话音包，就将延迟对数据包的发送，这对于 LAN 数据包的影响可以忽略，因为话音的 15 kb/s 与 LAN 的 10 ~ 100 Mb/s 带宽相比是极少的，而且在 LAN 上没有话音包优先。对于 WAN 数据传输的影响就看具体情况了，在低速的 WAN 链路上（28.8 ~ 256 kb/s），数据一般是非实时的，如电子邮件或文件传输，数据包的延迟并不在意。对于相对较高速的 WAN 链路（256 kb/s 以上），数据可能有实时性要求，如通过 WAN 进行记录级的文件操作。但话音通信所占的带宽仅占整条 WAN 链路的几个百分点，话音包的流量与 WAN 带宽相比是可以忽略的。

实际上，对 IP 包采取优先级规则，在 WAN 上有机地结合数据与话音通信，是对 WAN 带宽更充分有效的利用。在低速链路上，数据一般是非实时的、后台的，在较高速链路上不会有大量的实时话音流量与大量的实时数据流量相冲突。

第四节　图像信息处理技术

一、图像信号概述

图像是一种可视化的信息，图像信号是图像信息的理论描述方法，图像信号按其内容变化与时间的关系来分，主要包括静态图像和动态图像两种。静态图像其信息密度随空间分布，且相对时间为常量；动态图像也称时变图像，其空间密度特性是随时间而变化的。人们经常用静态图像的一个时间序列来表示一个动态图像。图像分类还可以按其他方式进行：如按其亮度等级的不同可分为二值图像和灰度图像；按其色调的不同可分为黑白图像和彩色图像；按其所占空间的维数不同可分为平面的二维图像和立体的三维图像等等。

图像信号的记录、存储和传输可以采用模拟方式或数字方式。传统的方式为模拟方式，例如，目前我们在电视上所见到的图像就是以一种模拟电信号的形式来记录，并依靠模拟调幅的手段在空间传播的。将模拟图像信号经 A/D 变换后就得到数字图像信号。数字图像信号便于进行各种处理，例如最常见的压缩编码处理就是在此基础上完成的。

（一）彩色图像信号的分量表示

对于黑白图像信号，每个像素点用灰度级来表示，若用数字表示一个像素点的灰度，有 8 比特就够了，因为人眼对灰度的最大分辨力为 26。对于彩色视频信号（例如常见的彩色电视信号）均基于三基色原理，每个像素点由红（R）、绿（G）、蓝（B）三基色混合而成。若三个基色均用 8 比特来表示，则每个像素点就需要 24 比特，由于构成一幅彩色图像需要大量的像素点，因此，图像信号采样、量化后的数据量就相当大，不便于传输和存储。为了解决此问题，人们找到了相应的解决方法：利用人的视觉特性降低彩色图像的数据量，这种方法往往把 RGB 空间表示的彩色图像变换到其他彩色空间，每一种彩色空间都产生一种亮度分量和两种色度分量信号。常用的彩色空间表示法有 YUV、YIQ 和 YC_bC_r 等。

1. YUV 彩色空间。通常我们用彩色摄像机来获取图像信息，摄像机把彩色图像信号经过分色棱镜分成 R_0、G_0、B_0 三个分量信号，分别经过放大和 r 校正得到 RGB，再经过矩阵变换电路得到亮度信号 Y 和色差信号 U、V，其中亮度信号表示了单位面积上反射光线的强度，而色差信号（所谓色差信号，就是指基色信号中的三个分量信号 R、G、B 与亮度信号之差）决定了彩色图像信号的色调。最后发送端将 Y、U、V 三个信号进行编码，用同一信道发送出去，这就是在 PAL 彩色电视制式中使用的 YUV 彩色空间。

YUV 彩色空间的一个优点是，它的亮度信号 Y 和色差信号 U、V 是相互独立的，即 Y 信号分量构成的黑白灰度图与用 U、V 两个色彩分量信号构成的两幅单色图相互独立。因为 YUV 是独立的，所以可以对这些单色图分别进行编码。此外，利用 YUV 之间的独立性解决了彩色电视机与黑白电视机的兼容问题。YUV 表示法的另一个优点是，可以利用人眼的视觉特性来降低数字彩色图像的数据量。人眼对彩色图像细节的分辨能力比对黑白图像细节的分辨能力低得多，因此就可以降低彩色分量的分辨率而不会明显影响图像质量，即可以把几个相同像素不同的色彩值当作相同的色彩值来处理（即大面积着色原理），从而减少了所需的数据量。在 PAL 彩色电视制式中，亮度信号的带宽为 4.43 MHz，可以保证足够的清晰度，而把色差信号的带宽压缩为 1.3 MHz，达到了减少带宽的目的。

在数字图像处理的实际操作中，就是对亮度信号 Y 和色差信号 U、V 分别采用不同的采样频率。目前常用的 Y、U、V 采样频率的比例有 4：2：2 和 4：1：1，当然，根据要求的不同，还可以采用其他比例。例如要存储 R：G：B=8：8：8 的彩色图像，即 R、G、B 分量都用 8 比特表示，图像的大小为 640×480 像素，那么所需要的存储容量为 640×480×3×8/8=921 600 字节；如果用 Y：U：V=4：1：1 来表示同一幅彩色图像，对于亮度信号 Y，每个像素仍用 8 比特表示，而对于色差信号 U、V，每 4 个像素用 8 比特表示，则存储量变为 640×480×（8+4）/8=460 800 字节。尽管数据量减少了一半，但人眼察觉不出有明显变化。

2. YIQ 彩色空间。在 NTSC 彩色电视制式中选用 YIQ 彩色空间，其中 Y 表示亮度，I、Q 是两个彩色分量。I、Q 与 U、V 是不相同的。人眼的彩色视觉特性表明，人眼对红、黄之间颜色变化的分辨能力最强；而对蓝、紫之间颜色变化的分辨能力最弱。在 YIQ 彩色空间中，色彩信号 I 表示人眼最敏感的色轴，Q 表示人眼最不敏感的色轴。在 NTSC 制式中，传送人眼分辨能力较强的 I 信号时，用较宽的频带（1.3～1.5 MHz）；而传送人眼分辨能力较弱的 Q 信号时，用较窄的频带（0.5 MHz）。

3. YC_bC_r 彩色空间。YC_bC_r 彩色空间是由 ITU-R（国际电联无线标准部，原国际无线电咨询委员会 CCIR）制定的彩色空间。按照 CCIR601-2 标准，将非线性的 RGB 信号编码成 YC_bC_r，编码过程开始是先采用符合 SMPTE-CRGB（它定义了三种荧光粉，即一种参考白光，应用于演播室监视器及电视接收机标准的 RGB）的基色作为 r 校正信号。非线性 RGB 信号很容易与一个常量矩阵相乘而得到亮度信号 Y 和两个色差信号 C_b、C_r。YC_bC_r 通常在图像压缩时作为彩色空间，而在通信中是一种非正式标准，数字域中的彩色空间变换与模拟域中的彩色空间变换是不同的。

（二）彩色图像信号的分量编码

通过图像信号表示方法的讨论可以看到：对于彩色图像信号数字压缩编码，可以采用两种不同的编解码方案。一种是复合编码，它直接对复合图像信号进行采样、编码和传输；另一种是分量编码，它首先把复合图像中的亮度和色度信号分离出来，然后分别进行取样、编码和传输。目前分量编码已经成为图像信号压缩的主流，在 20 世纪 90 年代以来颁布的一系列图像压缩国际标准中均采用分量编码方案。

二、图像信号数字化

图像信号数字化与音频数字化一样主要包括两方面的内容：取样和量化。

图像在空间上的离散化称为取样，使空间上连续变化的图像离散化，也就是用空间上部分点的灰度值来表示图像，这些点称为样点（或像素，像元，样本）。一幅图像应取多少样点呢？其约束条件是：由这些样点采用某种方法能够正确重建原图像。取样的方法有两类：一类是直接对表示图像的二维函数值进行取样，即读取各离散点上的信号值，所得结果就是一个样点值阵列，所以也称为点阵取样；另一类是先将图像函数进行正交变换，用其变换系数作为取样值，故称为正交系数取样。

对样点灰度级值的离散化过程称为量化，也就是对每个样点值数字化，使其和有限个可能电平数中的一个对应，即使图像的灰度级值离散化。量化也可分为两种：一种是将样点灰度级值等间隔分档取整，称为均匀量化；另一种是将样点灰度级值不等间隔分档取整，称为非均匀量化。

（一）取样点数和量化级数的选取

假定一幅图像取 M×N 个样点，对样点值进行 Q 级分档取整。那么对 M，N 和 Q 如何取值呢？

首先，M，N，Q 一般总是取 2 的整数次幂，如 $Q=2^b$ 为正整数，通常称为对图像进行 b 比特量化，M、N 可以相等，也可以不相等。若取相等，则图像矩方阵，分析运算方便一些。

其次，关于 M、N 和 b（或 Q）数值大小的确定。对 b 来讲，取值越大，重建图像失真越小。若要完全不失真地重建原图像，则 b 必须取无穷大，否则一定存在失真，即所谓的量化误差。一般供人眼观察的图像，由于人眼对灰度分辨能力有限，用 5～8 比特量化即可。对 M×N 的取值主要依据取样的约束条件，也就是在大到满足取样定理的情况下，重建图像就不会产生失真，否则就会因取样点数不够而产生所谓混淆失真。为了减少表示图像的比特数，应取 M×N 点数刚好满足取样定理。这种状态的取样即为奈奎斯特取样。M×N 常用的尺寸有 512×512，256×256，64×64，32×32 等。

再次，在实际应用中，如果允许表示图像的总比特数 M×N×b 给定，对 M×N 和 b 的分配往往是根据图像的内容和应用要求以及系统本身的技术指标来选定的。例如，若图像中有大面积灰度变化缓慢的平滑区域，如人图像的特写照片等，则 M×N 取样点可以少些，而量化比特数 b 多些，这样可使重建图像灰度层次多些。若 b 太少，在图像平滑区往往会出现"假轮廓"。反之，对于复杂景物图像，如群众场面的照片等，量化比特数 b 可以少些，而取样点数 M×N 要多些，这样就不会丢失图像的细节。究竟 M×N 和 b 如何组合才能获得满意的结果很难讲出一个统一的方案，但是有一点是可以肯定的：不同的取样点数和量化比特数组合可以获得相同的主观质量评价。

（二）图像信号量化

经过取样的图像只是在空间上被离散为像素（样本）的阵列，而每一个样本灰度值还是一个有无穷多个取值的连续变化量，必须将其转化为有限个离散值，赋予不同码字才能真正成为数字图像，再由计算机或其他数字设备进行处理运算，这样的转化过程称为量化。将样本连续灰度等间隔分层量化方式称为均匀量化，不等间隔分层量化方式称为非均匀量化。量化既然以有限个离散值来近似表示无限多个连续量就一定会产生误差，这就是所谓的量化误差。由此产生的失真叫量化失真或量化噪声，对均匀量化来讲，量化分层越多，量化误差越小，但编码时占用比特数就越多。在一定比特数下，为了减少量化误差，往往要用非均匀量化，如按图像灰度值出现的概率大小不同进行非均匀量化，即对灰度值经常出现的区域进行细量化，反之进行粗量化。在实际图像系统中，由于存在着成像系统引入的噪声及图像本身的噪声，因此量化等级取得太多（量化间隔太小）是没有必要的，因为如果噪声幅度值大于量化间隔，量化器输出的量化值就会产生错误，得到不正确的量化。在应用屏幕显示其输出图像时，灰度邻近区域边界会出现"忙动"现象。假设噪声是高斯分步，均值为 0，方差为 σ^2，在有噪声情况下，最佳量化层选取有两种方法，一是令正确量化概率大于某一个值，二是使量化误差的方差等于噪声方差。

针对输出图像是专供人观察评价的应用，研究出了一些按人的视觉特性进行非均匀量化方式，如图像灰度变化缓慢部分细量化，而图像灰度变化快的细节部分粗量化，这是由视觉掩盖效应被发现而产生的。再如按人的视觉灵敏度特征进行对数形式量化分层等。

三、数字图像压缩方法的分类

图像压缩的基本目标就是减小数据量，但最好不要引起图像质量的明显下降，在大多数实际应用中，为了取得较低的比特率，轻微的质量下降是允许的。至于图像压缩到什么程度而没有明显的失真，则取决于图像数据的冗余度。较高的冗余度形成较大的压缩，而典型的图像信号都具有很高的冗余度，正是这些冗余度的存在允许我们对图像进行压缩。不同出发点有不同分类，按照信息论的角度，数字图像压缩方法一般可分为：

（1）可逆编码（Reversible Coding 或 Information Preserving Coding），也称为无损压缩。这种方法的解码图像与原始图像严格相同，压缩是完全可恢复的或无偏差的，无损压缩不能提供较高的压缩比。

（2）不可逆编码（Non-Reversible Coding），也称为有损压缩。用这种方法恢复的图像较原始图像存在一定的误差，但视觉效果一般是可接受的，它可提供较高的压缩比。

按照压缩方法的原理，数字图像压缩方法可分为：

（1）预测编码（Predictive Coding）。预测编码是一种针对统计冗余进行压缩的方法，它主要是减少数据在空间和时间上的相关性，达到对数据的压缩，是一种有失真的压缩方法。预测编码中典型的压缩方法有 DPCM 和 ADPCM 等，它们比较适合于图像数据的压缩。

（2）变换编码（Transform Coding）。变换编码也是一种针对统计冗余进行压缩的方法。这种方法将图像光强矩阵（时域信号）变换到系数空间（频域）上进行处理。常用的正交变换有 DFT（离散傅氏变换）、DCT（离散余弦变换）、DST（离散正弦变换）、哈达码变换和 Karhunen-Loeve 变换。

（3）量化和矢量量化编码（Vector Quantization）。量化和矢量量化编码本质上也还是一种针对统计冗余进行压缩的方法。当我们对模拟量进行数字化时，必然要经历一个量化的过程。在这里量化器的设计是一个很关键的步骤，量化器设计的好坏对于量化误差的大小有直接影响。矢量量化是相对于标量量化而提出的，如果我们一次量化多个点，则称为矢量量化。

（4）信息熵编码（Entropy Coding）。根据信息熵原理，用短的码字表示出现概率大的信息，用长的码字表示出现概率小的信息。常见的方法有哈夫曼编码、游程编码以及算术编码。

（5）子带编码（Sub-hand Coding）。子带编码将图像数据变换到频域后，按频率分带，然后用不同的量化器进行量化，从而达到最优的组合。或者是分步渐近编码，在初始时对这一频带的信号进行解码，然后逐渐扩展到所有频带，随着解码数据的增加，解码图像也逐渐地清晰起来。此方法对于远程图像模糊查询与检索的应用比较有效。

（6）结构编码（Structure Coding），也称为第二代编码（Second Generation Coding）。编码时首先求出图像中的边界、轮廓、纹理等结构特征参数，然后保存这些参数信息。解码时根据结构和参数信息进行合成，从而恢复出原图像。

（7）基于知识的编码（Knowledge-Based Coding）。对于人脸等可用规则描述图像，利用人们对其知识形成一个规则库，据此将人脸的变化等特征用一些参数进行描述，从而用参数加上模型就可以实现人脸的图像编码与解码。

四、新型图像编码技术

（一）模型基编码

模型基编码是将图像看作三维物体在二维平面上的投影，在编码过程中，首先是建立物体的模型，然后通过对输入图像和模型的分析得出模型的各种参数，再对参数进行编码传输，接收端则利用图像综合来重建图像。可见，这种方法的关键是图像的分析和综合，而将图像分析和综合联系起来的纽带就是由先验知识得来的物体模型。图像分析主要是通过对输入图像以及前一帧的恢复图像的分析，得出基于物体模型的图像的描述参数，利用这些参数就可以通过图像综合得到恢复图像，并供下一帧图像分析使用。由于传输的内容只是数据量不大的由图像分析而得来的参数值，它比起以像素为单位的原始图像的数据量要小得多，因此这种编码方式的压缩比是很高的。

根据使用模型的不同，模型基编码又可分为针对限定景物的语义基编码和针对未知景物的物体基编码。在语义基编码方法中，由于景物里的物体三维模型为严格已知，该方法可以有效地利用景物中已知物体的知识，实现非常高的压缩比，但它仅能处理限定的已知物体，并需要较复杂的图像分析与识别技术，因此应用范围有限。物体基编码可以处理更一般的对象，无须识别与先验知识，对于图像分析要简单得多，不受各种场合限制，因而有更广阔的应用前景。但是，由于未能充分利用景物的先验知识，或只能在较低层次上运用有关物体的知识，因此物体基编码的效率低于语义基编码。

1. 物体基编码

物体基编码是由 Musmann 等提出的，其目标是以较低比特率传送可视电话图像序列。其基本思想是：把每一个图像分成若干个运动物体，对每一物体的基于不明显物体模型的运动 A_i、形状 M_i 和彩色纹理 S_i 等三组参数集进行编码和传输。

物体基编码的特点是把三维运动物体描述成模型坐标系中的模型物体，用模型物体在二维图像平面的投影（模型图像）来逼近真实图像。这里不要求物体模型与真实物体形状严格一致，只要最终模型图像与输入图像一致即可，这是它与语义基编码的根本区别。经过图像分析后，图像的内容被分为两类：模型一致物体（MC 物体）和模型失败物体（MF 物体）。MC 物体是被模型和运动参数正确描述的物体区域，可以通过只传送运动 A_i 和形状 M_i 参数集以及利用存在存储器中彩色纹理 S_i 的参数集重建该区域；MF 物体则是被模型描述失败的图像区域，它是用形状 M_i 和彩色纹理 S_i 参数集进行编码和重建的。从目前研究比较多的头 - 肩图像的实验结果可以看到，通常 MC 物体所占图像区域的面积较大，约为图像总面积的 95% 以上，而 A_i 和 M_i 参数可用很少的码字编码；另一方面，MF 通常都是很小的区域，约占图像总面积的 4% 以下。

物体基编码中最核心的部分是物体的假设模型及相应的图像分析。选择不同的源模型时，参数集的信息内容和编码器的输出速率都会改变。目前已出现的有二维刚体模型（2DR）、二维弹性物体模型（2DF）、三维刚体模型（3DR）和三维弹性物体模型（3DF）等。在这几种模型中，2DR 模型是最简单的一种，它只用 8 个映射参数来描述其模型物体的运动。但由于过于简单，最终图像编码效率不很高。相比而言，2DF 是一种简单有效的模型，它采用位移矢量场，以二维平面的形状和平移来描述三维运动的效果，编码效率明显提高，与 3DR 相当。3DR 模型是二维模型直接发展的结果。物体以三维刚体模型描述，优点是以旋转和平移参数描述物体运动，物理意义明确。3DF 是在 3DR 的基础上加以改进的，它在 3DR 的图像分析后，加入形变运动的估计，使最终的 MF 区域大为减少，但把图像分析的复杂性和编码效率综合起来衡量，2DF 则显得较为优越。

2. 语义基编码

语义基编码的特点是充分利用了图像的先验知识，编码图像的物体内容是确定的。在编码器中，存有事先设计好的参数模型，这个模型基本上能表示待编码的物体。对输入的图像，图像分析与参数估计功能块利用计算机视觉的原理，分析估计出针对输入图像的模型参数。这些参数包括：形状参数、运动参数、颜色参数、表情参数等。由于模型参数的数据量远小于原图像，故用这些参数代替原图像编码可实现很高的压缩比。

在解码器中，存有一个和编码器中完全相同的图像模型，解码器应用计算机图形学原理，用所接收到的模型参数修改原模型，并将结果投影到二维平面上，形成解码后的图像。

例如，在会议电视的语义基编码中，会议场景一般是固定不变的，运动变化的只是人的头部和肩部组成的头—肩像。根据先验知识，可以建立头—肩像模型，这时模型参数包括：头与肩的大小、形状、位置等全局形状参数，以及面部表情等局部形状参数，此外，还有运动参数、颜色参数等等。解码器存有一个与编码器中的模型完全一样的模型，收到模型参数后，解码器即可对模型作相应的变换，将修改后的模型投影到二维平面上，形成解码图像。

语义基编码能实现以数千比特每秒速率编码活动图像，其高压缩比的特点使它成为最有发展前途的编码方法之一。然而语义基编码还很不成熟，有不少难点尚未解决，主要表现为模型的建立和图像分析与参数的提取。

首先，模型必须能描述待编码的对象。以对人脸建模为例。模型要能反映各种脸部表情：喜、怒、哀、乐等等，要能表现面部，例如口、眼的各种细小变化，显然，这有大量的工作要做，数据量很大，有一定的难度。同时，模型的精度也很难确定。只能根据对编码对象的了解程度和需要，建立具有不同精度的模型。先验知识越多模型越精细，模型就越能逼真地反映待编码的对象，但模型的适应性就越差，所适用的对象就越少。反之，先验知识越少，越无法建立细致的模型，模型与对象的逼近程度就越低，但适应性反而会强一些。

其次，建立了适当的模型后，参数估计也是一个不可低估的难点，根本原因在于计算机视觉理论本身尚有很多基本问题没有圆满解决，如图像分割问题与图像匹配问题等。而要估计模型的参数，如头部的尺寸，就需在图像上把头部分割出来，并与模型中的头部相匹配；要估计脸部表情参数，需把与表情密切相关的器官如口、眼等分割出来，并与模型中的口、眼相匹配。

相比之下，图像综合部分难度低一些，由于计算机图形学等已经相当成熟，而用常规算法计算模型表面的灰度，难以达到逼真的效果，图像有不自然的感觉。现在采用的方法是，利用计算机图形学方法，实现编码对象的尺度变换和运动变换，而用"蒙皮技术"恢复图像的灰度。"蒙皮技术"通过建立经过尺度和运动变换后的模型上的点与原图像上的点之间的对应关系，求解模型表面灰度。

语义基编码中的失真和普通编码中的量化噪声性质完全不同。例如，待编码的对象是一个头—肩像，则用头—肩语义基编码时，即使参数估计不准确，结果也是一个头—肩像，不会看出有什么不正确的地方。语义基编码带来的是几何失真，人眼对几何失真不敏感，而对方块效应和量化噪声最敏感，所以不能以均方误差作为失真的度量，而参数估计又必须有一个失真度量，以建立参数估计的目标函数，并通过对目标函数的优化来估计参数。找一个能反映语义基编码失真的准则，也是语义基编码的难点之一。

（二）分形编码

经典的几何学一般适用于处理比较规则和简单的形状。但是自然界的实际景象绝大部分却是由非常不规则的形状组成的曲线，很难用一个数学表达式来表示。在这样的情况下，提出了分形几何学。

分形几何学是由数学家 Mandelbort 于 1973 年提出的。分形的含义是某种形状、结构的一个局部或片断。它可以有多种大小、尺寸的相似形。例如树，树干分为枝，枝又分枝，直至最细小的枝杈。这些分枝的方式、样子都类似，只有大小、规模不同。再如绵延无边的海岸线，无论在什么高度，何种分辨率条件下去观看它的外貌，其形状都是相似的。当在更高的分辨率条件下去观看它的外貌时，虽会发现一些前面不曾见过的新的细节，然而这些新出现的细节和整体上海岸线的外貌总是相似的。也就是说，海岸线形状的局部和其总体具有相似性。实际上，这种自相似性是自然界的一种共性。分形现象在自然界和社会活动中广泛存在，而利用分形进行图像编码则是它的一个重要应用。

1. 分形编码的基本原理

对于一幅数字图像，通过一些图像处理技术，如颜色分割、边缘检测、频谱分析、纹理变化分析等将原始图像分成一些子图像，然后在分形集中查找这样的子图像。分形集实际上并不是存储所有可能的子图像，而是存储许多迭代函数，通过迭代函数的反复迭代可以恢复出原来的子图像。也就是说，子图像所对应的只是迭代函数，而表示这样的迭代函数一般只需要几个参数即可确定，从而达到了很高的压缩比。

2. 分形编码的压缩步骤

对于任意图形来说，如何建立图像的分形模型，寻找恰当的仿射变换来进行图像编码仍是一个复杂的过程。Bransley 观察到的所有实际图形都有丰富的仿射冗余度。也就是说，采用适当的仿射变换，可用较少的比特表现同一图像，利用分形定理，Bransley 提出了一种压缩图像信息的分形变换步骤：

（1）把图像划分为互不重叠、任意大小形状的 D 分区，所有 D 分区拼起来应为原图。

（2）划定一些可以相互重叠的 R 分区，每个 R 分区必须大于相应的 D 分区，所有 R 分区之"并"无须覆盖全图。为每个 D 分区划定的 R 分区必须在经由适当的三维仿射变换后尽可能与该 D 分区中的图像相近。每个三维仿射变换由其系数来描述和定义，从而形成一个分形图像格式文件 FIF（Fractal Image Format）。文件的开头规定 D 分区如何划分。

（3）为每个 D 分区选定仿射变换系数表。这种文件与原图像的分辨率毫无关系。例如为复制一条直线，如果知道了方程：$y = ax+6$ 中 a 和 6 的值就能以任意高的分辨率画出一个直线图形。类似地，有了 FIF 中给出的仿射变换系数解压缩时就能以任意高的分辨率构造出一个与原图很像的图。

D 分区的大小需作一些权衡。划得越大，分区的总数以及所需做的变换总数就越少，FIF 文件就越小。但如果把 R 分区进行仿射变换所构造出的图像与它的 D 分区不够相像，则解压缩后的图像质量就会下降。压缩程序应考虑各种 D 分区划分方案，并寻找最合适的 R 分区以及在给定的文件大小之下，用数学方法评估出 D 分区的最佳划分方案。为使压缩时间不至太长，还必须限制为每个 D 分区寻找最合适的 R 分区的时间。

从以上阐述中可以看出，分形的方法应用于图像编码的关键在于：一是如何更好地进行图像的分割。如果子图像的内容具有明显的分形特点，如一幢房子、一棵树等，这就很容易在迭代函数系统（IFS，Iterated Function System）中寻找与这些子图像相应的迭代函数，同时通过迭代函数的反复迭代能够更好地逼近原来的子图像。但如果子图像的内容不具有明显的分形特点，如何进行图像的分割就是一个问题。二是如何更好地构造迭代函数系统。由于每幅子图像都要在迭代函数系统中寻求最合适的迭代函数，使得通过该函数的反复迭代，尽可能精确地恢复原来的子图像，因而迭代函数系统的构造显得尤为重要。

由于存在以上两方面问题，在分形编码的最初研究中，要借助于人工参与进行图像分割等工作，这就影响了分形编码方法的应用。但现在已有了各种更加实用可行的分形编码方法，利用这些方法，分形编码的全过程可以由计算机自动完成。

3.分形编码的解压步骤

分形编码的突出优点之一就是解压缩过程非常简单。首先从所建立的 FIF 文件中读取 D 分区划分方式的信息和仿射变换系数等数据，然后划定两个同样大小的缓冲区给 D 图像（D 缓冲区）和 R 图像（R 缓冲区），并把 R 图像初始化到任一初始阶段。

根据 FIF 文件中的规定，可把 D 图像划分成 D 分区，把 R 图像划分成 R 分区，再把指针指向第一个 D 分区。根据它的仿射变换系数把其相应的 R 分区作仿射变换，并用变换后的数据取代该 D 分区的原有数据。对 D 图像中所有的 D 分区都进行上述操作，全部完成后就形成一个新的 D 图像。然后把新 D 图像的内容拷贝到 R 图像中，再把这新的 R 图像当作 D 图像，D 图像当作 R 图像，重复操作，即进行迭代。这样一遍一遍地重复进行，直到两个缓冲区的图像很难看出差别，D 图像中即为恢复的图像。实际中一般只需迭代七八次至十几次就可完成。恢复的图像与原图像相像的程度取决于当初压缩时所选择的那些 R 分区对它们相应的 D 分区匹配的精确程度。

4.分形编码的优点

分形编码具有以下 3 个优点：

（1）图像压缩比比经典编码方法的压缩比高。

（2）由于分形编码把图像划分成大得多、形状复杂得多的分区，因此压缩所得的 FIF 文件的大小不会随着图像像素数目的增加（即分辨率的提高）而变大。而且，分形压缩还能依据压缩时确定的分形模型给出高分辨率的清晰的边缘线，而不是将其作为高频分量加以抑制。

（3）分形编码本质上是非对称的。在压缩时计算量很大，所以需要的时间长；而在解压缩时却很快，在压缩时只要多用些时间就能提高压缩比，但不会增加解压缩的时间。

第五章 光纤与卫星通信技术分析

第一节 数据传输介质的分类

传输介质是通信网络中连接计算机的具体物理设备和数据传输物理通路。计算机通信网络中常使用双绞线、同轴电缆、光纤等有线传输介质。另外，也经常利用无线电短波、地面微波、通信卫星、红外线、激光等无线传输介质。

传输介质的特性包括物理描述、传输特性、信号发送形式、调制技术、传输宽带容量、频率范围、连通性、抗干扰性、性能价格比、连接距离、地理范围等。下面分别介绍几种常用的传输介质。

一、有线介质

（一）双绞线

无论是对模拟数据传输还是数字数据传输，最普通的传输介质就是双绞线。它是由按一定螺旋结构排列并扭在一起的多根绝缘导线所组成，芯内大多是铜线，外部裹着塑料橡胶绝缘外层，线对扭绞在一起可以减少相互间的辐射电磁干扰。早期使用双绞线最多的是电话系统，差不多所有的电话机都用双绞线（2芯制，RJ-11接头）连接到电话交换机上。计算机网络中常用的双绞线是由4对线（8芯制，RJ-45接头）按一定密度相互扭绞在一起的。按照其外部包裹是否有金属编织层，可分为屏蔽双绞线电缆（Shielded Twisted Pair Cable，STP）和非屏蔽双绞线电缆（Unshielded Twisted Pair Cable，UTP）。UTP电缆每对线的绞距与所能抵抗的电磁辐射干扰成正比，并采用了滤波及对称性等技术，具有体积小、安装简便等特点。STP只不过在护套层内增加了金属屏蔽层，可有效减少串音及电磁干扰EMI、射频干扰RFI，它大多数是一种屏蔽金属铝箔双绞电缆。STP电缆还有一根漏电线，主要用来连接到接地装置上，泄掉金属屏蔽的电荷，解除线间的干扰问题。一般来讲，在低频传输时，双绞线的抗干扰性相当于或高于同轴电缆，但价格要比同轴电缆或光纤便宜得多。如表 5-1 所示是 UTP 电缆的常见类型。

表 5-1　UTP 电缆的常见类型

类型	应用
Category 1	只能用于声音，不能用于数据传输（低于 20 kb/s）
Category 2	用于 0.1 Mb/s ～ 2 Mb/s 的声音和小于 4 Mb/s 的数据
Category 3	用于 10 Mb/s、10 Base-T 局域网的声音或数据
Category 4	用于 20 Mb/s 的 10 Base-T、16 Mb/s 的令牌环网
Category 5	用于 100 Mb/s 的 100 Base-T、155 Mb/s 的 ATM 高速局域网

（二）同轴电缆

典型的同轴电缆（Coaxial Cable）由一根内导体铜质芯线，外加绝缘层、外导体金属屏蔽层以及外层绝缘皮组成。由于外导体金属屏蔽层的作用，同轴电缆具有良好的抗电磁干扰和防辐射性能，被广泛应用于总线型以太局域网中。在 10Base-2 网络中，如果要将计算机网卡连接到同轴电缆上，还需要一个 T 型接头和 BNC 接插件。电缆外部绝缘蒙皮一般为黑色，材料是聚氯乙烯或聚四氟乙烯，分别有阻燃和非阻燃两种。阻燃型电缆内部有一个空气芯，外面有一层阻燃套，这种电缆主要用在室内，也可在有害气体环境中使用；非阻燃型电缆主要是室外电缆，它常用于建筑群之间或一些对安全要求不高的场合。用户在安装时不能把不同类型的电缆混合使用，原因是不同型号的同轴电缆特征阻抗值是不同的，会导致网络连接失败。

通常将同轴电缆分为两类：基带同轴电缆和宽带同轴电缆。计算机通信网络一般选用基带同轴电缆进行数据传输，其屏蔽层用铜做成网状形，特性阻抗为 50Ω，如 RG-8（粗缆）、RG-58（细缆）等。宽带电缆是指采用了频分复用和模拟传输技术的同轴电缆，其屏蔽层通常是用铝冲压成的，特征阻抗为 75Q，如 RG-59 有线电视 CATV 标准传输电缆。另外还有一种 ARCNET 网络以及 IBM3270 系统专用的 RG-62（93Ω）电缆系统。

（三）光纤

光导纤维是光纤通信的传输媒体，通常是由能传导光波的非常透明的石英玻璃拉成纤维细丝线芯，外加抗拉保护包层构成。光纤通信就是利用光导纤维传递光脉冲来进行通信，有光脉冲相当于"1"，没有光脉冲相当于"0"；在发送端有光源，可以采用发光二极管或半导体激光器，它们在电脉冲的作用下能产生光脉冲，在接收端利用光电二极管做成光检测器，在检测到光脉冲时可还原出电脉冲。

在光纤中，包层较线芯有较低的折射率，当光纤从高折射率的介质射向低折射率介质时，其折射角将大于入射角，如果入射角足够大，就会出现全反射，此时光线碰到包层时就会折射回线芯，这个过程不断重复，光也就会沿着光纤传输下去。实际上，只要射到光纤表面光线的入射角大于某一临界角度，就可以产生全反射，并且可以存在许多条不同角度入射的光线在一条光纤中传输，这种光纤就称为多模光纤（Multimode Fiber）。发光二极管（Light-Emitting Diode，LED）是一种固态器件，电流通过时就产生一种定向性较差的可见光，并通过在光纤线芯内不断全反射而向前传播，这种光纤一般是多模光纤。半导体激光器一般为注入型激光二极管（Injection Laser Diode，ILD），它是一种根据激光器原理进行工作的固态器件，即激励量子效应来产生一个窄带宽的超辐射激光束。由于激光的定向性好，它可沿着光导纤维直接传播，减少了折射和损耗，能传播更长的距离，而且可以保持较高的数据传输率。

光纤作为传输介质具有很多优点，如光纤的数据传输率高、频带宽、通信容量大、损耗低、体积小、重量轻、传输距离远，并且不受电磁干扰或雷电和其他噪声的影响，安全保密性好，数据不易被窃取，尤其适合工作在有大电流磁场脉冲干扰的场所。

二、无线介质

（一）无线电短波通信

在一些电缆光纤难于通过或施工困难的场合，如高山、湖泊或岛屿等，即使在城市中挖开马路敷设电缆，有时也很不划算，特别是通信距离很远，对通信安全性要求不高，铺设电缆或光纤既昂贵又费时，若利用无线电波等无线传输介质在自由空间传播，就会有较大的机动灵活性，可以轻松实现多种通信，抗自然灾害能力和可靠性也较高。

利用无线电短波电台进行数据通信在技术上是可行的，但短波信道的通信质量较差，短波通信主要靠电离层反射，而电离层的不稳定会产生衰落现象，且电离层反射将产生多径效应。多径效应就是指同一个信号经不同的反射路径到达同一个接收点，其强度和时延都不相同，使其最后得到的信号失真很大。一般利用短波无线电台进行几十至几百 bit/s 的低速数据传输。

（二）地面微波接力通信

无线电数字微波通信系统在长途大容量的数据通信中占有极其重要的地位，其频率范围为 300 MHz ～ 300 GHz。微波通信主要有两种方式：地面微波接力通信和卫星通信。微波在空间中主要是直线传播，并且能穿透电离层进入宇宙空间，它不像短波那样经电离层反射传播到地面上其他很远的地方。由于地球表面是个曲面，因此其传播距离受到限制，且与天线的高度有关，一般只有 50 km 左右，长途通信时必须建立多个中继站，中继站把前一站发来的信号经过放大后再发往下一站，类似于"接力"，如果中继站采用 100 m 高的天线塔，则接力距离可增大100 km。微波接力通信可有效地传输电报、电话、图像、数据等信息，因为微波波段频率很高，其频段范围也很宽，因此其通信信道的容量很大且传输质量及可靠性较高；微波通信与相同容量和长度的电缆载波通信相比，建设投资少、见效快。微波接力通信也存在一些缺点，如相邻站之间必须直视，不能有障碍物，有时一个天线发射出的信号也会分成几条略有差别的路径先后到达接收天线，造成一定失真；微波的传播有时也会受到恶劣气候环境的影响，如雨雪天气对微波产生的吸收损耗。与电缆通信系统相比，微波通信可被窃听，安全性和保密性较差。另外，平时对大量中继站的使用和维护也要耗费一定的人力和物力。高可靠性的无人中继站目前还不容易实现。

（三）红外线和激光

红外线通信和激光通信就是把要传输的信号分别转换成红外光信号和激光信号，直接在自由空间中沿直线进行传播，它比微波通信具有更强的方向性，难以窃听、插入数据和进行干扰，但红外线和激光对雨雾等环境干扰特别敏感。红外线链路由一对发送／接收器组成，这对收发器调制不相干的红外光，收发器必须处于视线范围内，可以安装在屋顶或建筑物内部。安装红外线系统不需要经过有关部门特许，几天时间就可以装好，对于短距离、中低速率数据传输非常实用。采用相干光调制的激光收发器也可以安装成类似系统，但因激光硬件会发出少量射线，所以必须经过特许才能安装。

（四）卫星通信

卫星通信就是利用位于 36 000 km 高空的人造地球同步卫星，作为太空无人值守的微波中继站的一种特殊形式的微波接力通信。卫星通信可以克服地面微波通信的距离限制，其最大特点就是通信距离远，且通信费用与通信距离无关。同步卫星发射出的电磁波可以辐射到地球三分之一以上的表面，只要在地球赤道上空的同步轨道上等距离地放置 3 颗卫星，就能基本上实现全球通信。卫星通信的频带比微波接力通信更宽，通信容量更大，信号所受到的干扰较小，误码率也较小，通信比较稳定可靠。目前常用的频段为 6/4 GHz，也就是上行（从地球站发往卫星）频率为 5.925 GHz ～ 6.425 GHz，而下行（从卫星发到地球站）频率为 3.7 GHz ～ 4.2 GHz 频段的宽度都是 500 MHz。由于这个频段已经非常拥挤，现在也使用频段更高的 14/12 GHz 频段。现在，一个典型的通信卫星通常拥有 12 个转发器，每个转发器的频带宽度都为 36 MHz，可用来传输 50 Mb/s 的数据。

卫星通信的缺点是传播延时较长。由于各地球站的天线仰角并不相同，不管两个地球站之间的地面距离是多少，从一个地球站经卫星再转发到另一个地球站的传播时延在 250 ms ～ 300 ms 之间，平均约为 270 ms，这一点与其他通信相比有很大差距。另外，通信卫星本身及发射卫星的火箭技术复杂度和造价都较高，并且受电子元器件寿命的限制，同步卫星的使用寿命一般只有 7 ～ 8 年，其通信费用较高。

第二节　光纤传输技术

现代光纤通信传输技术是将光导纤维选作传输介质，将光波选作信息传输的载体，而完成信息传输的现代化的通信技术。光纤通信传输技术的研发使得通信技术呈现出传输容量大、抗干扰能力强以及传输速度快等诸多优势性能，不断地在相关的通信领域内得到越来越广泛的应用，而应用载体也不断地由电话、电视广播等向计算机网络等更为广泛的领域内发展，为人们的日常生活及生产提供了很大的方便。

一、现代光纤通信传输技术概述

现代光纤通信传输技术是以光波来作为信息的有机载体，将光导纤维选作信息的传输媒介而实现信息的大量、即时的传输的信息传输技术。现代光纤通信传输技术的基本物质组成是光源、光纤以及光检查器，而最基本的光纤通信传输系统要包括光发射机、直接调制器和间接调制器以及光接收机等主要的组成部分。利用光纤进行通信传输的主要优点是通信容量大、抗干扰能力强、环境污染小、传输距离大、资源丰富、设备重量小等，因其具备以上优势特点，决定了光纤在通信传输技术中的高效利用。在通信传输领域内光纤的实际应用可细分为通信用的光纤以及传感用的光纤这两个主要的类别，按照光纤在通行中的不同功能，可将其具体划分为光波放大、光波整形、光波分频、光波调制、光波震荡等。

二、现代光纤通信传输技术特点

现代光纤通信传输技术的优势特点是其得以广泛的综合应用的基础，具体的特点有：光纤频带快、信息的传输容量大。光纤与铜线、电缆等传统的信息传输介质相比，具有传输带宽较大的特点。依据通信的相关基础理论知识可知，在单波长光纤通信传输系统的终端设备内存在着电子瓶颈现象，无法独立地发挥出自身频带比较宽的技术及性能优势，在现代光纤通信传输技术中，多采用辅助性的设备或技术来提升通道的传输容量；抗干扰的能力比较强，光纤通信传输材料多由石英材料制成，而石英材料是不易损坏、来源广泛、绝缘性能非常好的材料，在石英绝缘材料的现实运用过程中，表现出不容易受到自然界、人为及电离电流等的影响，对地球的电磁场也存在较强的免疫能力，将光纤技术应用于通信传输可有效地确保通信的准确性；现代光纤通信传输技术具有抗串音干扰的能力，在光纤的制作过程中，多会在光纤的周围进行绝缘层的环绕包裹，该绝缘层具有对泄漏的信息的吸收功能，因此在光纤通道实施电波信号的传输过程中，即便同一电缆内包裹的多条光纤上同时存在着信号的传输，也不会因为电磁波的泄漏而造成串音干扰现象的发生，在具体的传输过程中，每条光线内部的传输光信号都被完全地限定在本条光纤之内，本光纤之外不会存在光纤内部的信息被窃取的可能，有效保障了传输信息的保密性；现代光纤通信传输技术具有传输耗损低、传输质量高的特点，由石英材料制成的光纤其传输过程中的信号能量损失非常低，可用于信号的长距离传输，且在中继站上的设备数量可以合理减少，能有效降低通信传输系统的造价等。

三、现代光纤通信传输技术的综合应用

进入 21 世纪以来，我国对现代光纤通信传输技术的综合应用最为直观的表现是相对完善的光纤通信体系的组建，伴随着移动互联网以及三网融合工程的不断开展与高效运用，在推动现代光纤通信传输技术的综合应用中起到了较大的积极作用。首个 OADM/DXC 设备的研发应用，第一套全光式网络设备的研发成功，FTTI 系统性工程的诞生，100 G 波分样机的研制成功等都是光纤通信传输技术应用与发展的具体体现，而之后所产生的 3G 技术更是不断地推进着光纤通信传输技术在通信领域内的综合应用。

现代光纤通信传输技术综合应用表现单纤双向的传输功能的实现。单纤双向的传输技术是和双纤的传输技术相对应的一种信息传输技术，双纤传输的技术是

利用两条光纤实现光信号的往返传输，而单纤双向的传输技术是信号在一条光纤内的传输。依据现代光纤通信传输技术的相关理论，光纤所具有的传输容量是非常庞大的，但在实际的应用过程中受到来自传输设备等方面的影响，光纤的传输容量并未达到最理想的状态，在我国的通信领域内普遍采用的是双纤式传输技术，这在一定程度上增加了光纤资源的使用量，如果单纤双向的传输技术能在通信领域中获取更大的应用，对于较为庞大的现代光纤通信传输系统可节省大量的光纤资源。目前单纤双向的传输技术多应用于光纤末端的接入设备上，如 PON 无源光网络中以及单纤光收发器等。

现代光纤通信传输技术的综合应用还表现在光纤的到户接入。高质量的视频通信技术及高速度的通信技术的发展，推动了光纤传输技术在现代化的宽带业务领域内的应用研究。用户就光纤通信传输技术的要求，使得宽带领域内不仅要具备相应的宽带上组建的主干式的传输网络，还要配合相应的光纤到户的接入技术，光纤到户的接入技术是在全社会范围内实现信息高速传输的重要技术。相关学者曾经提出信息的入网连接是信息高速公路组建中的最后阶段，也为信息通信指出了该领域急需面对和解决的瓶颈问题，例如在 HDTV 高清数字电视中，采用铜线进行 ADSL 方式的信息接入已经无法满足人们对信息的传输速率和容量的需求，现代光纤通信传输技术在该领域内的综合应用已成必然。

现代光纤通信传输技术因其具有诸多的优势性能，在通信领域内的综合应用将会越来越广泛，其应用的深度及广度也会发生质的飞跃，并在光纤技术不断发展优化的推动下将使通信网络逐渐向光网络智能化及全光网络化的方向上发展。

第三节　卫星通信技术

卫星通信是指利用人造卫星作为中继站转发或反射无线电波，在两个或多个地球站之间通信的方式。卫星通信系统由卫星和地球站两部分组成。卫星通信的特点是：通信范围大；只要在卫星发射的电波所覆盖的范围内，从任何两点之间都可进行通信；不易受陆地灾害的影响（可靠性高）；只要设置地球站电路即可开通（开通电路迅速）；同时可在多处接收，能经济地实现广播、多址通信（多址特点）；电路设置非常灵活，可随时分散过于集中的话务量；同一信道可用于不同方向或不同区间（多址连接）。

一、卫星传输系统概述

卫星通信系统由卫星和地球站两部分组成。卫星在空中起中继站的作用，即把地球站发上来的电磁波放大后再反送回另一地球站。地球站则是卫星系统形成的链路。

最适合卫星通信的频率是 1 ～ 10 GHz 频段，即微波频段，为了满足越来越多的需求，已开始研究应用新的频段，如 12 GHz、14 GHz、20 GHz 及 30 GHz。从信道可用带宽及系统的容量来考虑，频率的选择越高越好。因此，被公认最适合卫星通信的频段是 1 GHz ～ 10 GHz 的频段，在这个频段的无线电波大体上可以看成是自由空间传输，因此这个频段称为卫星通信的"电波之窗"。但具体使用频率的确定由国际电信联盟（ITU）的世界无线大会（WRC）分配确定。目前大多数卫星通信系统选择的频段如表 5-2 所示。

表 5-2　目前常用的卫星通信频段

名称	频率范围（GHz）	下/上行载波频率（GHz）	单向带宽（MHz）
UHF 波段	0.3-1	0.2/0.4	500 ～ 800
L 波段	1 ～ 2	1.5/1.6	
S 波段	2 ～ 4	2.5/2.6	
C 波段	4 ～ 8	4/6	500 ～ 700
X 波段	8 ～ 12	7/8	
Ku 波段	12 ～ 18	12/14 或 11/14	500 ～ 1 000
Ka 波段	27 ～ 40	20/30	高达 3 500

注：表中斜线左边是卫星发射频率，右边是地球站发射频率

目前，大部分国际通信卫星尤其是商业卫星使用 C 波段（也称频段），上行频率为 5.925 GHz ～ 6.425 GHz，下行频率为 3.7 GHz ～ 4.2 GHz；国内区域性通信卫星多数也使用该频段。许多国家的政府和军事卫星用 X 波段，上行频率为 7.9 GHz ～ 8.4 GHz，下行频率为 7.25 GHz ～ 7.75 GHz，这样可以与民用通信系统在频率上分开，避免互相干扰。

二、卫星传输线路

当前，在全世界范围内数字卫星广播正在迅速地取代模拟卫星广播。利用卫

星传输广播和电视节目，是一种提高广播电视人口覆盖率、改进传输质量的最有效、最经济、最先进的手段。

三、数字卫星广播的特点

数字卫星广播与模拟卫星广播相比，有如下主要优点：

1.传送的节目更多：一颗卫星可传送上百套电视节目。按照目前的技术水平，采用数字压缩和数字传输技术后，在卫星广播系统中每个电视频道的带宽在7 MHz 左右，因此，使用一个卫星转发器可以传输 5 套电视节目。通常一颗卫星装备有 24 个 C 波段转发器，这样就可以传送 120 套电视节目；另外，卫星上一般还装备若干个 Ku 波段的转发器，这样可传送的节目就更多。

2.经济效益好：租用一个卫星转发器来传送多套电视节目，可降低运营成本；架设一副天线就可以接收几十套乃至上百套的电视节目。因此，好的经济效益可大大促进数字卫星电视广播的发展速度。

3.节目传输质量高：数字传输方式在传输过程中信号不易失真，噪声和天气干扰对信号质量的影响也小。

4.所需的发射功率小：模拟卫星广播的图像质量是与信号的载噪比相关联的，为了保证传送的图像质量达到 4 级以上，卫星接收系统的载噪比一般要大于17 dB，因此卫星上行站的发射功率通常在数百瓦的范围内；而数字卫星广播的图像质量则与误码率相关联，只要误码率小于某特定数值，图像的质量就令人满意，要达到这样的误码率所需的信号载噪比比较小，通常卫星上行站的发射功率达数十瓦的数量级就足够了。

5.能提供多路多声道的优质音频信号：目前音频信号的压缩是包含在视频压缩技术之内的，数字化的音频信号和数字化的视频信号都被打成统一格式的数据包，因此提供多路多声道的优质音频信号对于数字卫星广播来说是轻而易举的，接收端音频信号的质量可以达到 CD 的水平。

6.能提供多种服务：与音频信号类似，各种数据信息也打成一定格式的数据包，与视频信号一起传送，在接收端与计算机连接，就可以享受到多种服务，如图文电视、股票信息、电子报纸等。

7.便于实现节目的有条件接收：有条件接收就是采用一定的加扰措施，确保满足一定条件的用户才能收看到输送的节目，付费电视业务就是一种有条件的接收。而采用数字信号之后，加扰就变得非常容易了。

第六章　接入网与接入技术

第一节　接入网概述

一、接入网的定义与定界

1. 接入网的定义

ITU-TG.902 建议中，对接入网做出如下定义：接入网（Access Network，AN）由业务节点接口（SNI）和用户网络接口（UNI）之间的一系列传送实体（例如：线路设施和传输设备）组成，为传送电信业务提供所需传送承载能力的实施系统。接入网可经由 Q3 接口进行配置和管理。

通常，接入网就是介于网络侧和用户侧之间的所有设施的总和。传统的接入网对用户信令是透明的，不作解释和处理，其主要功能是交叉连接、复用和传输，一般不包括交换功能，而且应独立于交换机。

相对于传统窄带接入网，宽带接入网络具有很强的数据传输和接入能力，可广泛应用于高速数据业务（互联网接入）、广播、单向娱乐、网络电话、数字VOD、家庭办公（SOHO）、电子商务、网络游戏等各个应用领域。

2. 接入网的定界

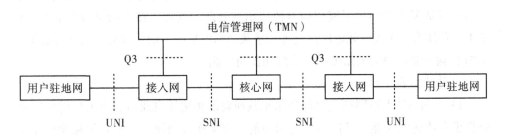

图 6-1　接入网定界

在电信网中，接入网的定界如图 6-1 所示。接入网所覆盖的范围可由 3 个接口来定界，下面分别进行介绍。

1. 用户网络接口 UNI：接入网通过 UNI 与用户终端相连。传统的 UNI 主要包括：模拟二线音频接口、64 kb/s 接口、2.048 Mb/s 接口、ISDN 基本速率接口和基群速率接口等，仅与一个 SNI 通过指配功能建立固定联系。

2. 业务节点接口 SNI：接入网通过 SNI 与位于局端或远端交换模块的业务节点相连。业务节点是为用户提供各种各样的实体，例如：电话业务的交换机、数据业务的交换节点、有线电视（Cable Television，CATV）业务的前端、按需视频业务的信息源等。传统 SNI 有两种类型的接口：一种是对交换机的模拟接口，即 Z 接口，对应于 UNI 的模拟二线音频接口，提供普通电话业务或模拟租用线业务；另一种是数字接口，即 V5 接口，提供对节点机的各种数据或各种宽带业务。

3. 维护管理接口 Q3：接入网通过 Q3 接口与电信管理网（TMN）相连，并由电信管理网进行配置和管理。

二、接入网的功能结构

接入网有 5 种主要功能，包括：用户口功能（User Port Function，UPF）、核心功能（Core Function，CF）、传输功能（Transport Function，TF）、业务口功能（Service Port Function，SPF）和系统管理功能（System Management Function，SMF）。

1. 用户口功能（UPF）

UPF 的主要作用是将特定的 UNI 要求与核心功能及管理功能相适配，具体为：终结 UNI 功能；A/D 转换和信令转换；UNI 的激活 / 去激活；处理 UNI 承载通路 / 容量；UNI 的测试和 UPF 的维护；管理和控制功能。

2. 核心功能（CF）

CF 处于 UPF 和 SPF 之间，其主要作用是将个别用户承载通路或业务口承载通路的要求与公用传输承载通路相适配。另外，还包括为通过 AN 传输信息而需要的协议适配作用和为了复用而对协议承载通路的处理。核心功能可分散在 AN 之中，具体为：接入承载通路的处理；承载通路的集中；信令和分组信息的复用；ATM 传输承载通路的电路模拟；管理和控制功能。

3. 传输功能（TF）

TF 是为 AN 中不同地点之间公用承载通路的传输提供通道，也为公用传输介质提供介质适配功能。具体为：复用功能；交叉连接功能；管理功能和物理媒质功能。

4. 业务口功能（SPF）

SPF 的主要作用是将特定 SNI 规定的要求与公用承载通路相适配以便核心功能块处理，并负责选择有关的信息以便在 AN 系统管理功能中进行处理。具体为：终结 SNI 功能；将承载要求、时限管理和操作运行映射进核心功能组；必要时可对特定 SNI 进行协议的转换；SNI 的测试和 SPF 的维护；相关的管理和控制。

5. 系统管理功能（SMF）

SMF 的主要作用是对 UPF、SPF、CF 和 TF 的功能进行管理。协调 AN 内 UPF、SPF、CF 和 TF 的指配、操作和维护，也负责协调用户终端（经 UNI）和业务节点（经 SNI）的操作功能。具体为：配置和控制；业务协调；故障检测和指示；用户信息和性能数据采集；安全控制；协调 UPF 和 SN（经 SNI）的时限管理和操作功能；资源管理；通过 Q3 接口与 TMN 通信，以便接受监视和接收控制。

三、通用协议参考模型

为了便于网络设计与管理，ITU-TG.803 规定了接入网的分层模型，利用该分层模型能够对接入网内同等层实体间的交互过程做出明确的规定。G.803 的分层模型将网络按垂直方向分解为 4 个独立的层次，分别为接入承载处理功能层（AF）、电路层（CL）、传输通道层（TP）、传输介质层（TM）。后 3 层构成传输层，在传输层中，每一层又包括 3 个基本功能，即适配、终结和矩阵连接，三者之间相互独立，每一层为其相邻的高阶层提供传输服务，相邻层之间符合客户/服务者关系。

（1）接入承载处理功能层（AF）：涉及接入承载各种类型信息（包括用户承载、用户信令、控制、管理等信息）的处理。

（2）电路层（CL）：电路层涉及电路层接入点之间的信息传递并独立于传输通道层。电路层是面向公用交换业务的，直接为用户提供通信业务，例如：电路交换业务、分组业务和租用线业务。按照所提供的业务不同可区分不同的电路层。

（3）传输通道层（TP）：传输通道层涉及通道层接入点之间的信息传递。传输通道层可以支持一个或多个电路层网络，为其提供透明的传输通道，通道的建立由交叉连接设备完成。

（4）传输介质层（TM）：传输介质层与实际传输介质有关。传输介质层可以支持一个或多个通道层，为其提供点到点的连接服务。

四、接入网的分类

接入网通常按其所用传输介质的不同来进行分类。一般地，接入网可分为有线接入网和无线接入网两大类。有线接入网又分为铜线接入网、光纤接入网和混合光纤 / 同轴电缆（HFC）接入网。无线接入网则分为固定无线接入网和移动接入网。实际上，大多数宽带接入网络采用混合配置的方式，骨干接入网络部分采用光纤和高速交换设备，而社区和用户接入部分采用廉价的双绞线以太网，可以有效降低网络投资成本。

第二节　铜线接入技术

一、铜线接入网概念

铜线接入网采用普通电话线（双绞铜线）作为传输介质。铜线接入技术包括铜线对增容技术和数字用户线 xDSL 技术。

（一）铜线对增容技术（PairGain，PG）接入网

指在每一对铜线上都开通 2 个 64 Kbit/s 的话路或数据。采用 64 Kbit/sPCM 数字编码标准以及回波消除技术，在一对双绞铜线上开通全双工 1441Cbit/s 速率的 2B+D 窄带 ISDN 信号传输。为了适应用户的需要，也可以采用 32 Kbit/s 或 16 Kbit/s 的自适应编辑码（ADPCM）技术，在一对双绞铜线上传送 4 路或 8 路电话信号，以提高铜线的容量。

（二）数字用户线 xDSL 技术

是一系列利用现有电话铜线进行数据传输的宽带接入技术。xDSL 中的 "X" 代表了各种数字用户环路技术。根据信号传输速度和距离的不同以及上行和下行速率对称性的不同，xDSL 技术具体可分为以下几类。

1. 速率对称型 DSL 技术包括 HDSL、SDSL、IDSL.

2. 速率非对称型 DSL 技术包括 VDSL、ADSL、RADSL、VADSL、CDSL。

以上所有的 xDSL 技术中，ADSL 技术最为成熟。

二、常用的数字用户环路技术

（一）高速数字用户环路（HDSL）技术

HDSL 是一种上下行速率对称的数字用户线，上下行通道通过传统的铜线可以实现 2 Mbit/s 的数字信号传输。无中继传送距离可达 3 ～ 5 km。HDSL 的传输距离会受到线路环阻、线路质量和环境干扰的限制。

HDSL 满足了运营商和高端企业用户的对称性业务需求，适合于电信运营商和企业宽带接入。从业务应用的角度来看，由于 HDSL 的对称速率传输的特性，其更适合企业 PBX 接入、专线、视频会议、移动基站的互联。

（二）非对称数字用户环路（ADSL）技术

ADSL 目前已经成为宽带用户接入的主流技术。由于其上下行速率是非对称的，即提供用户较高的下行速率，下行速率最高可达 68 Mbit/s，较低的上行速率，上行速率最高可达 640 Kbit/s，传输距离为 3～6 km，因此非常适合用作家庭和个人用户的互联网接入。这种宽带接入技术与 LAN 接入方式相比，由于其充分利用了现有的铜线资源，运营商不需要进行线缆铺设而被广泛采用。

ADSL 系统还能够实时地对线路噪声、回波损耗、回路阻抗和信噪比进行采集、上报，并直观地显示在网管操作平台上，以方便网络运营者对网络运行状态进行分析，并根据具体情况及时采取相应的故障排除措施。

（三）超高速数字用户环路（VDSL）技术

VDSL 也是一种非对称的数字用户环路，能够实现更高速率的接入。上行速率最高可达 6.4 Mbit/s，下行速率最高可达 55 Mbit/s，但传输距离较短，一般为 0.3～1.5 km。由于 VDSL 的传输距离比较短，因此特别适合于光纤接入网中与用户相连接的最后"一千米"。VDSL 可同时传送多种宽带业务，如高清晰度电视（HDTV）、清晰度图像通信以及可视化计算等。

第三节　光纤接入技术

一、光纤接入技术概述

在用户接入网建设中，虽然利用现有铜线接入，可以充分发挥铜线容量的潜力，但是铜线接入技术所能解决的问题有限，而且也需要大量资金的投入。随着光纤成本的降低，光缆在价格上可与铜线媲美，加上其固有的宽带（可用带宽可达 50THz）优势，光纤接入方式得到普遍的关注。尽管目前光模块的成本较高，制约了光纤接入的普及，但"光进铜退"已成为宽带接入网发展的大势所趋，业界普遍认为接入网的光纤化将是从根本上解决宽带接入"瓶颈"问题的最终方案。

光纤接入网（Optical Access Network，OAN）是指接入网中部分或全部使用光纤作为传输介质。与铜线接入技术相比，光纤接入有无可比拟的优点和广阔的应用前景，综合比较如下：

1. 带宽优势：理论带宽几乎无限，单个波长可传输 10 Gb/s，采用波分复用可传输更高的速率，可为用户提供各种高质量的宽带业务。

2. 长距离传输优势：衰减很小，无中继可达百千米，扩大了覆盖范围，减少了网络节点数量，简化了网络布局结构。

3. 抗恶劣环境优势：抗腐蚀能力强，不受电磁波干扰影响。

4. 安全性优势：无辐射，盗接线头困难，不易盗听。

二、光纤接入网的基本结构

（一）光纤接入网模型

1. 光纤接入网结构模型

ITU-TG.982 建议提出了一个与具体业务应用无关的光纤接入网结构模型，光纤接入网包括以下部分。

（1）4 种基本功能模块：光线路终端（Optical Line Terminal，OLT）、光配线网络（Opticalistribu-ting Network，ODN）；光网络单元（Optical Network Unit，ONU），或称为光网络终端（Optical Network Terminal，ONT）；适配功能模块（Adaptation Function，AF）。

（2）5 个主要参考点：光发送参考点 S、光接收参考点 R、业务节点（SN）间参考点 V、用户终端间参考点 T 以及 AF 与 ONU 间参考点 a。

（3）3 个接口：维护管理接口（Q3）、用户网络接口（UNI）和业务节点接口（SNI）。

2. 基本功能模块与作用

（1）OLT 的作用：为光纤接入网提供网络侧与本地交换机之间的接口，通过一个或多个 ODN 与用户侧的 ONU 通信，OLT 与 ONU 的关系为主从通信关系。OLT 可以分离交换和非交换业务，管理来自 ONU 的信令和监控信息，为 ONU 和本身提供维护和指配功能。OLT 可以直接设置在本地交换机接口处，也可以设置在远端，与远端集中器或复用器接口。OLT 在物理上可以是独立设备，也可以与其他功能集成在一个设备内。

（2）ODN 的作用：为 OLT 与 ONU 之间提供光传输通道，由光连接器和光分路器（Optical Branch-ingdevice，OBD）组成，主要功能是完成光信号功率的分配。

（3）ONU/ONT 的作用：为光纤接入网提供直接或远端的用户侧接口，处于 ONU 的用户侧。ONU 的主要功能是终结来自 ODN 的光纤，处理光信号，并为一个或多个用户提供业务接口。ONU 的网络侧是光接口而用户侧是电接口，因此

ONU 需要有光 / 电和电 / 光转换功能，还要完成对语音信号的数 / 模和模 / 数转换、复用、信令处理和维护管理功能。其位置有很大灵活性，既可以设置在用户处，也可以设置在配线点（DP）处甚至灵活点（FP）处。

（4）AF 的作用：为 ONU 和用户设备提供适配功能，具体物理实现则既可包含在 ONU 内，也可完全独立。

3.主要参考点及位置

（1）参考点 S：位于 ONU 与 ODN 以及 ODN 与 OLT 之间的发射点。

（2）参考点 R：位于 ONU 与 ODN 以及 ODN 与 OLT 之间的光接收点。

（3）参考点 V：位于接入网与核心网之间的（SNI）接口点。

（4）参考点 a：位于 AF 与 ONU 之间的接口点。

（5）参考点 T：位于接入网与用户终端之间的（UNI）接口点。

4.主要接口与作用

（1）UNI 接口：接入网与用户终端之间的接口。

（2）SNI 接口：接入网与核心网之间的接口。

（3）Q3 接口：接入网与管理网之间的接口。

（二）光纤接入网的分类及特点

根据光纤接入网中光配线网（ODN）是由无源器件还是由有源器件组成，可将其分为有源光网络（Active Optical Network，AON）和无源光网络（Passive Optical Network，PON）。根据采用的技术体的不同，有源光网络又可分为基于 SDH 的 AON 和基于 PDH 的 AON，无源光网络又可分为以 ATM 基础的无源光网络（ATM-PON，APON）和以以太网为基础的无源光网络（Ethernet-PON，EPON）等。

1.有源光网络及特点

在有源光网络（AON）中，光分配网络由有源电分路器组成，属于一点到多点光通信系统。其主要特点如下：

（1）传输容量大，可达 155 Mb/s 或 622 Mb/s 的接入速率；

（2）传输距离远，不加中继器，距离可多达 70 km 以上；

（3）技术成熟，无论 PDH 设备还是 SDH 设备，都已广泛应用；

（4）主要缺点是有源分路设备供电困难，运行环境要求高，投资成本高昂。

2.无源光网络及特点

在无源光网络（PON）中，光分配网络（ODN）由无源光分路器组成，无须任何有源分路设备，属于一种多用户共享的光纤通信系统。由于无源光网络具有一系列技术和应用优势，因而得到广泛应用，成为一种极有前途的光纤接入网。目前主要的无源光网络有 APON、EPON 和 GPON。

（1）无源光网络的优势包括以下几点：

①设备简单，投资相对也较小；

②组网灵活，支持多种拓扑结构；

③设备安装方便，无须专门场地和机房，无须远端供电；

④点对多点的通信方式，特别适用于接入系统；

⑤纯光纤介质网络，无电磁干扰和雷电影响；

⑥网络扩容比较简单，用户投资易得到保护。

（2）主要传输特点。无源光网络（PON）采用介质共享方式，是一种典型的点到多点传输系统。下行传输方向（OLT 向各个 ONU）采用一点多址的广播通信方式，而上行传输方向（各个 ONU 向 OLT）需要某种分配信道的策略，例如多址方式。

3. 面临的关键问题

无源光网络（PON）需解决 OLT 和多个 ONU 之间上下行信号的正确传输问题，其关键在于解决上行信道的占用问题。上行传输时，为了解决信道共享问题，必须采用各种多址技术，例如：光时分多址（OTDMA）、光波分多址（OWDMA）、光码分多址（OCDMA）和光子载波多址（OSCMA）。下行传输时，为解决一点多址问题，可以采用广播方式，通过时分复用传送信元流，各 ONU 在规定时隙接收自己的信息，从而实现信息的下行传输。

（三）光纤接入方案

按照光网络单元（Optical Network Unit, ONU）在接入中所处的具体位置不同，光纤接入方式可分为光纤到户（Fiber To The Horae, FTTH）、光纤到办公室（Fiber To The Office, FTTO）、光纤到路边（Fi-ber To The Curb, FTTC）、光纤到大楼（Fiber To The Building, FITB）、光纤到居民区（Fiber To The Zone, FTTZ）、光纤到远端模块局（Fiber To The Remote Unit, FTTR）等。

1. 全光纤接入网方案

光纤到户（FTTH）或光纤到办公室（FTTO）是全光纤的网络结构，ONU 设置在用户终端处，用户与业务节点之间以全光缆作为传输线，因此无论在带宽方面还是在传输质量和维护方面都十分理想，适合各种交互式宽带业务，是未来光纤接入或宽带接入的最终形式。

在 FTTO 中，企业用户的业务量较大，可以采用点对点的配置方式；在 FTTH 中，家庭用户业务量较小，可以采用无源光分支器构成点对多点的结构。尽管

FTTH 是接入网发展的最终目标，但在近期，完全废弃现有铜介质网络，对各用户重新铺设光纤，为每个用户都设置一个 ONU，在经济上还是难以承受的。在经济发达地区及业务量较大的地区，采用方式是一种可取的方案。在日本，由于现有铜线使用年限已久，xDSL 技术应用效果不佳，所以大力推进 FTTH 接入网建设方案，取得了较好的效果。近年来中国政府也一直在积极推动光纤入户工程，但受到经济发展水平的制约，发展很不平衡。

2. 混合接入网方案

（1）光纤到路边（FTTC）是用光纤代替主干铜线电缆（包括部分配线电缆），将 ONU 放置在靠近用户的路边，再通过其他宽带接入手段连接到各个宽带用户，每个 ONU 一般连接 8–32 个用户。

（2）光纤到楼（FTTB）与 FITC 相似，只是将 ONU 直接放置在大楼内，再经双绞铜线或同轴电缆将业务分送给各个用户，可以为现代智能化办公大楼提供高速数据通信、视频会议、电子商务等宽带业务。

（3）光纤到居民区（FTTZ）是将光纤接到路边交接箱的 ONU，再用铜线或双绞线向用户延伸，适用于比较分散的居民区。

（4）光纤到远端模块局（FITR）是将用户模块设置在用户密集区，利用光纤与交换机端局相连，使光纤更靠近用户，形成新的组网方式。

由此可见，除了 FTTH 和 FTTO 以外，其他光纤接入方式都是非直接光纤连接用户的形式，必须与其他接入技术结合构成一种混合接入结构，常见的技术方案为 FTTx+xDSL/Ethernet。方案中，ONU 和用户之间可采用同轴电缆或双绞铜线构成星型连接，如果采用双绞铜线，则可用各种高速铜线技术如 ADSL、VDSL 和 Ethernet；如果采用同轴电缆，则可使用高速的同轴电缆调制解调器，这样可解决从 ONU 到用户这段线路的宽带化问题，从而在整个接入网中提供宽带连接。这种光纤和铜缆的混合结构成本较低，适合于居住密度较高的住宅区，是现阶段一种较好的过渡方案。

三、有源光网络简介

（一）有源光网络概述

有源光网络（AON）是指局端设备和远端设备之间通过有源光纤传输设备组成的接入网。远端备主要完成业务的收集、接口适配、传输服务和信息传输的功能；局端设备则除了主要完成接口适配、传输服务和信息传输功能外，还向网元管理系统提供网管接口。

有源光网络的传输可采用 SDH 或 PDH 技术，目前多以 SDH 技术为主。在接入网中应用 SDH 技术的主要优势在于理想的网络性能和业务可靠性以及网络的灵活性。但是，考虑到接入网对成本的高度敏感性和运行环境的恶劣性，适用于接入网的 SDH 设备必须是高度紧凑、低功耗和低成本的新型系统，因此有源光接入网设计、安装和运行等方面都受到一定程度的制约。

（二）AON 的关键技术

SDH 是针对传输网而开发的一种技术。SDH 的体制、标准、系统及设备等诸多方面都是为核心网而设计的，主要适合于核心网。如果直接将目前的 SDH 系统应用在接入网中会造成系统过于复杂，而且设备和功能浪费极大。因此，从技术上对 SDH 系统及 SDH 设备进行简化，以适应对有源光网络（AON）的要求，成为 AON 的关键问题。

1. SDH 复用的简化

由于接入网比干线网简单，可以通过简化目前的 SDH 系统，降低其成本。SDH 骨干网中，一个 PDH 信号作为支路装入 SDH 时，一般需要经历几次映射和一次（或多次）指针调整才装入 SDH 帧。对于基于 SDH 的接入网，一般只需经过一次映射且不必进行指针调整。

从标准 SDH 映射复用结构上看，STM-1 的帧结构包含 SOH、AU 指针、POH 和净负荷，其中净负荷的速率为 149.760 Mb/so 按照 G.707 的映射复用方法，如果 2.048 Mb/s 的信号进入 STM-1，则只能装载 63 个，其装载效率为 83%；如果 STM-1 装载 34.368 Mb/s 的信号，则只能装载 3 个，其装载效率不到 66%，因而造成极大的传输浪费。

因此，在基于 SDH 的有源光接入网中，可采用 G.707 的简化帧结构或者非 G·707 标准的映射复用方案。如果采用非 G.707 标准的映射复用方案，则可以在目前的 STM-1 帧结构中多装数据，提高它的利用率，如在 STM-1 中可装入 4 个 34.368 Mb/s 的信号。同时，对于 AU-4 指针调整问题，在接入网中由于 VC-4 和 STM-1 是同源的，因而可不实施指针调整，指针值只作为净负荷开头的指示值，从而简化了操作。

2. SDH 设备的简化

机架式的大容量 SDH 设备用于骨干网，将其直接应用于接入网会提高设备投资成本。接入网中需要的 SDH 设备应是小型、低成本、易于安装和维护的，同时还必须采取各种简化措施来降低设备成本。目前，在接入网中的 SDH 已经靠近用户，对低速率接口的需求远远大于对高速率接口的需求，因此，接入网中的 SDH 设备应提供 STM-O 子速率接口。

SDH 设备用于接入网中并不需要许多功能，因而可以对 SDH 设备进行简化。通常是省去电源盘、交叉盘和连接盘，简化时钟盘，把两个一发一收的群路盘做成一个两发两收的群路盘，把 2 Mb/s 支路盘和 2 Mb/s 接口盘做成一个盘，以满足 2B+D（144 kb/S）和 31B+D（2 048 kb/s）等业务需要。

3. 网管系统的简化

SDH 骨干网采用管理面积很广的分布式管理和远端管理，地域管理范围很宽，而接入网需要管理的地域范围较小，较少采用远端管理。虽然采用分布式管理方式，但它的管理范围也远远小于骨干网。由于对接入网中的 SDH 硬件系统进行了简化，因此网管中对 SDH 设备的配置部分也应该进行简化。虽然接入网和骨干网一样有性能管理、故障管理、配置管理、账目管理和安全管理五大功能，但是骨干网中这五大功能有很全面的内部规定，而接入网并不需要如此，故可以在每种功能内部进行简化。

4. 设立子速率

SDH 的标准速率为 155.520 Mb/s、622.080 0 Mb/s、2 488.310 Mb/s 和 9 953.280 Mb/s。接入网中应用中，由于面向直接用户，所需传输数据量比较小，过高的速率很容易造成浪费，因此需要规范低于 STM-1 的速率，便于在接入网中应用。为了更适应接入网的需要，必须设立低于 STM-1 的子速率，采用 51.840 Mb/s（STS-1 速率）和 7.488 Mb/s。

5. 其他简化

（1）保护方式的简化。在骨干网中，SDH 系统在保护方面有的采用通道保护方式，有的采用复用段共享保护方式，有的两者都采用。接入网可靠性要求没这样高，因而采用最简单便宜的二纤单向通道保护方式即可，以节省投资。

（2）性能指标的简化。由于接入网信号传送范围小，故各种传输指标要求可以设计低于核心网。

（3）组网方式的简化。可以把几个大的节点组成环，不能进入环的节点采用点到点传输，从而降低建设投资。

（三）OAN 接入案例：光以太网

采用深圳首迈通信技术有限公司光网络设备构成的 FTTH 宽带接入方案中，网络主要由放置于小区机房的 OLT 设备低成本光交换机 OnAcceSs5124 和放置于用户侧的光网络单元（ONU）设备 OnAccessH1001 组成。传输介质是单模光纤，可以选择单纤也可以选择双纤。一台 OnAccess5124 光交换机可以连接 24 个用户的 OnAccessH1001 光网络单元，OnAcceSsH1001 可同时下连多达 4 台计算机或 IP

电话。如果用户只有一台计算机，则可以选择将 OnAccessH1001 光纤网卡内插于计算机，直接连入光纤。接入带宽为专线双向 100 Mb/s，传输距离达 20 km。

四、无源光网络结构及其关键技术

（一）无源光网络概述

由于无源光网络（PON）的光配线网（ODN）全部由无源器件组成，无须供电。因此，PON 的突出优点是消除了户外的有源设备，所有信号处理功能均由室内设备完成。这种接入方式的前期投资小，大部分资金可以等到用户真正接入时才投入。它的传输距离比有源光纤接入系统的短，覆盖的范围较小，但造价低，无须另设机房，维护容易。因此，这种结构可以经济地为用户提供接入服务。从技术角度看，目前 PON 网络主要有：以 ATM 技术为基础的无源光接入网（APON）、以太网技术为基础的无源光接入网（EPON）以及吉比特无源光接入网（GPON）。

（二）PON 网络拓扑结构

PON 接入网的拓扑结构取决于光配线网（ODN）的结构，主要有单星型、双星型、树型、总线型和环型，拓扑结构决定了 PON 网络技术性能、经济性、业务能力等。

（三）关键技术

在 PON 中，OLT 到 ONU 的下行信号传输采用复用技术，例如，光时分复用（Optical Time Division Multiplexing，OTDM）方式组成复帧送到光纤，进而通过无源光分路器以广播形式送至每个 ONU，ONU 收到下行复帧信号后，分别取出属于自己的那部分信息。而各 ONU 到 OLT 的上行信号采用某种多址接入协议，如 OTDMA、OWDMA、OCDMA 及 OSCMA 等协议，完成共享传输通道的访问与竞争。相对而言，采用多址方式的上行传输技术更为复杂，对系统性能的影响更大，需要解决许多技术问题。

1.光复用传输技术

光复用技术是 PON 系统中多用户共享传输介质的手段，在点到多点的 PON 系统中主要用于下行方向的传输，以复用的方式将来自 OLT 的信息分配给各个 ONU。光复用方式主要有：光时分复用（OTDM）、光波分复用（OWDM）、光码分复用（OCDM）、光频分复用（OFDM）、光空分复用（OSDM）等。

2.光多址接入技术

对于 PON 系统，在上行方向，具有点到点的结构特征，为了共享传输介质，上行传输需要采用媒体接入控制协议（即：多址协议），才能保证各个 ONU 的上行信号完整有序地到达 OLT。PON 系统常用的多址协议有如下几种。

（1）光时分多址（OTDMA）

光时分多址（Optical Time Division Multiple Access，OTDMA）方式是指将上行传输时间分为若干时隙，在每个时隙只安排一个 ONU，以分组方式向 OLT 发送分组信息，各 ONU 按 OLT 规定的顺序依次向上游发送。为了实现可靠的传输，必须解决如下几个问题。

① 定时同步问题。各 ONU 向上游发送的码流在光分路器合路时可能发生碰撞，这就要求 OLT 测定与 ONU 的距离后，对各 ONU 进行严格的发送定时控制。

② 自适应接收问题。由于各 ONU 与 OLT 间距离不一样，它们各自传输的上行码流衰减也不一样，到达 OLT 时的各分组信号幅度不同。因此，在 OLT 端不能采用判决门限恒定的常规光接收机，只能采用突发模式的光接收机，根据每一分组开始的几比特信号幅度的大小建立合理的判决门限，以正确接收信号。

③ 快速位同步问题。各 ONU 从 OLT 发送的下行信号获取定时信息，并在 OLT 规定的时隙内发送上行分组信号，因此到达 OLT 的各上行分组信号在时钟频率上是同步的。由于传输距离不同，到达 OLT 时的相位差也就不同，因此在 OLT 端必须采用快速比特同步电路，在每一分组开始几个比特的时间范围内迅速建立比特同步。

（2）光波分多址（OWDMA）

光波分多址（Optical Wavelength Division Multiple Access，OWDMA）方式是指将各 ONU 的上行传输信号分别调制为不同波长的光信号，送至光分路器后耦合到馈线光纤；到达 OLT 后，利用光分波器分别取出属于各 ONU 的不同波长的光信号，再分别通过光电探测器解调为电信号。

OWDMA 充分利用了光纤的低损耗波长窗口，每个上行传输通道完全透明，能够方便地扩容和升级。与 OTDMA 相比，OWDMA 所用电路设备较为简单，但 OWDMA 要求光源频率稳定度高，上行传输的通道数及信噪比受光分波器件性能的限制，系统各通道共享光纤线路而不共享 OLT 光设备，其系统成本较高。

（3）光码分多址（OCDMA）

光码分多址（Optical Code Division Multiple Access，OCDMA）方式是指每一个 ONU 分配一个多址码。各 ONU 的上行信号与相应多址码进行模二加后将其调制为同一波长的信号。各路上行光信号经光分路器合路馈送到光纤到达 OLT，在 OLT 端经探测器检测出电信号后，再分别与同 ONU 端同步的相应的多址码进行模二加，分别恢复各 ONU 传输来的信号。

OCDMA 系统用户地址分配灵活，抗干扰性能强。由于每个 ONU 都有自己独特的多址码，故它有十分优越的保密性能。OCDMA 不像 OTDMA 划分时隙，也不像 OWDMA 划分频段，ONU 可以灵活地随机接入，而不需要与别的 ONU 同步。但 OCDMA 容量不大。

（4）光副载波多址（OSCMA）

光副载波多址（Optical Sub Carrier Multiple Access，OSCMA）方式是指采用模拟调制技术，将各 ONU 上行信号分别用不同的载波频率调制到不同的射频段，然后用此模拟射频信号分别调制到各 ONU 的激光器，把波长相同的各模拟光信号传输至光分路器合路后再耦合到同一馈线光纤到达 OLT，在 OLT 端经光电探测器后输出的电信号通过不同的接收机分别得到各自的上行信号。

3. OTDMA-PON 系统的关键技术

对于采用 OTDMA 方式作为上行协议的 PON 系统，由于采用突发模式，各个 ONU 与 OLT 收发之间必须保证严格的时隙同步，且要求接收机在指定时隙内实现快速同步和动态接收。因此，必须采用如下措施来解决实际系统所面临的问题。

（1）测距与补偿技术

对于 OTDMA-PON 系统，由于各 ONU 到 OLT 的连接距离不可能相等，且不同节点发出的数据单元时隙沿不同路径传输，将不可能同步地到达 OLT 接收机，从而不可避免地出现时隙在 OLT 处发生碰撞的问题。实际上，造成时隙不同步的原因除了收发设备之间物理距离不同外，还有环境温度变化和光电器件的老化等因素造成的传输时延变化等。因此，解决问题的具体措施是通过测距计算时延来加以补偿，使所有 ONU 到 OLT 的逻辑距离相同。

PON 测距方案是在 ONU 安装调测阶段进行静态粗测，以对物理距离差异进行时延补偿；随后在通信过程中实时进行动态精测，以校正由于环境温度变化和器件老化等因素引起的时延漂移。G.983.1 建议所要求的测距精度为 ±1 b。目前实现测距的方法有：扩频法测距、带外法测距和带内开窗法测距。

PON 的测距与补偿方法是 OLT 发出一个测距信息，此信息经过 OLT 内的电子电路和光电转换延时后，光信号进入光纤传输并产生延时到达 ONU，经过 ONU 内的光电转换和电子电路延时后，又发送光信号到光纤再次产生延时，最后到达 OLT，OLT 把收到的传输延时信号和它发送出去的信号相位进行比较，从而获得传输延时值。OLT 以距离最远的 ONU 的延时为基准，算出每个 ONU 的延时补偿值，并通知 ONU。该 ONU 收到 OLT 允许它发送信息的授权后，延时补偿值 T_d 后再发送自己的信息，这样各个 ONU 采用不同的 T_d 补偿时延调整自己的发送时刻，以便使所有 ONU 到达 OLT 的时间都相同。

（2）突发模式同步技术

在上行突发传输条件下，无论采用哪种测距机制，由于总存在着测距误差，上行信号还是有一定的相位漂移，需要采用快速同步技术。在上行帧的每个时隙里有 3 字节开销，保护时间用户防止微小的相位漂移损坏信号，前导字节则用于同步获取。OLT 在接收上行帧时，搜索前导字节，并以此快速获取码流的相应信息，达到比特同步；然后根据定界符确定 ATM 信元的边界，完成字节同步。OLT 在收到 ONU 上行突发的前几个比特内实现比特同步，才能恢复 ONU 的信号。同步获取可以通过将收到的码流与特定的比特图案进行相关运算来实现。一般的滑动搜索方法延时太大，不适用于快速比特同步。因此可以采用并行的滑动相关搜索方法，即将收到的信号用不同相位的时钟进行采样，采样结果同时（并行）与同步比特图案进行相关运算，并比较运算结果，在相关系数大于某个门限时将最大值对应的取样信号作为输出，并把该相位的时钟作为最佳时钟源；如果多个相关值相等，则可以取相位居中的信号和时钟。

（3）突发信号的收发技术

在 OTDMA 方式的上行突发接入中，各个 ONU 必须在指定的时隙区间内完成光信号的发送，以免与其他信号发生冲突。为了实现突发模式，收发端都要采用特别的技术。光突发发送电路要求能够快速地开启和关断，迅速建立信号，传统的电光转换模块中采用的加反馈自动功率控制不适用了，需要使用响应速度很快的激光器。在接收端，由于来自各个用户的信号光功率不同且是变化的，所以突发接收电路必须在每收到新的信号时调整接收门限。调整工作通过 PON 系统中的时隙前置比特实现。突发模式前置放大器的阈值调整电路可以在几个比特内迅速建立起阈值，接收电路根据这个门限正确恢复数据。

（4）高消光比激光器技术

常规的光纤通信（例如：SDH 系统），激光器的消光比大于 4.1dB 即可。但是，由于采用突发模式，对于采用 OTDMA 协议的 PON 系统是不能接受的。以 1：16 系统为例，上行方向正常情况下只有 1 个激光器发光，其他 15 个激光器都处于"0"状态。根据消光比定义，即使是"0"状态，仍会有一些激光发出来。15 个激光器的光功率加起来，如果消光比不大，则有可能远远大于信号光功率，使信号淹没在噪声中。因此用于 OTDMA-PON 系统的激光器要有很好的消光比。而且还必须采取其他特殊措施来减小其他激光器发光的影响。

（四）PON 实体功能结构

1.PON-OLT 的功能结构

在 PON 中，OLT 位于本地交换局或远端，为 ONU 所需业务提供必要的传输方式，因此必须提供一个与 ODN 相连的光接口，以及与核心网相连的网络业务接口。每个 OLT 由核心功能块、服务功能块和通用功能块组成。

（1）OLT 核心功能块：提供数字交叉连接、传输复用和 ODN 接口功能。数字交叉连接功能提供网络端与 ODN 端允许的连接频；传输复用功能通过 ODN 的发送和接收通道提供必要的服务，包括复用需要送至各 ONU 的信息及识别各 ONU 送来的信息；ODN 接口功能提供光物理接口与 ODN 相关的一系列光纤相连，当与 ODN 相连的光纤出现故障时，光接入网启动自动保护倒换功能，通过 ODN 保护光纤与别的 ODN 接口相连来恢复服务。

（2）OLT 服务功能块：提供业务端口功能，它可支持一种或若干种不同业务的服务。

（3）OLT 通用功能块：提供供电功能和操作管理与维护（OAM）功能。

2. PON-ONU 的功能结构

在 PON 中，ONU 提供通往 ODN 的光接口，用于实现光接入网的用户接入。根据 ONU 放置位置的不同，光接入网可分为 FTTH、FTTO、FTTB、FTTC 等形式。每个 ONU 由核心功能块、服务功能块和通用功能块组成。

（1）ONU 核心功能块：包括用户和服务复用功能、传输复用功能以及 ODN 接口功能。用户和服务复用功能包括：装配来自各用户的信息、分配要传输给各用户的信息以及连接单个的服务接口功能。传输复用功能包括：分析从 ODN 过来的信号并取出属于该 ONU 的部分以及合理地安排要发送给 ODN 的信息。ODN 接口功能提供一系列光物理接口功能，包括光 / 电和电 / 光转换。如果每个 ONU 使用不止一根光纤与 ODN 相连，就存在不止一个物理接口。

（2）ONU 服务功能块提供用户端口功能，包括提供用户服务接口并将用户信息适配为从 64 kb/s 或 nx64 kb/s 的形式。该功能块可为一个或若干个用户服务，并能根据其物理接口提供信令转换功能。

（3）ONU 通用功能块提供供电功能以及系统的运行、管理与维护功能。供电功能包括交流变直流或直流变交流，供电方式为本地供电或远端供电，若干个 ONU 可共享一个电源。ONU 应在备用电源供电时也能正常工作。

3. PON-ODN 的组成结构

PON 中，ODN 位于 ONU 和 OLT 之间，为 ONU 到 OLT 的物理连接提供光传输介质，全部由无源器件构成，具有无源分配功能。一般来说，组成 ODN 的无源元件有单 / 双模光纤、光纤带、光连接器、光分路器、波分复用器、光衰减器、光滤波器和熔接头等。对于 ODN 的基本要求是：提供可靠的光缆设备，易于维护，具有纵向兼容性，具有可靠的网络结构，具有很大的传输容量，有效性高。

4.操作管理维护功能

操作管理维护功能通常分成两部分，光接入网特有的 OAM 功能和一般的 OAM 功能。

（1）光接入网特有的 OAM 功能包括：设备子系统、传输子系统、光的子系统和业务子系统。设备子系统包括：OLT 和 ONU 的机箱、机框、机架、供电及光分路器外壳、光纤的配线盘和配线架。传输子系统包括：设备的电路和光电转换。光的子系统包括：光纤、光分支器、滤波器和光时域反射仪或光功率计。业务子系统包括：各种业务与光接入网核心功能适配的部分，如 PSTNJS-DN 等。

（2）一般的 OAM 功能包括：配置管理、性能管理、故障管理、安全管理及计费管理。光接入网的 OAM 应纳入电信管理网（TMN），通过 Q3 接口与 TMN 相连。但由于 Q3 接口十分复杂，考虑到 PON 系统的经济性，一般通过中间协调设备与 OLT 相连，再由协调设备经 Q3 接口与 TMN 相连。这样，协调设备与 PON 系统用标准的简单 Qx 接口。

5. PON 网络典型配置与分析

PON 接入网体系包括局端配置、光分配网配置和用户端配置，典型配置如图 8-29 所示。局端配置包括：第三层交换机 13、路由器、各种业务与管理接入服务器（例如 IPTV Server、AAAServer 等）以及大量的 OLT 设备，提供宽带的接入能力和网络管理是主要任务。光分配网配置包括：各种光分路器、光缆、配线架箱等，可灵活部署，多级分配，以适应复杂网络要求。用户端配置较为灵活，完全可以根据接入成本、业务要求和网络需求来决定，可以采用 FTT0/ITTH 方案，也可以采用 PON+LAN/xDSL 方案，从而满足不同 QoS 要求的多业务、多速率接入业务、用户的多样性和业务发展的不确定性方面的要求。

第四节　无线接入技术

随着通信市场日益开放，电信业务正向数据化、宽带化、综合化、个性化飞速发展，各运营商之间的竞争日趋激烈。而竞争的基本点就在于接入资源的竞争，如何快速、有效、灵活、低成本提供客户所需要的各种业务成为运营商首要考虑的问题。而无线接入方式在一定程度上满足了运营商的需要。

一、无线接入网概念

（一）无线接入网定义

无线接入网是指从交换中心到用户终端之间，部分或全部采用无线电波这一传输媒质为用户提供各种业务的通信方式。无线接入方式替代馈线、配线、引入线三段中的一段或多段，其余部分采用有线接入方式。

（二）无线接入网的系统构成

一个无线接入网络一般由四个基本模块组成：用户无线终端（SRT）、基站（BS）、基站控制器（BSC）、网络管理系统（NMS）。

1.基站控制器

基站控制器通过其提供的与交换机、基站和网络管理系统的接口与这些功能实体相连接。控制器的主要功能是处理用户的呼叫（包括呼叫建立、拆线等）、对基站进行管理，通过基站进行无线信道控制、基站监测和对固定用户单元及移动终端进行监视和管理。

2.网络管理系统

网络管理系统负责整个无线接入系统的操作和维护，其主要功能是对整个系统进行配置管理，对各个网络单元的软件及各种配置数据进行操作；在系统运转过程中对系统的各个部分进行监测和数据采集；对系统运行中出现的故障进行记录并告警。除此之外，还可以对系统的性能进行测试。

3.无线基站

无线基站通过无线收发信机提供与固定连接设备和移动终端之间的无线信道，并通过无线信道完成话音呼叫和数据的传递。控制器通过基站对无线信道进行管理。基站与固定连接设备和移动终端之间的无线接口可以使用不同技术，并决定整个系统的特点，包括所使用的无线频率及其一定的适用范围。

4.用户无线终端

用户无线终端从功能上可以看成是将固定连接设备和用户终端合并构成的一个物理实体。由于它具备一定的移动性，因此支持移动终端的无线接入系统除了应具备固定无线接入系统所具有的功能外，还要具备一定的移动性管理等蜂窝移动通信系统所具有的功能。

（三）无线接入网的优点

与有线网络相比，无线网络具有以下优点。

1.经济

无线接入网的安装、维护费用大大低于有线接入网络，而且接入网费用与用户距离无关，这在经济不发达地区尤显其经济优势。

2.能迅速提供业务

无线接入网安装容易，建设周期短；而有线系统不仅建设周期长，而且要占用土地资源，施工接续困难，设备易遭人为破坏，还容易受到自然灾害的影响。无线接入网在自然灾害中仍能保证用户通信畅通的优势是有线系统无法比拟的。

3.灵活

无线接入网灵活可变，不需要预知用户位置，容量可大可小，易扩容。

4.覆盖面大

无线接入网在基站合理选址的情况下，可覆盖达 30 千米以上的地域，从而优化网络结构，降低网络投资。

二、常用无线接入技术

无线接入技术区别于有线接入的特点之一是标准不统一，不同的标准有不同的应用。正因如此，使得无线接入技术出现了百家争鸣的局面。

（一）固定宽带无线接入（MMDS/LMDS）技术

宽带无线接入系统可以按使用频段的不同划分为多信道多点分配系统（Multi-channel Multi-point Distribution Service，MMDS）和本地多点分配系统（Local Multi-point Distribution Service，LMDS）两大系列。它可在较近的距离实现双向传输话音、数据图像、视频、会议电视等宽带业务，并支持 ATM、TCP/IP 和 MPEG2 等标准。采用一种类似蜂窝的服务区结构，将一个需要提供业务的地区划分为若干服务区，每个服务区内设基站，基站设备经点到多点无线链路与服务区内的用户端通信。每个服务区覆盖范围为几千米至十几千米，并可相互重叠。

由于 NMDS/LMDS 具有更高带宽和双向数据传输的特点，可提供多种宽带交互式数据及多媒体业务，克服传统的本地环路的瓶颈，满足用户对高速数据和图像通信日益增长的需求，因此是解决通信网接入问题的利器。

（二）DBS 卫星接入技术

DBS 技术也称数字直播卫星接入技术，该技术利用位于地球同步轨道的通信卫星将高速广播数据送到用户的接收天线，所以它一般也称为高轨卫星通信。其特点是通信距离远，费用与距离无关，覆盖面积大且不受地理条件限制，频带宽，容量大，适用于多业务传输，可为全球用户提供大跨度、大范围、远距离的漫游和机动灵活的移动通信服务等。在 DBS 系统中，大量的数据通过频分或时分等调制后利用卫星主站的高速上行通道和卫星转发器进行广播，用户通过卫星天线和卫星接收 Modein 接收数据，接收天线直径一般为 0.45 m 或 0.53 m。

由于数字卫星系统具有高可靠性，不像 PSTN 网络中采用双绞线的模拟电话那样需要较多的信号纠错，因此可使下载速率达到 400 Kb/s，而实际的 DBS 广播速率最高可达到 12 Mb/s。目前，美国已经可以提供 DBS 服务，主要用于因特网接入，其中最大的 DBS 网络是休斯网络系统公司的 DirectPC。DirectPC 的数据传输也是不对称的，在接入因特网时，下载速率为 400 Kb/s，上行速率为 33.6 Kb/s，这一速率虽然比普通拨号 Modem 提高不少，但与 DSL 及 Cable Modem 技术仍无法相比。

（三）蓝牙技术

蓝牙实际上它是一种实现多种设备之间无线连接的协议。通过这种协议能使包括蜂窝电话、掌上计算机、笔记本计算机、相关外设等众多设备之间进行信息交换。利用"蓝牙"技术，能够有效地简化移动通信终端设备之间的通信，也能够成功地简化设备与因特网之间的通信，从而数据传输变得更加迅速高效，为无线通信拓宽道路。蓝牙采用分散式网络结构以及快跳频和短包技术，支持点对点及点对多点通信，工作在全球通用的 2.4 GHzISM（即工业、科学、医学）频段。其数据速率为 1 Mbps。采用时分双工传输方案实现全双工传输。蓝牙技术的徽标，以及常见的蓝牙鼠标、蓝牙耳塞。

（四）HomeRF 技术

HomeRF（Home Radio Frequency）无线标准是由 HomeRF 工作组开发的开放性行业标准，在家庭范围内使用 2.4 GHz 频段，采用 IEEE802.il 和 TCP/IP 协议，传输交互式语音数据采用 TDMA 技术，传输高速数据分组则采用 CSMA/CA 技术，速率达到 100 Mbit/s。HomeRF 的特点是无线电干扰影响小，安全可靠，成本低廉，简单易行，不受墙壁和楼层的影响，支持流媒体。

2000 年，全球著名的行业研究机构 In-Stat/MDR 调查显示 HomeRF 的市场占有率为 45%。但随着 WiFi 的流行，到了 2001 年，HomeRF 就已降到 30%。现如今，就更是 WiFi 的天下了，HomeRF 几近被人们淡忘。例如，星巴克咖啡馆早在 2002 年就选择在其下属的店里广泛部署了 WiFi，而苹果公司，也选择在其手机中整合了 WiFi 技术。这些著名公司的选择，大大地影响了这两种技术的竞争。以至于无线充电技术公司 Powermat 的总裁戏称："标准最终是在咖啡店内制定的，而不是会议室。"

第七章　短距离无线通信技术分析

第一节　蓝牙技术

一、蓝牙技术简介

1994 年，爱立信移动通信公司开始研究在移动电话及其附件之间实现低功耗、低成本无线接口的可行性。随着项目的进展，爱立信公司意识到短距离无线电具有更广阔的应用前景，于是爱立信公司用 10 世纪的丹麦国王 Harald Bluetooth 的名字 Bluetooth 命名这一技术，这位国王统一了当时四分五裂的北欧国家，爱立信希望蓝牙技术能在二世界范围内统一和发展。1998 年 5 月，爱立信联合诺基亚、英特尔和东芝三家公司一起成立蓝牙特殊利益集团，负责蓝牙技术标准的制定、产品测试，并协调各国蓝牙的具体用。Bluetooth SIG 于 1998 年 5 月提出近距离无线数据通信技术标准。1999 年 7 月蓝牙 SIG 正式公布蓝牙 1.0 版本规范，将蓝牙的发展推进到实用化阶段。2000 年 10 月，SIG 非正式发布 1.1 版本蓝牙规范，直到 2003 年 3 月，1.1 版本正式发布。蓝牙规范 1.2 版本主要针对点对点的无线连接，比如手机与计算机、计算机与外设、手机与耳机等的无线应用。蓝牙 1.1 版本将点对点扩展为点对多点，并修整了前一版本的错误与模糊概念。2003 年 11 月，蓝牙 I 公布了蓝牙 1.0 版本规范。新标准在实现设各识别高速化的基础上，减少了与无线局域网的无线电波干扰，同时兼容 1.1 版本。2004 年 11 月，蓝牙 2.0 标准正式推出，从而使蓝牙的应用扩展到多媒体设备中，新标准具有更高的数据传输速率和带宽。蓝牙 2.0 在大量数据传输时功耗降低为原标准的一半。各版本的蓝牙技术标准可以从蓝牙国际组织的官方网站免费下载。

蓝牙可以用于替代电缆来连接便携和固定设备，同时保证高等级的安全性。配备蓝牙的电子设备之间通过微微网进行无线连接与通信，微微网是由采用蓝牙技术的设备以特定方式组成的网络。当一个微微网建立时，只有一台为主设备，其他均为从设备，最大支持 7 个从设备。蓝牙技术工作于无须许可证的工业、科学与医学频段（1M）频率范围为 2.4~2.483 5 GHz。覆盖范围根据射频等级分为三级：等级 3 为 1 m，等级 2 为 10 m，等级 1 为 100 m。

（一）蓝牙技术的技术特性

1.语音和数据的多业务传输

蓝牙技术具有电路交换和分组交换两种数据传输类型，能够同时支持语音业务和数据业务的传输。基于目前 PSTN 网络的语音业务的实现是通过电路交换，即在发话者和受话者之间建立一条固定的物理链路；而基于互联网络的数据传输为分组交换数据业务，即将数据分为多个数据包，同时对数据包进行标记，通过随机路径传输到目的地之后按照标记进行再次封装还原。蓝牙技术采用电路交换和分组交换技术，支持异步数据信道、三路语音信道以及异步数据与同步语音同时传输的信道。语音编码方式为用户可选择的 PCM 或 CVSD（连续可变斜率增量调制）两种方式，每个语音信道数据数率为 64 kb/s；通过两种链路模型——SCO（面向链接的同步链路）和 ACL（面向无连接的异步链路）传输话音和数据口 ACL 支持对称和非对称、分组交换和多点连接，适合于数据传输；SCO 链路支持对称、电路交换和点对点连接，适用于语音传输。ACL 和 SCO 可以同时工作，每种链路可支持 1 种不同的数据类型。

2.全球通用的 I1I（工业、科学和医学）频段

蓝牙技术工作在全球共用的 ISM 频段，即 2.4 GHz 频段。ISM 频段是指用于工业、科学和医学的全球共用频段，它包括 902~928 MHz 和 2.4~2.484 GHz 两个频段范围，可以免费使用而不用申请无线电频率许可。由于 ISM 频段为对所有无线电系统都开放的频段，为了避免与工作在该频段的其他系统或设备（微波炉）产生相互干扰，蓝牙系统通过快速确认和跳频技术保证蓝牙链路的稳定性，跳频技术通过将通信频带划分为 7 个调频信道，相邻频点间隔 1 MHz，蓝牙链路建立后发送数据时蓝牙接收和发送装置按照一定的伪随机编码序列快速地进行信道跳转，每秒钟频率改变 1 600 次，每个频率持续 625 μs，由于其他干扰源不会按照同样的规律变化，同时跳频的瞬时带宽很窄，通过扩频技术扩展为宽频带，使可能产生的干扰降低，因此蓝牙系统链路可以稳定工作。

3.低功耗、低成本和低辐射

蓝牙设备由于定位于短距离通信，射频功率很低，蓝牙设备在通信连接状态下，有四种工作模式：激活模式、呼吸模式、保持模式和休眠模式。激活模式是企常的工作状态，另外两种模式是为了节能所规定的低功耗模式。呼吸模式下的

从设备周期性被激活；保持模式下的从设备停止监听来自主设备的数据分组，但保持其激活成员地址；休眠模式下的主从设备间仍保持同步，但从设备不需要保留其激活成员地址。这三种模式中，呼吸模式的功耗最高，对于主设备的响应最快；休眠模式的功耗最低，但是对于主设备的响应最慢。蓝牙设备的功耗能够根据使用模式自动调节，蓝牙设备的正常工作功率为 1 mW，发射距离为 10 m，当传输数据量减少或者无数据传输时，蓝牙设备将减少处于激活状态的时间，而进入低功率工作模式，这种模式将比正常工作模式节省 70% 的发射功率，蓝牙的最大发射距离可达 100 m，基本可以满足常见的短距离无线通信需要。

小型化是蓝牙设备的另外一大特点。结合现代芯片制造技术，将蓝牙系统组成蓝牙模块，以 TSB 或者 RS23 接口与现有设备连接，或者直接将蓝牙设备内嵌入其他信息设备中，可以降低蓝牙设备的成本和功耗。蓝牙模块中一般包括：射频单元、基带处理单元、接口单元和微处理器单元等。

（二）蓝牙规范

蓝牙规范目前已发展到 2.0+EDR 版本，但实际应用的产品还多为 1.2 版本。各版本的规范都是分为核心系统和应用模型两部分。其中核心部分包括射频、链路控制、链路管理、逻辑链路控制与适应四个最底层协议以及通用的业务搜寻协议和通用接入模型。而应用模型则是根据具体产品的不同需要而提出的各种协议组合，如串口、传真、拨号网络等。

二、蓝牙技术基带与链路控制器规范

蓝牙标准的主要目标是实现一个可以适用于全世界的短距离无线通信标准，故其使用的是在大多数国家可以自由使用的 ISM 频段，容易被各国政府接受。此外，各个厂商生产的蓝牙设备应遵循同一个标准，使得蓝牙能够实现互联，为此物理层必须统一。

蓝牙协议标准采用了国际标准化组织的开放系统互连参考模型的分层思想，各个协议层只负责完成自己的职能与任务，并提供与上下各层之间的接口。蓝牙射频部分主要处理空中数据的收发。空中接口收发的数据从何而来？射频部分何时发送，何时接收数据？某一时刻具体选择 79 个频点中的哪一个进行收发？蓝牙射频发射功率采用三个等级中的哪一个？这些都是蓝牙基带与链路控制器要解决的问题。

（一）蓝牙基带概述

1.蓝牙基带在协议堆栈中的位置

蓝牙基带在协议堆栈中的位置如图 7-1 所示，蓝牙设备发送数据时，基带部分将来自高层协议的数据进行信道编码，向下传给射频进行发送；接收数据时，射频将经过解调恢复空中数据并上传给基带，基带再对数据进行信道解码，向高层传输。

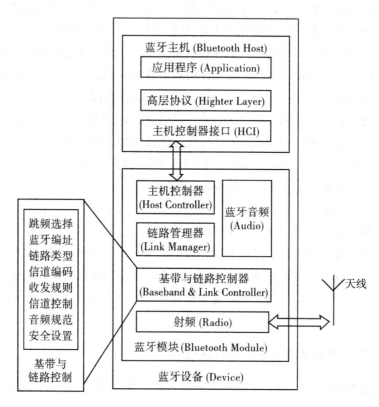

图 7-1　蓝牙基带在协议堆栈中的位置

2.蓝牙设备编址

每个计算机网络接口卡都由 IEEE 802 标准唯一地指定了一个媒体访问控制地址，用以区别网络上数据的源端和目的端。与此相类似，全世界每个蓝牙收发器都被唯一地分配了一个遵循 IEEE 802 标准的 48 位蓝牙设备地址。其中 LAP 是低地址部分，UAP 是高地址部分，NAP 是无效地址部分。NAP 和 UAP 共同构成了确知设备的机构唯一标识符由 SIG 的蓝牙地址管理机构分配给各个蓝牙设备制造商。各个蓝牙设备制造商有权对自己生产的产品进行编号，编号放置在 LAP 中。

3.设备、微微网和散射网

无连接的多个蓝牙设备相互靠近时，若有一个设备主动向其他设备发起连接，它们就形成了一个微微网。主动发起连接的设备称为微微网的主设备,对主设备的连接请求进行响应的设备称为从设备。

微微网的最简单组成形式就是两个蓝牙设备的点对点连接。微微网是实现蓝牙无线通信的最基本方式,微微网不需要类似于蜂窝网基站和无线局域网接入点之类的基础网络设施。

一个微微网只有一个主设备,一个主设备最多可以同时与 7 个从设备同时进行通信,这些从设备称为激活从设备。但是同时还可以有多个隶属于这个主设备的休眠从设备。这些休眠从设备不进行实际有效数据的收发,但是仍然和主设备保持时钟同步,以便将来快速加入微微网。不论是激活从设备还是休眠从设备,信道参数都是由微微网的主设备进行控制的。散射网是多个微微网在时空上相互重叠组成的比微微网覆盖范围更大的蓝牙网络,其特点是微微网间有互联的蓝牙设备。虽然每个微微网只有一个主设备,但是从设备可以基于时分复用机制加入不同微微网,而且一个微微网的主设备可以成为另一个微微网的从设备。每个微微网都有自己的跳频序列,它们之间并不跳频同步,这样就避免了同频干扰。

4. 蓝牙时钟

每个蓝牙设备都有一个独立运行的内部系统时钟,称为本地时钟,用于决定收发器定时和跳频同步。本地时钟无法进行调整,也不会关闭。为了与其他的设备同步,就要在本地时钟上加一个偏移量,以提供给其他设备实现同步。内部系统的时钟频率为 32 kHz,时钟分辨率小于蓝牙射频跳频周期分辨率的一半。蓝牙时钟周期大约是一天 24 h,它使用一个 28 bit 的计数器,循环周期为 $2^{28}-1$。

微微网中的定时和跳频选择由主设备的时钟决定。建立微微网时,主设备的时钟传送给从设备,每个从设备给自己的本地时钟加一个偏移量,实现与主设备的同步。因为时钟本身从不进行调节,所以必须对偏移量进行周期性的更新。

工作在不同模式和状态下的蓝牙设备时钟具有不同的表现形式:表示本地时钟频率;CLKN 表示估计的时钟频率;CLK 表示主设备实际运行时钟频率。CLKN 是其他时钟的参考基准频率,在高功率活动状态,CLKN 由一个标准的晶体振荡器产生,精度要优于 ±20ppm,在低功率状态(如待机 Standby)、保持和休眠下,由低功耗振荡器产生本地时钟频率,精度可放宽至 ±250ppm。CLK 和 CLKE 是由 CLKN 加上一个偏移量得到的。CLKE 是:主设备对从设备的本地时钟的估计值,即在主设备的 CLKN 的基础上增加一个偏移来近似从设备的本地时钟。这样主设备可以加速连接的建立过程。

CLK 是微微网中主设备的实际运行时钟,用于调度微微网,所有的定时和操作。所有的从设备都使用 CLK 来调度自己的收发，CLK 是由 CLKN 加上一个偏移量得到的，主设备的 CLK 就是 CLKN，而从设备的 CLK 是根据主设备的 CLKN 得到的。尽管微微网内所有蓝牙设备的 CLK 的标称值都相等，但存在的漂移使得 CLK 不够精确，因此从设备的偏移量必须周期性地进行更新，使其 CLK 基本上与主设备的 CLKN 相等。

（二）蓝牙主机控制器接口协议

蓝牙主机控制器接口是蓝牙主机——主机控制器应用模式中蓝牙模块和主机间的软硬件接口，它提供了控制基带与链路控制器、链路管理器、状态寄存器等硬件功能的指令分组格式（包括响应事件分组格式）以及进行数据通信的数据分组格式。

1.蓝牙主机控制器接口概述

蓝牙技术集成到各种数字设备中的方式有两种：一种是单微控制器方式，即所有的蓝牙低层传输协议（包括蓝牙射频、基带与链路控制器、键路管理器）与高层传输协议（包括逻辑链路控制与适配协议、服务发现协议、串口仿真协议、网络封装协议等）以及用户应用程序都集成到一个模块当中，整个处理过程由一个微处理器来完成；另一种是双微控制器方式，即蓝牙协议与用户应用程序分别由主机和主控制器来实现（低层传输协议一般通过蓝牙硬件模块实现，模块内部嵌入式的微处理器称为主机控制器，高层传输协议和用户应用程序在写入的个人计算机或嵌入的单片机、DSP 等上运行，称为主机），主机和主机控制器间通过标准的物理总线接口（如通用串行总线 USB、串行端口 RS232）来连接。

2.蓝牙主机控制器接口数据分组

（1）HCI 分组概述

主机和主机控制器之间是通过 HCI 收发分组的方式进行信息交换的。主机控制器执行主机指令后产生结果信息，主机控制器通过相应的事件分组将此信息发给主机。

主机与主机控制器通过指令应答方式实现控制，主机向主机控制器发送指令分组。主机控制器执行指令后，通常会返回给主机一个指令完成事件分组，该分组携带有指令完成信息；对于有些分组，不返回指令完成事件分组，但返回指令状态事件分组，用以说明主机发出的指令已经被主机控制器接收并开始处理；如果指令执行出错，返回的指令状态事件分组就会指示相应的错误代码。

（2）HCI 分组类型．

HCI 分组有三种类型：指令分组、事件分组和数据分组。指令分组只从主机发向主机控制器；事件分组只从主机控制器发向主机，用以说明指令分组的执行情况；数据分组在主机和主机控制器间双向传输。

指令分组是主机发向主机控制器的指令，分为链路控制指令、链路策略指令、主机控制与基带指令、信息参数指令、状态参数指令和测试指令。

事件分组是主机控制器向主机报告各种事件的分组，包括通用事件（包括指令完成事件和指令状态事件）、测试事件、出错事件三种。数据分组分为异步无连接数据分组和同步面向连接数据分组两种。

三、蓝牙逻辑链路控制与适配协议

基带协议和链路管理器协议属于低层的蓝牙传输协议，其侧重于语音与数据无线通信在物理键路的实现，在实际的应用开发过程中，这部分功能集成在蓝牙模块中，对于面向高层协议的应用开发人员来说，并不关心这些低层协议的细节。同时，基带层的数据分组长度较短，而高层协议为了提高频带的使用效率通常使用较大的分组，二者很难匹配，因此，需要一个适配层来为高层协议与低层协议之间不同长度的 PDU（协议数据单元）的传输建立一座桥梁，并且为较高的协议层屏蔽低层传输协议的特性。这个适配层经过发展和丰富，就形成了现在蓝牙规范中的逻辑链路控制与适配协议层，即 LZCAP 层。

（一）蓝牙逻辑链路控制与适配协议概述

L2CAP 层位于基带层之上，它将基带层的数据分组转换为便于高层应用的数据分组格式，并提供协议复用和服务质量交换等功能。L2CAP 层屏蔽了低层传输协议中的许多特性，有些概念对于 L2CAP 层已经变得没有意义了，例如对于 L2CAP 层，主设备和从设备的通信完全是对等的，并不存在主从关系的概念。需指出，并不是所有的蓝牙设备都一定包含主机控制器和 HCI 层，此外，HCI 层也可以位于 L2CAP 层之上。

L2CAP 层只支持 ACL（异步无连接）数据的传输，而不支持 SCO（同步面向连接）数据的传输。L2CAP 层可以和高层应用协议之间传输最大为 64 kB 的数据分组（L2CAP 层上的 DU），L2CAP 层上的 DU 到达基带层之后被分段，并由 ACLBB-PDU 传送。

L2CAP 层本身不提供加强信道可靠性和保证数据完整性的机制，其信道的可靠性依靠基带层提供。如果要求可靠性的话，则基带的广播数据分组将被禁止使用，因此，L2CAP 层不支持可靠的多点传输信道。

L2CAP 层的主要功能归纳如下。

1. 协议复用

由于低层传输协议没有提供对高层协议的复用机制，因而对于 L2CAP 层，支持高层协议的多路复用是一项重要功能。L2CAP 层可以区分其上的 SDP、RFCOMM 和 TCS 等协议。

2. 甲分段与重组

L2CAP 层帮助实现基带的短 PDU 与高层的长 PDU 的相互传输，但事实上，L2CAP 层本身并不完成任何的 PJU 的分段与重组，具体的分段与重组由低层和高层来完成。一方面，L2CAP 层在其数据分组中提供了 L2CAP 层 PDU 的长度信息，使得其在通过低层传输之后，重组机制能够检查出是否进行了正确的重组；另一方面，L2CAP 层将其最大分组长度通知高层协议，高层协议依此对数据分组进行分段，保证分段后的数长度不超过 L2CAP 层的最大分组长度。

3. 服务质量信息的交换

在蓝牙设备建立连接过程中，L2CAP 层允许交换蓝牙设备所期望的服务质量信息，并在连接建立之后通过监视资源的使用情况来保证服务质量的实现。

4. 组抽象

许多协议包含地址组的概念。L2CAP 层通过向高层协议提供组抽象，可以有效地将高层协议映射到基带的微网上，而不必让基带和链路管理器直接与高层协议打交道。

（二）蓝牙逻辑链路控制与适配协议的信道

不同蓝牙设备的 L2CAP 层之间的通信是建立在逻辑链路的基础上的。这些逻辑链路被称为信道，每条信道的每个端点都被赋予了一个信道标识符。在本地设备上的值由本地管理，为 16 bit 的标一识符。当本地设备与多个远端设备同时存在多个并发的 L2CAP 信道时，本地设备上不同信道端点的 CID 不能相同。本地设备在分配 CID 时不受其他设备的影响（一些固定的和保留的 CID 除外），这就是说，已经分配给本地的某个 CID 也可以被与之相连的远端设备分配给其他信道，这不影响本地设备与这些端点的通信。

LCP 信道有三种类型：面向连接信道，用于两个连接设备之间的双向通信；无连接信道，用来向一组设备进行广播式的数据传输，为单向信道；信令信道，用于创建 CO 信道，并可以通过协商过程改变 CO 信道的特性。信令信道为保留信道，在通信前不需要专门地连接建立过程，其 CID 被固定为 "0x0001"。CO 信道通过在信令信道上交换连接信令来建立，建立之后，可以进行持续的数据通信，而 CL 信道则为临时性的。此外，0x0000 没有分配，0x0003-0x003F 为预留的 CID，用于特定的 L2CAP 功能。

（三）蓝牙逻辑链路控制与适配协议的分段与重组

前面已经简单介绍了分段与重组的机制，将更详细地讨论有关分段与重组的过程。高层协议数据通过 L2CAP 层向低层传输时，由 L2CAP-PDU 的有效载荷字段携带，该字段长度不能超过 L2CAP 层所规定的最大传输单元的值。如果使用 HCI 层，则 HCI 层支持最大缓冲区的概念，L2CAP-PDU 在经过 HCI 层之后被分割为许多"数据块"，每个数据块的长度不超过最大缓冲区支持的数据长度，远端的 L2CAP 层通过数据分组头和 HCI 层提供的信息将这些数据块重组为原来的 L2CAP-PDU。

1. 分段过程

L2CAP-PDU 在传送到低层协议时将被分段。如果直接位于基带层之上，则分段为基带数据分组，再通过空间信道进行传输：如果位于 HCI 层之上，则被分段为数据块，并送到主机控制器，在主机控制器中再将这些数据块转化为基带数据分组。当同一个 L2CAP-PDU 分段后的所有数据块都送到基带后，其他发往同一个远端设备的 L2CAP-PDU 才可以传送。

2. 重组过程

基带协议按顺序发送 ACL 分组并使用 16 bit CRC 码来保证数据的完整性，同时基带还使用自动重传请求（ARQ）来保证连接的可靠性。基带可以在每收到一个基带分组时都通知 L2CAP 层，也可以累积到一定数量的分组时再通知 L2CAP 层。

L2CAP-PDU 分组头中的长度字段用于进行一致性校验。如果不要求信道的可靠性，长度不匹配的分组将被丢弃；如果要求信道的可靠性，则出现分组长度不匹配时必须通知高层协议信道已不可靠。

第二节　红外数据通信技术

一、红外数据通信技术的定义及特点

红外数据通信技术是利用红外技术实现两点间的近距离保密通信和信息转发。它一般由红外发射和接收系统两部分组成。发射系统对一个红外辐射源进行调制后发射红外信号，而接收系统用光学装置和红外探测器进行接收，就构成红外通信系统。

红外数据通信技术的特点是：保密性强，信息容量大，结构简单，既可以是室内使用，也可以在野外使用，由于它具有良好的方向性，适用于国防边界哨所与哨所之间的保密通信，但在野外使用时易受气候的影响。红外数据通信技术的难点是由于红外射束易受尘埃、雨水等物质的吸收，如何在野外环境下克服这些物质的吸收，增强红外射束信号的强度是急需解决的问题。

二、红外数据通信技术的发展历程

红外通信由来已久，但是进入 20 世纪 90 年代，这一通信技术又有新的发展，应用范围更加广泛。

1995 年，一个由部件、计算机系统、外围设备和电信厂商组成的大型集团——红外数据协会（IrDA）就红外通信的一套标准达成一致。现在约有 120 家以上的厂商支持红外通信标准。其中的许多厂商已推出符合红外通信标准并支持 Windows 95 的产品。

红外数据协会开发的这种新的无线通信标准还得到 PC 机产业的有力支持。主要的开发厂商，如微软、苹果、东芝和惠普公司，已推出了在计算机之间采用这种高速红外数据通信的 PC 机、笔记本计算机、打印机和手持式个人数字助理（PDA）设备。

此外，红外通信的连通性已用在大多数新的笔记本计算机中，并成为一种最具成本效益和便于使用的无线通信技术而问鼎市场。

（一）红外通信传送数据和视频

用红外射束将人体和物体从一地点传送到另一地点是一种科学幻想，离我们太遥远。但是用射束传送信息现在就能实现。不用电缆、微波或卫星就将视频、音频和数据信息从一个地点传送到另一个地点。例如，借助红外射束技术，大使馆可以接收各种事件的图像，可以将高尔夫球比赛和其他活动转发到全球，供数以百万计的人观看。

1.红外射束通信系统

美国新泽西州恩格尔伍德的 Canon 公司 1996 年 5 月采用红外（IR）光，生产出一种红外射束通信系统。该系统中每个分系统的组成单元都有一台射束设备或收发信机、一台控制设备或基站设备。但是，其中一个分系统传送数据，而另一个设计成传送视频和话音。

红外射束发射设备和控制设备作为一种数据运载体，对光纤分布数据接口／异步传送模式光传输载体，提供高速双向带宽和自动跟踪，而无须光缆。该系统以每秒 125/155.52 兆比特的速率无干扰传输，传输距离达 4 千米。

在该系统中，通信配置由两套相同的设备组成，每一套设备都有一台连接至控制设备的射束设备。在通信的两端每一端置放一套设备，两地之间的通信距离同样为 4 千米。这种配置中的两套设备至少有一套置放地点要高出障碍物，从而提供直达视距通信。为构成通信链路，每一台射束设备产生的红外射束将用人工方式进行对准。当射束向前传送接近完全对准另一台射束设备时它便发亮。倘若两台射束设备中任何一台设备的射束向前传送偏离对准的方向，自动跟踪系统自然将射束收回，这就保证了传输的信息不致被截收。控制设备还连接至一台计算机或网络服务器，无须安装电缆就能传输数据。

对于视频广播来说，该系统中的发射系统可将摄像机连接至其中一台控制设备，通过 IR 射束将图像传送至另一台控制设备，而另一台控制设备由同轴电缆连接至电视台或电视转播车。在电视台或电视转播车上可将图像记录下来，供以后使用或采用卫星连接发送出去。

该系统的视频和音频收信机系统能提供 4 个视频信道或 8 个音频信息传送信道，外加 2 个内部通信信道。这样在两点之间可以往返传送视频并完全能进行通信。例如，加利福尼亚伯班克的广播电视系统用这种视频系统，广播在内华达州拉斯维加斯举行的高尔夫球三天观摩挑战赛实况。鉴于地形和高尔夫球场布局的原因，仅在一个大的湖泊的远端安装了一个公共接收站。该电视广播站把控制设备用作射频摄像机和电视转播站之间的中央发射站。当每台摄像机绕球场移动时，信号被发送至接收站，然后借助光纤通道将信号转发到转播站。

在这次比赛中，纽约州纽约市的 Unitel 电视公司还使用该系统来播送在广播城音乐厅的一年一度的体育表演优胜者颁奖大会的实况。采用 IR 射束发射视频信号，就不需要延伸线路或安装电缆管道，可以节省时间和费用。

1996 年，哥伦比亚广播公司和东京广播系统使用这种系统，在驻珀鲁莱马的日本大使馆集中传送长达 4 个月的解救人质事件。开设了双向传送的射束发射设备来延伸使馆附近公寓的第 17 层和一个两层楼公寓底层之间的红外射束，输出信号发送至 7 GHz 的微波发射机，通过微波发射机将信号发送至使馆附近的接收站。

2. 红外视频链路

美国国家航天和空间管理局在 1997 年因特网国际展览会期间，与弗吉尼亚麦克莱恩的 Sterling 软件公司签订合同，为这次会议提供网络业务。红外通信系统的数据系统在展览会大厅和会议中心之间提供链路。出席展览会的人员和因特网用户观看火星探险者执行任务中发回的实时视频，以及通过展览会的红外发射通路发射的所有信息。

尽管该系统与永久性连接相比，成本效益差一些，但对于灾后恢复通信或建立临时专用线路来说是理想的办法。例如，如果电缆被截断，通信线路会失去连接；在遂行恢复电缆连接的同时，红外通信可使通信继续顺畅运行。

（二）红外通信技术对计算机技术的冲击

红外通信标准有可能使大量的主流计算机技术和产品遭淘汰，包括历史悠久的调制解调器。预计，执行红外通信标准即可将所有的局域网（LAN）的数据率提高到 10 Mb/s。

红外通信标准规定的发射功率很低，因此它自然是以电池为工作电源的标准。目前，惠普移动计算分公司正在开发内置式端口，所有拥有支持红外通信标准的笔记本计算机和手持式计算机的用户，可以把计算机放在电话机的旁边，遂行高速呼叫，可连通本地的因特网。由于电话机、手持式计算机和红外通信连接全都是数字式的，故不需要调制解调器。

红外通信标准的广泛兼容性可为 PC 设计师和终端用户提供多种供选择的无电缆连接方式，如掌上计算机、笔记本计算机、个人数字助理设备和桌面计算机之间的文件交换；在计算机装置之间传送数据以及控制电视、盒式录像机和其他设备。

第三节　Zigbee 技术

对于多数的无线网络来说，无线通信技术应用的目的在于提高所传输数据的速率和传输距离。而在诸如工业控制、环境监测、商业监控、汽车电子、家庭数字控制网络等应用中，系统所传输的数据量小、传输速率低，系统所使用的终端设备通常为采用电池供电的嵌入式，如无线传感器网络，因此，这些系统必须要求传输设备具有成本低、功耗小的特点。针对这些特点和需求，由英国 Invensys公司、日本三菱电气公司、美国摩托罗拉公司以及荷兰飞利浦等公司在 2011 年共同宣布组成 ZigBee 技术联盟，共同研究开发 ZigBee 技术。目前，该技术联盟已发展和壮大为由 100 多家芯片制造商、软件开发商、系统集成商等公司和标准化组织组成的技术组织，而且，这个技术联盟还在不断地发展壮大。

一、ZigBee 技术简介

ZigBee 是一种新兴的近距离、低复杂度、低功耗、低数据速率、低成本的无线网络技术，它是一种介于无线标记技术和蓝牙之间的技术提案，主要用于近距离无线连接。

ZigBee 是一组基于 IEEE 批准通过的 802.15.4 无线标准，是一个有关组网、安全和应用软件方面的技术标准。它主要适用于自动控制领域，可以嵌入各种设备中，同时支持地理定位功能。IEEE 802.15.4 标准是一种经济、高效、低数据速率（小于 250 kb/s）、工作在 2.4 GHz 和 868/928 MHz 的无线技术，用于个人区域网和对等网状网络。

ZigBee 技术的名字来源于蜂群使用的赖以生存和发展的通信方式，蜜蜂通过跳 Zigzag 形状的舞蹈来通知发现新食物源的位置、距离和方向等信息。ZigBee 过去又称为"HomeRF Lite"或"RF-EasyLink"无线电技术，目前统一称为 ZigBee 技术，中文译名通常称为"紫蜂"技术。

电气与电子工程师协会 IEEE 于 2000 年 1 月成立了 802.15.4 工作组，这个工作组负责制定 ZigBee 的物理层和 MAC 层协议，2001 年 8 月成立了开放性组织——ZigBee 联盟，一个针对 WPAN 网络而成立的产业联盟，三菱电器、摩托罗拉、飞利浦是这个联盟的主要支持者，如今已经吸引了上百家芯片研发公司和无线设备制造公司，并不断有新的公司加盟。ZigBee 联盟负责 MAC 层以上网络层和应用层协议的制定和应用推广工作。2003 年 11 月，IEEE 正式发布了该项技术物理层和 MAC 层所采用的标准协议，即 IEEE 802.15.4 协议标准，作为 ZigBee 技术的物理层和媒体接入层的标准协议。2004 年 1 月，ZigBee 联盟正式发布了该项技术标准。该技术希望被部署到商用电子、住宅及建筑自动化、工业设备监测、PC 外设、医疗传感设备、玩具以及游戏等其他无线传感和控制领域当中。标准的正式发布，加速了 ZigBee 技术的研制开发工作，许多公司和生产商已经陆续地推出了自己的产品和开发系统，如飞思卡尔的 MC13192、Chipcon 公司的 CC2420、Atmel 公司的 Ath6RF210 等，其发展速度之快，远远超出了人们的想象。

根据 IEEE 802.15.4 标准协议，ZigBee 的工作频段分为 3 个频段，这 3 个工作频段相距较大，而且在各频段上的信道数目不同，因而，在该项技术标准中，各频段上的调制方式和传输速率也不同。3 个频段分别为 8 681 MHz、915 MHz 和 2.4 GHz。其中 2.4 GHz 频段分为 1 个信道，该频段为全球通用的工业、科学、医学频段，该频段为免付费、免申请的无线电频段，在该频段上，数据传输速率为 250 kb/s。

在组网性能上，ZigBee 设备可构造为星型网络或者点对点网络，在每一个 ZigBee 组成的无线网络内，连接地址码分为 1 bit 短地址或者 4 bit 长地址，可容纳的最大设备个数分别为 2^{16} 个和 2^{64} 个，有较大的网络容量。

在无线通信技术上，采用免冲突多载波信道接入方式，有效地避免了无线电载波之间的冲突。此外，为保证传输数据的可靠性，建立了完整的应答通信协议。

ZigBee 设备为低功耗设备，其发射输出为 0–3.6 dBm，距离为 30–70 m，具有能量检测和链路质量指示能力，根据这些检测结果，可自动调整设备的发射功率，在保证通信链路质量的条件下，最小地消耗设备能量。

为保证 ZigBee 设备之间通信数据的安全保密性，ZigBee 技术采用通用的 AES–18 加密算法，对所传输的数据信息进行加密处理。

ZigBee 技术是一种可以构建一个由多达数万个无线数传模块组成的无线数传网络平台，十分类似现有的移动通信的 CDMA 网或 GSM 网，每一个 ZigBee 网络数传模块类似移动网络的一个基站，在整个网络范围内，它们之间可以进行相互通信；每个网络节点间的距离可以从标准的 7 米扩展到几百米，甚至几千米；另外，整个 ZigBee 网络还可以与现有的其他各种网络连接。例如，可以通过互联网在北京监控云南某地的一个 ZigBee 控制网络。

与移动通信网络不同的是，ZigBee 网络主要是为自动化控制数据传输而建立的，而移动通信网主要是为语音通信而建立的。每个移动基站价值一般都在百万元人民币以上，而每个 ZigBee "基站"却不到 1 000 元人民币；每个 ZigBee 网络节点不仅本身可以与监控对象，例如与传感器连接直接进行数据采集和监控，它还可以自动中转别的网络节点传过来的数据资料；除此之外，每一个 ZigBee 网络节点还可在自己信号覆盖的范围内，和多个不承担网络信息中转任务的孤立的子节点（RFD）进行无线连接。每个 ZigBee 网络节点可以支持多达 31 个传感器和受控设备，每一个传感器和受控设备最终可以有 8 种不同的接口方式。

一般而言，随着通信距离的增大，设备的复杂度、功耗以及系统成本都在增加。相对于现有的各种无线通信技术，ZigBee 技术将是最低功耗和低成本的技术。同时，由于 ZigBee 技术拥有低数据速率和通信范围较小的特点，这也决定了 ZigBee 技术适合于承载数据流量较小的业务。ZigBee 技术的目标就是针对工业、家庭自动化、遥测遥控、汽车自动化、农业自动化和医疗护理等，例如灯光自动化控制，传感器的无线数据采集和监控，油田、电力、矿山和物流管理等应用领域。另外，它还可以对局部区域内的移动目标，例如对城市中的车辆进行定位。

通常，符合如下条件之一的应用，就可以考虑采用 ZigBee 技术作无线传输：需要数据采集或监控的网点多；要求传输的数据量不大，而要求设备成本低；要求数据传输可靠性高、安全性高；设备体积很小，电池供电，不便放置较大的充电电池或者电源模块；地形复杂，监测点多，需要较大的网络覆盖；现有移动网络的覆盖盲区；使用现存移动网络进行低数据量传输的遥测遥控系统；使用 GFS 效果差或成本太高的局部区域移动目标的定位应用。

ZigBee 技术的特点具体如下：

（1）功耗低。两节五号电池可支持长达 6 个月到 2 年左右的使用时间。

（2）可靠。采用了碰撞避免机制，同时为需要固定带宽的通信业务预留了专用时隙，避免了发送数据时的竞争和冲突。

（3）数据传输速率低。只有 10–250 kb/s，专注于低传输应用。

（4）成本低。因为 ZigBee 数据传输速率低，协议简单，所以大大降低了成本，且 ZigBee 协议免收专利费，采用 ZigBee 技术产品的成本一般为同类产品的几分之一甚至十分之一。

（5）时延短。针对时延敏感的应用做了优化，通信时延和从休眠状态激活的时延都非常短，通常时延都在 15–30 ms 之间。

（6）优良的网络拓扑能力。ZigBee 具有星、网和丛树状网络结构能力。ZigBee 设备实际上具有无线网络自愈能力，能简单地覆盖广阔范围。

（7）网络容量大。可支持多达 65 000 个节点。

（8）安全。ZigBee 提供了数据完整性检查和鉴权功能，加密算法采用通用的 AES–128。

（9）工作频段灵活。使用的频段分别为 2.4 GHz、868 MHz（欧洲）及 915 MHz（美国），均为免执照频段。

二、技术组网特性

利用 ZigBee 技术组成的无线个人区域网（WPAN）是一种低速率的无线个人区域网（LR–WPAN）这种低速率无线个人区域网的网络结构简单、成本低廉，具有有限的功率和灵活的吞吐量。在一个 LR–WPAN 网络中，可同时存在两种不同类型的设备，一种是具有完整功能的设备（FFD）另一种是简化功能的设备（RFD）。

在网络中，FFD 通常有 3 种工作状态：① 作为一个主协调器；② 作为一个协调器；③ 作为一个终端设备。一个 FAD 可以同时和多个 RFD 或多个其他的 FFD 通信，而一个 RFD 只能和一个 FFD 进行通信。RFD 的应用非常简单、容易实现，就好像一个电灯的开关或者一个红外线传感器，由于 RFD 不需要发送大量的数据，并且一次只能同一个 FFD 连接通信，因此，RFD 仅需要使用较小的资源和存储空间，这样，就可非常容易地组建一个低成本和低功耗的无线通信网络。

在 ZigBee 网络拓扑结构中，最基本的组成单元是设备，这个设备可以是一个

RFD 也可以是一个 FFD；在同一个物理信道的 POS（个人工作范围）通信范围内，两个或者两个以上的设备就可构成一个 WPAN。但是，在一个 ZigBee 网络中至少要求有一个 FFD 作为 PAN 主协调器。

IEEE 802.15.4/ZigBee 协议支持 3 种网络拓扑结构，即星形结构（Star）、网状结构（Mesh）和丛树结构（Cluster Tree）。其中，Star 网络是一种常用且适用于长期运行使用操作的网络；Mesh 网络是一种高可靠性监测网络，它通过无线网络连接可提供多个数据通信通道，即它是一个高级别的冗余性网络；一旦设备数据通信发生故障，则存在另一个路径可供数据通信；Cluster Tree 网络是 Star/Mesh 的混合型拓扑结构，结合了上述两种拓扑结构的优点。

星形网络拓扑结构由一个称为 PAN 主协调器的中央控制器和多个从设备组成，主协调器必须是二个具有 FFD 完整功能的设备，从设备既可为 FFD 完整功能设备，也可为 RFD 简化功能设备。在实际应用中，应根据具体应用情况，采用不同功能的设备，合理地构造通信网络。在网络通信中，通常将这些设备分为起始设备或者终端设备，PAN 主协调器既可作为起始设备、终端设备，也可作为路由器，它是 PAN 网络的主要控制器。在任何一个拓扑网络上，所有设备都有唯一的 64 位的长地址码，该地址码可以在 PAN 中用于直接通信，或者当设备之间已经存在连接时，可以将其转变为 16 位的短地址码分配给 PAN 设备。因此，在设备发起连接时，应采用 64 位的长地址码，只有在连接成功，系统分配了 PAN 的标识符后，才能采用 16 位的短地址码进行连接，因而，短地址码是一个相对地址码，长地址码是一个绝对地址码。在 ZigBee 技术应用中，PAN 主协调器是主要的耗能设备，而其他从设备均采用电池供电，星形拓扑结构通常在家庭自动化、PC 外围设备、玩具、游戏以及个人健康检查等方面得到应用。

z 无论是星形拓扑网络结构，还是对等拓扑网络结构，每个独立的 PAN 都有一个唯一的标识符，利用该 PAN 标识符，可采用 1 位的短地址码进行网络设备间的通信，并且可激活 PAN 网络设备之间的通信口

上面已经介绍了 ZigBee 网络结构具有两种不同的形式，每一种网络结构有自己的组网特点，接下来将简单地介绍它们各自的组网特点。

1. 星形网络结构的形成

当一个具有完整功能的设备（FFD）第一次被激活后，它就会建立一个自己的网络，将自身成为一个 PAN 主协调器。所有星形网络的操作独立于当前其他星形网络的操作，这就说明了在星形网络结构中只有一个唯一的 PAN 主协调器，通过选择一个 PAN 标识符确保网络的唯一性，目前，其他无线通信技术的星形网络

没有采用这种方式。因此，一旦选定了一个 PAN 标识符，PAN 主协调器就会允许其他从设备加入到它的网络中，无论是具有完整功能的设备，还是简化功能的设备都可以加入到这个网络中。

2. 对等网络结构的形成

在对等拓扑结构中，每一个设备都可以与在无线通信范围内的其他任何设备进行通信。任何一个设备都可定义为 PAN 主协调器，例如，可将信道中第一个通信的设备定义成 PAN 主协调器。未来的网络结构很可能不仅仅局限为对等的拓扑结构，而是在构造网络的过程中，对拓扑结构进行某些限制。

例如，树簇拓扑结构是对等网络拓扑结构的一种应用形式，在对等网络中的设备可以是完整功能设备，也可以是简化功能设备。而在树簇中的大部分设备为 FFD，RFD 只能作为树枝末尾处的叶节点上，这主要是由于 RFD 一次只能连接一个 FFD。任何一个 FFD 都可以作为主协调器，并为其他从设备或主设备提供同步服务。在整个 PAN 中，只要该设备相对于 PAN 中的其他设备具有更多计算资源，比如具有更快的计算能力，更大的存储空间以及更多的供电能力等，就可以成为该 PAN 的主协调器，通常称该设备为 PAN 主协调器。在建立一个 PAN 时，首先，PAN 主协调器将其自身设置成一个簇标识符（CID）为 0 的簇头（CLH），然后，选择一个没有使用的 PAN 标识符。并向邻近的其他设备以广播的方式发送信标帧，从而形成第一簇网络。接收到信标帧的候选设备可以在簇头中请求加入该网络，如果 PAN 主协调器允许该设备加入，那么主协调器会将该设备作为子节点加到它的邻近表中，同时，请求加入的设备将 PAN 主协调器作为它的子节点加到邻近表中，成为该网络的一个从设备；同样，其他的所有候选设备都按照同样的方式，可请求加入到该网络中，作为网络的从设备。如果原始的候选设备不能加入到该网络中，那么它将寻找其他的父节点。在树簇网络中，最简单的网络结构是只有一个簇的网络，但是多数网络结构由多个相邻的网络构成。一旦第一簇网络满足预定的应用或网络需求时，PAN 主协调器将会指定一个从设备为另一簇新网络的簇头，使得该从设备成为另一个 PAN 的主协调器，随后其他的从设备将逐个加入，并形成一个多簇网络。多簇网络结构的优点在于可以增加网络的覆盖范围，而随之产生的缺点是会增加传输信息的延迟时间。

（一）ZigBee 技术的体系结构

ZigBee 技术是一种可靠性高、功耗低的无线通信技术，在 ZigBee 技术中，其体系结构通常由层来量化它的各个简化标准。每一层负责完成所规定的任务，并且向上层提供服务。各层之间的接口通过所定义的逻辑链路来提供服务。ZigBee

技术的体系结构主要由物理（PYH）层、媒体接入控制（MAC）层、网络 / 安全层以及应用框架层组成。

ZigBee 技术的协议层结构简单，不像诸如蓝牙和其他网络结构，这些网络结构通常分为 7 层，而 ZigBee 技术仅为 4 层。在 ZigBee 技术中，PHY 层和 MAC 层采用 IEEE 802.15.4 协议标准，其中，PHY 提供了两种类型的服务，即通过物理层管理实体接口（PLME）对 PHY 层数据和 PHY 层管理提供服务。PH 层数据服务可以通过无线物理信道发送和接收物理层协议数据单元（PPDU）来实现。PHY 层的特征是启动和关闭无线收发器、能量检测、链路质量、信道选择、清除信道评估（CCA），以及通过物理媒体对数据包进行发送和接收。

同样，MAC 层也提供了两种类型的服务：通过 MAC 层管理实体服务接入点（MLME-SAP）向 MAC 层数据和 MAC 层管理提供服务。MAC 层数据服务可以通过 PHY 层数据服务发送和接收 MAC 层协议数据单元（MPDU）。MAC 层的具体特征是：信标管理、信道接入、时隙管理、发送确认帧、发送连接及断开连接请求。除此之外，MAC 层为应用合适的安全机制提供一些方法。

ZigBee 技术的网络安全层主要用于 ZigBee 的 LR-WPAN 网的组网连接、数据管理以及网络安全等；应用框架层主要为 ZigBee 技术的实际应用提供一些应用框架模型等，以便对 ZigBee 技术开发应用。在不同的应用场合，其开发应用框架不同，从目前来看，不同的厂商提供的应用框架是有差异的，应根据具体应用情况和所选择的产品来综合考虑其应用框架结构。

（二）低速无线个域网的功能分析

本部分主要介绍低速无线个域网的功能，包括超帧结构、数据传输模式、帧结构、鲁棒性、功耗以及安全性。

1.超帧结构

在无线个域网网络标准中，允许有选择性地使用超帧结构。由网络中的主协调器来定义超帧的格式。超帧由网络信标来限定，并由主协调器发送，它分为 16 个大小相等的时隙，其中，第一个时隙为 PAN 的信标帧。如果主设备不使用超帧结构，那么，它将关掉信标的传输。信标主要用于使各从设备与主协调器同步、识别 PAN 以及描述超帧的结构。任何从设备如果想在两个信标之间的竞争接入期间（CAP）进行通信，则需要使用具有时隙和免冲突载波检测多路接入（CSMACA）机制同其他设备进行竞争通信。需要处理的所有事务将在下一个网络信标时隙前处理完成。

为减小设备的功耗，将超帧分为两个部分，即活动部分和静止部分。在静止部分时，主协调器与 PAN 的设备不发生任何联系，进入一个低功率模式，以达到减小设备功耗的目的。

在网络通信中，在一些特殊（如通信延迟小、数据传输率高）情况下，可采用 PAN 主协调器的活动超帧中的一部分来完成这些特殊要求。该部分通常称为保护时隙（GTS）多个保护时隙构成一个免竞争时期（CFP），通常，在活动超帧中，在竞争接入时期（CAP）的时隙结束处后面紧接着 CFP。PAN 主协调器最多可分配 7 个 GTS，每个 GTS 至少占用一个时隙。但是，在活动超帧中，必须有足够的 CAP 空间，以保证为其他网络设备和其他希望加入网络的新设备提供竞争接入的机会，但是所有基于竞争的事务必须在 CFP 之前执行完成。在一个 GTS 中，每个设备的信息传输必须保证在下一个 GTS 时隙或 CFP 结束之前完成．

2. 数据传输模式

ZigBee 技术的数据传输模式分为三种数据传输事务类型：第一种是从设备向主协调器传送数据；第二种是主协调器发送数据，从设备接收数据；第三种是在两个从设备之间传送数据。对于星形拓扑结构的网络来说，由于该网络结构只允许在主协调器和从设备之间交换数据，因此，只有前两种数据传输事务类型。而在对等拓扑结构中，允许网络中任何两个从设备之间进行交换数据，因此，在该结构中，可能包含这二种数据传输事务类型。

每种数据传输的传输机制还取决于该网络是否支持信标的传输。通常，在低延迟设备之间通信时，应采用支持信标的传输网络，例如 PC 的外围设备。如果在网络不存在低延迟设备时，在数据传输中，可选择不使用信标方式传输。值得注意的是，在这种情况下，虽然数据传输不采用信标，但在网络连接时，仍需要信标，才能完成网络连接。

（1）数据传送到主协调器

这种数据传输事务类型是由从设备向主协调器传送数据的机制。

当从设备希望在信标网络中发送数据给主设备时，首先，从设备要监听网络的信标，当监听到信标后，从设备需要与超帧结构进行同步，在适当的时候，从设备将使用有时隙的 CSWCA 向主协调器发送数据帧，当主协调器接收到该数据帧后，将返回一个表明数据已成功接收的确认帧，以此表明已经执行完成该数据传输事务。

当某个从设备要在非信标的网络发送数据时，仅需要使用非时隙的 CSMACA 向主协调器发送数据帧，主协调器接收到数据帧后，返回一个表明数据已成功接收的确认帧，

（2）主协调器发送数据

这种数据传输事务是由主协调器向从设备传送数据的机制。

当主协调器需要在信标网络中发送数据给从设备时，它会在网络信标中表明存在有要传输的数据信息，此时，从设备处于周期地监听网络信标状态，当从设备发现存在有主协调器要发送给它的数据信息时，将采用有时隙的 CSMACA 机制，通过 MAC 层指令发送一个数据请求命令。主协调器收到数据请求命令后，返回一个确认帧，并采用有时隙的 CSMACA 机制，发送要传输的数据信息帧。从设备收到该数据帧后，将返回一个确认帧，表示该数据传输事务已处理完成。主协调器收到确认帧后，将该数据信息从主协调器的信标未处理信息列表中删除。

当主协调器需要在非信标网络中传输数据给从设备时，主协调器存储着要传输的数据，将通过与从设备建立数据连接，由从设备先发送请求数据传输命令后，才能进行数据传输，其具体传输过程如下所述。

首先，采用非时隙 CSMACA 方式的从设备，以所定义的传输速率向主协调器发送一个请求发送数据的 MAC 层命令，从而在主从设备之间建立起连接；主协调器收到请求数据发送命令后，返回一个确认帧。如果在主协调器中存在有要传送给该从设备的数据时，主协调器将采用非时隙 CSMACA 机制，向从设备发送数据帧；如果在主协调器中不存在有要传送给该从设备的数据，则主协调器将发送一个净荷长度为 0 的数据帧，以表明不存在有要传输给该从设备的数据。从设备收到数据后，返回一个确认帧，以表示该数据传输事务已处理完成。

（3）对等网络的数据传输在对等网络中，每一个设备都可与在其无线通信范围内的任何设备进行通信。由于设备与设备之间的通信随时都可能发生，因此，在对等网络中，各通信设备之间必须处于随时可通信的状态，设备必须处于如下两种工作状态中的任意一种：①设备始终处于接收状态；②设备间保持相互同步。在第一种状态下，设备采用非时隙的 CSMACA 机制来传输简单的数据信息；在第二种情况下，需要采取一些其他措施，以确保通信设备之间相互同步。

3. 帧结构

在通信理论中，一种好的帧结构能够在保证其结构复杂性最小的同时，在噪声信道中具有很强的抗干扰能力。在 ZigBee 技术中，每一个协议层都增加了各自的帧头和帧尾，在 PAN 网络结构中定义了如下四种帧结构：

信标帧——主协调器用来发送信标的帧。

数据帧——用于所有数据传输的帧。

确认帧——用于确认成功接收的帧。

MAC 层命令帧——用于处理所有 MAC 层对等实体间的控制传输。

4.鲁棒性

在 LR — WPAN 中，为保证数据传输的可靠性，采用了不同的机制，如 CSMA-CA 机制、帧确认以及数据校验等。

（1）CSMA-CA 机制

正如上面所述，ZigBee 网络分为信标网络和非信标网络，对不同的网络工作方式将采用不同的信道接入机制。在非信标网络工作方式下，采用非时隙 CSMA 州 CA 信道接入机制。采用该机制的设备，在每次发送数据帧或 MAC 层命令时，要等待一个任意长的周期，在这个任意的退避时间之后，如果设备发现信道空闲，就会发送数据帧和 MAC 层命令；反之，如果设备发现信道正忙，将等待任意长的周期后，再次尝试接入信道。而对于确认帧，在发送时，不采用 CSMA-CA 机制，即在接收到数据帧后，接收设备直接发送确认帧，而不管当前信道是否存在冲突，发送设备根据是否接收到正确的确认帧来判断数据是否发送成功。在信标网络工作方式下，采用有时隙的 CSMA-CA 信道接入机制，在该网络中，退避时隙恰好与信标传输的起始时间对准。在 CAP 期间发送数据帧时，首先，设备要锁定下一个退避时隙的边界位置，然后，在等待任意个退避时隙后，如果检测到信道忙，则设备还要再等待任意个退避时隙，才能尝试再次接入信道；如果信道空闲，设备将在下一个空闲的退避时隙边界发送数据。对于确认帧和信标帧的发送，则不需要采用 CSMA-CA 机制。

（2）确认帧

在 ZigBee 通信网络中，在接收设备成功地接收和验证一个数据帧和 MAC 层命令帧后，应根据发送设备是否需要返回确认帧的要求，向发送设备返回确认帧，或者不返回确认帧。但如果接收设备在接收到数据帧后，无论任何原因造成对接收数据信息不能进一步处理时，都不返回确认帧。

在有应答的发送信息方式中，发送设备在发出物理层数据包后，要等待一段时间来接收确认帧，如没有收到确认帧信息，则认为发送信息失败，并且重新发送这个数据包。在经几次重新发送该数据包后，如仍没有收到确认帧，发送设备将向应用层返回发送数据包的状态，由应用层决定发送终止或者重新再发送该数据包。在非应答的发送信息方式中，不论结果如何，发送设备都认为数据包已发送成功。

（3）数据核验

为了发现数据包在传输过程中产生的比特错误，在数据包形成的过程中，均加入了 FCS 机制，在 ZigBee 技术中，采用 16 bit ITU-T 的循环冗余检验码来保护每一个帧信息。

5.功耗

ZigBee技术在同其他通信技术比较时，我们不难看出，其主要技术特点之一就是功耗低，可用于便携式嵌入式设备中。在嵌入式设备中，大部分设备均采用电池供电的方式，频繁地更换电池或给电池充电是不实际的。因此，功耗就成为一个非常重要的因素。

显然，为减小设备的功耗，必须尽量减少设备的工作时间，增加设备的休眠时间，即使设备在较高的占空比条件下运行，以减小设备的功耗为目的，因此，这样就不得不使这些设备大部分的时间处于休眠状态。但是，为保证设备之间的通信能够正常工作，每个设备要周期性地监听其无线信道，判断是否有需要自己处理的数据消息，这一机制使得我们在实际应用中，必须在电池消耗和信息等待时间之间进行综合考虑，以获得它们之间的相对平衡。

6.安全性

在无线通信网络中，设备与设备之间通信数据的安全保密性是十分重要的，ZigBee技术中，在MAC层采取了一些重要的安全措施，以保证通信最基本的安全性。通过这些安全措施，为所有设备之间的通信提供最基本的安全服务，这些最基本的安全措施用来对设备接入控制列表进行维护，并采用相应的密钥对发送数据进行加解密处理，以保护数据信息的安全传输。

虽然MAC层提供了安全保护措施，但实际上，MAC层是否采用安全性措施由上层来决定，并由上层为MAC层提供该安全措施所必需的关键资料信息。此外，对密钥的管理、设备的鉴别以及对数据的保护、更新等都必须由上层来执行。

（1）安全性模式

在ZigBee技术中，可以根据实际的应用情况，即根据设备的工作模式以及是否选择安全措施等情况，由MAC层为设备提供不同的安全服务。

1）非安全模式。在ZigBee技术中，可以根据应用的实际需要来决定对传输的数据是否采取安全保护措施，显然，如果选择设备工作模式为非安全模式，则设备不能提供安全性服务，对传输的数据无安全保护。

2）ACL模式。在ACL模式下，设备能够为同其他设备之间的通信提供有限的安全服务。在这种模式下，通过MAC层判断所接收到的帧是否来自于所指定的设备，如不是来自于指定的设备，上层都将拒绝所接收到的帧。此时，MAC层对数据信息不提供密码保护，需要上层执行其他机制来确定发送设备的身份。在ACIL模式中，所提供的安全服务即为前面所介绍的接入控制。

3）安全模式。在安全模式条件下，设备能够提供前面所述的任何一种安全服务。具体的安全服务取决于所使用的一组安全措施，并且，这些服务由该组安全措施来指定。在安全模式下，可提供如下安全服务：接入控制；数据加密；帧的完整性；有序刷新。

（2）安全服务

在 ZigBee 技术中，采用对称密钥的安全机制，密钥由网络层和应用层根据实际应用的需要生成，并对其进行管理存储输送和更新等。密钥主要提供如下几种安全服务：

1）接入控制。接入控制是一种安全服务，为一个设备提供选择同其他设备进行通信的能力。在网络设备中，如采用接入控制服务，则每一个设备将建立一个接入控制列表，并对该列表进行维护，列表中的设备为该设备希望通信连接的设备。

2）数据加密。在通信网络中，对数据进行加密处理，以安全地保护所传输的数据，在 ZigBee 技术中，采用对称密钥的方法来保护数据，显然，没有密钥的设备不能正确地解密数据，从而，达到了保护数据安全的目的。数据加密可能是一组设备共用一个密钥（通常作为默认密钥存储）或者两个对等设备共用一个密钥（一般存储在每个设备的 ACL 实体中）。数据加密通常为对信标载荷，命令载荷或数据载荷进行加密处理，以确保传输数据的安全性。

3）帧的完整性。在 ZigBee 技术中，采用了一种称为帧的完整性的安全服务。所谓帧的完整性，就是利用一个信息完整代码来保护数据，该代码用来保护数据免于没有密钥的设备对传输数据信息的修改，从而进一步保证了数据的安全性。帧的完整性由数据帧、信标帧和命令帧的信息组成。保证帧完整性的关键在于一组设备共用保护密钥（一般默认密钥存储状态）或者两个对等设备共用保护密钥（一般存储在每个设备的 ACL 实体中）。

4）有序刷新。有序刷新技术是一种安全服务，该技术采用一种规定的接收帧顺序对帧进行处理。当接收到一个帧信息后，得到一个新的刷新值，将该值与前一个刷新值进行比较，如果新的刷新值更新，则检验正确，并将前一个刷新值刷新成该值；如果新的刷新值比前一个刷新值更旧，则检验失败。这种服务能够保证设备接收的数据信息是新的数据信息，但是没有规定一个严格的判断时间，即对接收数据多长时间进行刷新，需要根据在实际应用中的情况来进行选择。

7. 甲原语的概念

从上面的介绍中，我们不难得知 ZigBee 设备在工作时，各种不同的任务在不同的层次下执行，通过层的服务完成所要执行的任务。每一层的服务主要完成两种功能：一种是根据它的下层服务要求，为上层提供相应的服务；另一种是根据上层的服务要求，对它的下层提供相应的服务。各项服务通过服务原语来实现。

服务是由 N 用户和 M 层之间信息流的描述来指定的。该信息流由离散的瞬时事件构成；以提供服务为特征。每个事件由服务原语组成，它将在一个用户的某一层，通过该层的服务接入点（SAP）与建立对等连接的用户的根同层之间传送。服务原语通过提供一种特定的服务来传输必需的信息。这些服务原语是一个抽象的概念，它们仅仅指出提供的服务内容，而没有指出由谁来提供这些服务。它的定义与其他任何接口的实现无关。

由代表其特点的服务原语和参数的描述来指定一种服务。一种服务可能有一个或多个相关的原语，这些原语构成了与具体服务相关的执行命令。每种服务原语提供服务时，根据具体的服务类型，可能不带有传输信息，也可能带有多个传输必需的信息参数。

原语通常分为如下四种类型：

（1）Request（请求原语）：从第 N_1 个用户发送到它的第 M 层，请求服务开始。

（2）Indiction（指示原语）：从第 N_1 个用户的第 M 层向第 N_2 个用户发送，指出对于第 N_2 个用户有重要意义的内部 M 层的事件。该事件可能与一个遥远的服务请求有关，或者可能是由一个 M 层的内部事件引起的。

（3）Response（响应原语）：从 N_2 用户向它的第 M 层发送，用来表示对用户执行上一条原语调用过程的响应。

（4）Confirm（确认原语）：从第 M 层向第 N_1 个用户发送，用来传送一个或多个前面服务请求原语的执行结果。

三、ZigBee 技术的应用

随着 ZigBee 规范的进一步完善，许多公司均在着手开发基于 ZigBee 技术的产品。采用 ZigBee 技术的无线网络应用领域包括家庭自动化、家庭安全、工业与环境控制与医疗护理、环境监测、监察保鲜食品的运输过程及保质情况等等。其典型应用领域如下。

（一）数字家庭领域

ZigBee 技术可以应用于家庭的照明、温度、安全、控制等。ZigBee 模块可安装在电视、灯泡、遥控器、儿童玩具、游戏机、门禁系统、空调系统和其他家电产品中，例如在灯池中装置 ZigBee 模块，如果人们要开灯，就不需要走到墙壁开关处，直接通过遥控便可开灯。

当你打开电视机时，灯光会自动减弱；当电话铃响起时或你拿起话机准备打电话时，电视机会自动静音。通过 ZigBee 终端设备可以收集家庭各种信息，传送到中央控制设备，或是通过遥控达到远程控制的目的，提供家居生活自动化、网络化与智能化。韩国第三大移动手持设备制造商 Curitel Cornmuniations 公司已经开始研制世界上第一款 ZigBee 手机，该手机将可通过无线的方式将家中或是办公室内的个人电脑、家用设备和电动开关连接起来，能够使手机用户在短距离内操纵电动开关和控制其他电子设备。

（二）工业领域

通过 ZigBee 网络自动收集各种信息，并将信息回馈到系统进行数据处理与分析，以利于工厂整体信息之掌握。例如火警的感测和通知，照明系统的感测，生产机台的流程控制等，都可由 ZigBee 网络提供相关信息，以达到工业与环境控制的目的。韩国的 NURI Telecom 在基于 Atmel 和 Ember 的平台上成功研发出基于 ZigBee 技术的自动抄表系统。该系统无须手动读取电表、天然气表及水表，从而为公共事业企业节省数百万美元，此项技术正在进行前期测试，很快将在美国市场上推出。

（三）智能交通

如果沿着街道、高速公路及其他地方分布式地装有大量 ZigBee 终端设备，就不再担心会迷路。安装在汽车里的器件将告诉你当前所处的位置，正向何处去。全球定位系统 GPS 也能提供类似的服务，但是这种新的分布式系统能够提供更精确、更具体的信息。即使在 GPS 覆盖不到的楼内或隧道内，仍能继续使用此系统。从 ZigBee 无线网络系统能够得到比 GPS 多很多的信息，如限速、街道是单行线还是双行线、前面每条街的交通情况或事故信息等。使用这种系统，也可以跟踪公共交通情况，可以适时地赶上下一班车，而不至于在寒风中或烈日下在车站苦等数十分钟。基于 ZigBee 技术的系统还可以开发出许多其他功能，例如在不同街道根据交通流量动态调节红绿灯，追踪超速的汽车或被盗的汽车等。

（四）其他应用

在医学领域，利用传感器和 ZigBee 网络可以准确、实时地监测每个病人的血压、体温和心率等信息，有助于医生快速做出反应，减少医生查房的工作负担，特别适用于对重危患者的监护和治疗。

在现代化农业中，利用传感器可以将土壤湿度、氮浓度、降水量、气温、气压和采集信息的地理位置等经由 ZigBee 网络传送到中央控制设备，使农民能够及早而准确地发现问题，从而有助于保持并提高农作物的产量。

第四节　无线射频识别技术

一、概述

RFID 是射频识别技术的英文（Radio Frequency Identification）的缩写，射频识别技术是 20 世纪 90 年代开始兴起的一种自动识别技术，射频识别技术是一项利用射频信号通过空间耦合（交变磁场或电磁场）实现无接触信息传递并通过所传递的信息达到识别目的的技术。

无线射频识别技术（RFID）已经成为一个很热门的话题。据业内人士预测，RFID 技术市场将在未来五年内在新的产品与服务上带来 30 至 100 亿美金的商机，随之而来的还有服务器、资料储存系统、资料库程序、商业管理软件、顾问服务，以及其他电脑基础建设的庞大需求。或许这些预测过于乐观，但 RFID 将会成为未来的一个巨大市场是毫无疑问的。许多高科技公司正在加紧开发 RFID 专用的软件和硬件，这些公司包括英特尔、微软、甲骨文、SAP 和 SUN，而最近全球最大的零售商沃尔玛的一项要求就是，要求其前 100 家供应商在 2005 年 1 月之前向其配送中心发送货盘和包装箱时使用 RFID 技术，2006 年 1 月前在单件商品中使用这项技术的决议，把 RFID 再次推到了聚光灯下。因此可以说无线射频识别技术（RFID）正在成为全球热门新科技。

二、射频识别技术发展历史

从信息传递的基本原理来说，射频识别技术在低频段基于变压器耦合模型（初级与次级之间的能量传递及信号传递），在高频段基于雷达探测目标的空间耦合模型（雷达发射电磁波信号碰到目标后携带目标信息返回雷达接收机）。1948 年哈里斯托克曼发表的"利用反射功率的通信"奠定了射频识别技术的理论基础。

射频识别技术的发展可按十年期划分如下：

1940-1950 年：雷达的改进和应用催生了射频识别技术，1948 年奠定了射频识别技术的理论基础。

1950-1960 年：早期射频识别技术的探索阶段，主要处于实验室实验研究。

1960-1970 年：射频识别技术的理论得到了发展，开始了一些应用尝试。

1970-1980 年：射频识别技术与产品研发处于一个大发展时期，各种射频识别技术测试得到加速。出现了一些最早的射频识别应用。

1980-1990 年：射频识别技术及产品进入商业应用阶段，各种规模应用开始出现。

1990~2000年：射频识别技术标准化问题日趋得到重视，射频识别产品得到广泛采用，射频识别产品逐渐成为人们生活中的一部分。

2000年后：标准化问题日趋为人们所重视，射频识别产品种类更加丰富，有源电子标签、无源电子标签及半无源电子标签均得到发展，电子标签成本不断降低，规模应用行业扩大。

至今，射频识别技术的理论得到丰富和完善。单芯片电子标签、多电子标签识读、无线可读可写、无源电子标签的远距离识别、适应高速移动物体的射频识别技术与产品正在成为现实并走向应用。

三、无线射频识别技术的系统组成

最基本的RFID系统由三部分组成：

1. 标签（Tag，即射频卡）：由耦合元件及芯片组成，标签含有内置天线，用于和射频天线间进行通信。

2. 阅读器：读取（在读写卡中还可以写入）标签信息的设备。

3. 天线：在标签和读取器间传递射频信号。

有些系统还通过阅读器的RS232或RS485接口与外部计算机（上位机主系统）连接，进行数据交换。

四、工作原理

系统的基本工作流程是：阅读器通过发射天线发送一定频率的射频信号，当射频卡进入发射天线工作区域时产生感应电流，射频卡获得能量被激活；射频卡将自身编码等信息通过卡内置发送天线发送出去；系统接收天线接收到从射频卡发送来的载波信号，经天线调节器传送到阅读器，阅读器对接收的信号进行解调和解码然后送到后台主系统进行相关处理；主系统根据逻辑运算判断该卡的合法性，针对不同的设定做出相应的处理和控制，发出指令信号控制执行机构动作。

在耦合方式（电感－电磁）、通信流程（FDX、HDX、SEQ）、从射频卡到阅读器的数据传输方法（负载调制、反向散射、高次谐波）以及频率范围等方面，不同的非接触传输方法有根本的区别，但所有的阅读器在功能原理上，以及由此决定的设计构造上都很相似，所有阅读器均可简化为高频接口和控制单元两个基本模块。高频接口包含发送器和接收器，其功能包括：产生高频发射功率以启动射频卡并提供能量；对发射信号进行调制，用于将数据传送给射频卡；

接收并解调来自射频卡的高频信号。不同射频识别系统的高频接口设计具有一些差异。

阅读器的控制单元的功能包括：与应用系统软件进行通信，并执行应用系统软件发来的命令；控制与射频卡的通信过程（主－从原则）；信号的编解码。对一些特殊的系统还有执行反碰撞算法，对射频卡与阅读器间要传送的数据进行加密和解密，以及进行射频卡和阅读器间的身份验证等附加功能。

射频识别系统的读写距离是一个很关键的参数。目前，长距离射频识别系统的价格还很贵，因此寻找提高其读写距离的方法很重要。影响射频卡读写距离的因素包括天线工作频率、阅读器的 RF 输出功率、阅读器的接收灵敏度、射频卡的功耗、天线及谐振电路的 Q 值、天线方向、阅读器和射频卡的耦合度，以及射频卡本身获得的能量及发送信息的能量等。大多数系统的读取距离和写入距离是不同的，写入距离大约是读取距离的 40%–80%。

五、RFID 自动识别术语解释

1. 微波：波长为 0.1—100 cm 或频率在 1—100 GHz 的电磁波。

2. 射频：一般指微波。

3. 电子标签：以电子数据形式存储标识物体代码的标签，也叫射频卡。

4. 被动式电子标签：内部无电源、靠接收微波能量工作的电子标签。

5. 主动式电子标签：靠内部电池供电工作的电子标签。

6. 微波天线：用于发射和接受微波信号。

7. 读出装置：用于读取电子标签内电子数据。

8. 阅读器：用于读取电子标签内电子数据。

9. 编程器：用于将电子数据写入电子标签或查阅电子标签内存储数据。

10. 波束范围：指天线发射微波的照射功率范围。

11. 标签容量：电子标签编程时所能写入的字节数或逻辑位数。

六、a-Biz—自动识别技术的应用案例框架

a-Biz 是一项自动识别工程，它的终极目标是将自动识别技术与现实世界中的应用案例结合，以此实现"商业自动化"，或者说是 a-Biz。

ASN—高级货运通知

也可称之为 DA，此电子文档先于货物被发送出去，以通知对方货物在运送途中。

BIS—商业信息系统

商业信息系统，即 BIS，是用来处理商业交易信息的系统。

DA—发货通知

此电子文档先于货物被发送出去，以通知对方货物在运送途中。

EAN—欧洲物品编码组

该组织创建于 1974 年，是由欧洲 12 个国家的生产商和分销商建立的一个 ad-hoc 委员会。它的任务是调查在欧洲制订统一的标准化的编码体系的可能性，类似于美国使用的 UPC 体系。最终创立了与 UPC 兼容的"欧洲物品编码"。可访问 http : //www.ean-int.org 获取更多消息。

EPCTM—产品电子码

产品电子码，即 EPC，是自动识别体系中用来唯一标识对象的编码。它的目的类似于 GTIN 及 UPC 等。

ONS—对象名称解析服务

对象名称解析服务，即 ONS，是自动识别系统的一个组件。类似于 Internet 中的域名解析服务 DNS，跟 DNS 类似，ONS 也执行名称解析功能。

PML—实体标记语言

自动识别设备使用实体标记语言传递实体信息。

SavantTM 是自动识别技术框架的一部分。它是一个在全球范围内分布的服务器，提供数据路由服务，实现数据捕获、数据监视及数据传送功能。

UCC—统一编码委员会

统一编码委员会的任务是在全球范围内，其目标是建立与推动物品识别及相关电子通信技术的多元化工业标准。提高供应链内的管理水平，为使用者带来附加价值。可访问 http : //www.uc-council.org 获取更多消息。

UML—统一建模语言

统一建模语言，即 UML，是一种使用案例和活动图等工具，为商业需求和商业流程建模的描述性语言。

七、应用领域与频段

表 7-1 给出了 RFID 技术应用于各个领域所对应的频段及产品特点

频段系列	典型频段	应用领域	产品特点
≤ 135 KHz 系列	低频：100–500 KHz	产品丰富，广泛用于动物识别、进出控制、物品追踪等管理。本频段的使用在大多数国家一般不受控制。	中短距识别、阅读速度慢、产品价格低廉。
1.95–8.2 MHz 系列		电子物品监视，多用于零售业或者物品防盗领域。	
13 MHz 系列	中频：10–15 MHz	可用于小区物业管理、大厦门禁系统、电子物品监视以及 ISM（工业、科学和医疗行业）等。	中短距识别、中速阅读、产品价格较低廉。
27 MHz 系列		应用于工业、科学和医疗行业。	
430–460 MHz 系列		应用于工业、科学和医疗行业。	
902–926 MHz 系列	高频：850 MHz–5.8 GHz	GSM 移动电话网、铁路车辆识别、集装箱识别等。部分地区用于公路车辆识别管理与自动收费系统。	长距识别、高速阅读、产品价格较高。
2350–2450 MHz 系列		应用于工业、科研和医药行业。	
5 800–6 800 MHz 系列		非管制频段，其中 5.8G 在部分国家已定为智能交通系统用频段（如公路车辆管理与自动收费系统）。	

第八章　现代通信网络安全与管理

第一节　网络安全的概述

一、网络安全的概念

1.安全的含义

在美国国家信息基础设施（NII）的最新文献中，明确给出安全的五个属性：可用性、可靠性、完整性、保密性和不可抵赖性。这五个属性适用于国家信息基础设施的教育、娱乐、医疗、运输、国家安全、电力供给及通信等广泛领域。这五个属性定义如下：

（1）可用性（Availability）：信息和通信服务在需要时允许授权人或实体使用。

（2）可靠性（Reliability）：系统在规定条件下和规定时间内完成规定功能的概率。

（3）完整性（Integrity）：信息不被偶然或蓄意地删除、修改、伪造、乱序、重放、插入等破坏的特性。

（4）保密性（Confidentiality）：防止信息泄漏给非授权个人或实体，信息只为授权用户使用。

（5）不可抵赖性（Non-Repudiation）：也称作不可否认性，在一次通信中，参与者的真实同一性。

其中，可靠性是网络安全最基本的要求之一。网络不可靠、事故不断根本谈不上网络安全。但是，网络在正常条件下能可靠工作，而在特殊情况下，网络不能为用户提供有效的信息和通信服务（可用性）；或敏感的机要信息在通信过程中被泄漏（保密性）；或提供的信息内容在通信过程中被修改和破坏（完整性）；或通信双方的任何一方否认/抵赖曾发生通信联系，甚至否认/抵赖通信内容（不可抵赖性），网络仍是不安全的。因此，对于网络来说，这五个属性都很重要。

2.网络信息安全的原则

一般对信息系统安全的认知与评判方式包含五项原则：私密性、完整性、身份鉴别、授权、不可否认性。这五项原则虽各自独立，在实际维护系统安全时，却又环环相扣，缺一不可。

（1）私密性。当信息可被信息来源人、收受人之外的第三者以恶意或非恶意的方式得知时，就丧失了私密性。某些形式的信息特别强调隐私性，诸如个人身份资源、信用交易记录、医疗保险记录、公司研发资料及产品规格等。

（2）完整性。当信息被非预期方式变动时，就丧失了完整性。如飞航交通、金融交易等应用场合，资料遭受变动后可能会造成重大的生命财产损失，因此需特别重视资料的完整性。

（3）身份鉴别。身份鉴别确保使用者能够提出与宣称身份相符的证明。对于信息系统，这项证明可能是电子形式（如使用者账号密码、IC卡等）或其他独一无二的方式（如指纹、虹膜、声音等生物辨识）。

（4）授权。系统必须能够判定用户是否具备足够的权限进行特定的活动，如开启档案、执行程序等。因为系统授权给特定用户后，用户才具备权限运行于系统上，因此用户事先必须经由系统身份鉴别，才能取得对应的权限。

（5）不可否认性。用户在系统进行某项运作之后，若事后能提出证明而无法加以否认，便具备不可否认性。因为在系统运作时必须拥有权限，不可否认性通常是架构在授权机制之上的。

二、网络安全的内容

1.网络安全框架

网络安全框架给出了网络安全体系的基本构成，主要包括以下三个层次：安全技术层、安全管理层和政策法规层。政策法规层保护安全管理层和安全技术层。安全管理层保护安全技术层。安全技术层主要包括物理安全、信息加密、数字签名、存取控制、认证、信息完整、业务填充、路由控制、压缩过滤、防火墙、公证审计、协议标准、电磁防护、媒体保护、故障处理、安全检测、安全评估、应急处理等。

安全管理层主要包括密钥管理、系统安全管理、安全服务管理、安全机制管理、安全事件处理管理、安全审计管理、安全恢复管理、安全组织管理、安全制度管理、人事安全管理、安全意识教育、道德品质教育、安全规章制度、大众媒体宣传、表扬奖惩制度、安全知识普及等。

政策法规层主要包括引进、采购和入网政策上的安全性要求，制定各项安全政策和策略，制定安全法规和条例，打击国内外的犯罪分子，依法保障通信网和信息安全等。

网络安全涉及的三个层次是一个有机整体，任何环节的失误都有可能带来严重的后果。无疑安全技术是保障网络安全必备的基础手段，研制和装备高科技的安全设备是保障网络安全的最重要措施。但是，仅仅这些还不够，还必须有完善的安全管理（包括技术的和行政的管理）和政策法规保障。过去对网络安全的技术层面和要求比较重视，其他两个层面相对较弱。实际上，各项安全技术是由人去研制、生产、维护和管理的，若管理松弛，再先进的安全技术也如同虚设。在现实社会生活中，人们总是生活在一定的道德规范和社会秩序中，人的行为无不受到外在社会法令和内心道德原则的双重制约，没有良好的社会环境，犯罪率必然增加。安全政策法规是保障网络和信息安全的重要防线，是对企图破坏者的一种威慑力量，是保障安全的有力武器。对于恶意攻击和破坏，安全技术措施和安全管理固然可以限制和减少危害，但不足以根除，必须依赖法律来保障。

2. 网络安全对策

网络安全必须作为管理工作中一个优先考虑的问题。从上述分析可知，网络涉及面广、技术复杂，面临严重的威胁和攻击，加上网络本身的脆弱性，使得网络存在严重的安全问题。那么，究竟如何才能保障网络安全呢？

（1）根据安全需求制定安全计划。

在前面提出的五个安全属性中，不同的机构可能有不同的重视程度。这是因为不同的机构有不同的安全考虑，而且它们将据此来制定各自的安全计划。如通信运营部门考虑的是如何保证用户的通信畅通和运营服务，确保网络的可靠性和可用性是最基本的要求。在金融系统中，考虑的是如何保证资金和账务不被窃取、篡改及抵赖，保障网络的可靠性、完整性和不可抵赖性是最基本的要求。在国家机密情报部门，如何保证信息的机密不被窃取和破坏、确保网络的保密性和完整性是最基本的要求。

总之，应依据各部门的性质和安全需求，确定不同的网络安全策略和重点。

（2）进行风险分析和评估。风险分析是风险管理的基础，它是指由于估计威胁发生的可能性，以及由于系统易于受到攻击的脆弱性而引起潜在损失的步骤。风险分析的最终目的是帮助选择安全策略和安全机制，并将风险降低到可以接受的程度。为此，风险分析至少要考虑以下几个问题：

1）网络的哪些部分将面临风险。

2）会发生哪些灾难。

3）发生灾难的可能性有多大。

风险评估是实施网络安全的重要部分。首先依据风险分析确定具体的安全策略、安全机制及安全措施。其次进行费用效益分析，确定花费多少时间、人力和资金来保护网络安全。为此，需要对防御成本和受损后的恢复成本做出评估，以此确定安全优先次序表。风险评估至少要考虑以下几个问题：

1）更换通信设备和系统的实际费用。

2）生产运营损失。

3）机会损失。

4）信誉损失等。

（3）根据需要建立安全策略。网络安全策略应关注以下几个方面：

1）增强网络的可靠性和可用性、保障通信畅通和业务运营以满足通信的需要是网络安全最基本的要求。

2）满足网络信息的保密性、完整性和不可抵赖性的基本要求，采取有关的安全机制以保障信息网络安全。对于重要的用户信息，由用户根据不同的安全需求采取相应的安全机制。

3）加强网络备份、恢复操作及应急处理能力，保证网络在突发事件下安全运行。

4）加大安全监控力度和安全审计功能，严格检测入网安全，完善网管功能，增强网络抗拒威胁和攻击的能力。

5）重点防范网络关键部位的安全，如接入点、信息中心、认证中心、管理中心、数据库、重点网站等采取相应的安全机制。对于重要的部门，可建立安全保密子网或者安全虚拟专用网（VPN）。在尚未解决安全性以前，党政专网和其他安全性要求高的专网暂不宜接入，以保障重要通信安全。

6）安全技术应随着科技进步和攻防技术的提高而动态发展，必须不断研究和更新安全技术，自主开发国产网络安全产品才能确保网络安全。

7）强化安全管理人员的安全防范意识，杜绝安全隐患和漏洞。

8）协助国家有关部门完善安全政策和法规，严厉打击不法分子，建立安全的外部环境，保障网络安全。

3. 网络安全服务

网络安全服务大致有以下内容：

（1）认证。对每个实体（人、进程或设备等）必须加以认证，也称作信息源认证。每次与协议数据单元（PDU）连接都必须对实体的身份和授权实体进行处理，其信息级别要求匹配。

（2）对等实体认证。网络必须保证信息交换在实体间进行，而不与伪装的或重复前一次交换的实体进行信息交换，网络必须保证信息源是所要求的信息源。要确定出会话开始的时间，以发现重复性攻击。

（3）访问控制。必须有一套规则，由网络来确定是否允许给定的实体使用特定的网络资源。这些规定可以是强制的或选定的访问控制方式，以便有效地保护敏感的或保密的信息。网络实体未经许可，不能将保密信息发送给其他网络实体；未经授权，不能获取保密信息和网络资源。

（4）强制访问控制。根据信息资源的敏感度限制使用资源。实体获得正式授权后，才可以使用具有这种敏感度的信息。强制性表现在它适用于所有的实体和所有的信息，具有政策法规效力。

（5）选定访问控制。根据实体和/或实体群的身份来限制使用资源。选定性表现在它允许资源的所有者改变访问控制；存取的信息允许传送给相应的实体。

（6）标记。存取控制标记必须与协议数据单元（PDU）和网络实体相关。为了控制使用网络，发送和/或处理的信息必须能用可靠的说明其保密程度（或级别）的标记，对每个 PDU 进行标记。

（7）信息加密。网络必须对敏感信息提供保密措施，防止主动攻击、被动攻击及通信业务流量分析。信息保密是防止信息泄漏的重要手段，也是人们关注的主要问题之一。

（8）信息的完整性。网络必须保证信息精确地从起点到终点，不受真实性、完整性和顺序性的攻击。网络必须既能对付设备可靠性方面的故障，又能对付人为和未经允许的修改信息的行为。

（9）抗拒绝服务。可以将拒绝通信服务看成是信息源被修改的一种极端情况，它使用信息传送不是被阻塞，就是延迟很久。为此，需要网络能有效地确定是否受到这种攻击。

（10）业务的有效性。网络必须保证规定的最低连续性业务能力。将检测业务降级到最低限度的状态，并自动告警；设备发生故障时，可以迅速恢复业务，保证业务的连续性。

（11）审计。网络必须记载安全事件的发生情况并保护审计资料，以免被修改或破坏，便于审计跟踪和事件的调查。

（12）不可抵赖。网络必须提供凭证，防止发送者否认或抵赖已接收到相关的信息。

4. 网络安全机制

网络安全机制主要包括以下内容：

（1）加密机制。主要有链路加密、端到端加密、对称加密、非对称加密、密码校验和密钥管理等。

（2）数字签名机制。它可以利用对称密钥体制或非对称密钥体制实现直接数字签名机制和仲裁数字签名机制。

（3）存取控制机制。主要利用访问控制表、性能表、认证信息、资格凭证、安全标记等表示合法访问权，并限定试探访问时间、路由及访问持续时间等。

（4）信息完整性机制。包括单个信息单元或字段的完整性和信息流的完整性。利用数据块校验或密码校验值防止信息被修改，利用时间标记在有限范围内保护信息免遭重放；利用排序形式，如顺序号、时间标记或密码链等，防止信息序号错乱、丢失、重放、穿插或修改信息。

（5）业务量填充机制。它包括屏蔽协议，实体通信的频率、长度、发端和收端的码型，选定的随机数据率，更新填充信息的参数等，以防止业务量分析，即防止通过观察通信流量获得敏感信息。

（6）路由控制机制。路由可通过动态方式或预选方式使用物理上安全可靠的子网、中继或链路。当发现信息受到连续性的非法处理时，它可以另选安全路由来建立连接；带某种安全标记的信息将受到检验，防止非法信息通过某些子网、中继或链路，并告警。

（7）公证机制。在通信过程中，信息的完整性、信源、通信时间和目的地、密钥分配、数字签名等，均可以借助公证机制加以保证。保证由第三方公证机构提供，它接受通信实体的委托，并掌握证明其可信赖的所需信息。公证可以是仲裁方式或判决方式。

三、网络面临的安全问题

1. 网络攻击

计算机网络系统的安全性威胁来自多方面，可分为被动攻击和主动攻击两类。被动攻击不修改信息内容，如偷听、监视、非法查询、非法调用信息等；主动攻击要破坏数据的完整性，如删除、篡改、冒充合法数据或制作假的数据进行欺骗，甚至干扰整个系统的正常运行。

一般认为，黑客攻击、计算机病毒和拒绝服务攻击这三个方面是计算机网络系统受到的主要威胁。目前人们也开始重视来自网络内部的安全威胁。

（1）黑客攻击。它指黑客非法进入网络并非法使用网络资源。例如，通过网络监听获取网上用户的账号和密码、非法获取网上传输的数据、通过隐蔽通道进行非法活动、采用匿名用户访问进行攻击、突破防火墙等。

（2）计算机病毒。计算机病毒进入网络，对网络资源进行破坏，使网络不能进行正常工作，甚至造成整个网络的瘫痪。

（3）拒绝服务攻击。拒绝服务攻击是一种破坏性攻击，它的一个典型例子就是电子邮件炸弹。它使用户在很短时间内收到大量无用的电子邮件，从而影响正常业务的进行，严重时使系统关机、网络瘫痪。

2. 网络系统的安全漏洞

在以 TCP/IP 协议为主的因特网给人类带来各种好处的同时，在不同类型计算机之间实现资源共享的背后，存在很多技术上的安全漏洞，因而许多提供使用灵活性的应用软件变成了入侵者的工具。例如，1998 年的因特网蠕虫事件就是巧妙地使用了 Sendmail 安全上的漏洞。一些网络登录服务（如 Telnet 在向用户提供了很大的使用自由和权限的同时也带来了很大的安全问题）需要有复杂的认证方式和防火墙的应用来限制其权限和范围。网络文件系统（NFS）文件传输协议（FTP）等简单灵活的应用也因信息安全问题而在使用时受到限制。网络上明文传输具有实现上的方便性，同时也为窃听打开了方便之门。

网络系统的安全漏洞大致可以分为以下三个方面。

（1）网络漏洞。网络漏洞包括网络传输时对协议的信任及网络传输的漏洞，例如 IP 欺骗（篡改 IP 信息，使目的主机认为信息来自另一台主机）和信息腐蚀（篡改网络上传输的信息），就是利用网络传输时对 IP 和 DNS 的信任。监听器（Sniffer）就是利用了网络信息明文传输的弱点，它是长期驻留在网络中的一种程序，可以监视记录各种信息包。由于 TCP/IP 对所传送的信息不进行数据加密，黑客只要在用户的 IP 包经过的一条路径上安装监听器，就可以窃取用户的口令。电子邮件是因特网上使用最多的一项服务，通过电子邮件来攻击系统也是黑客常用的手段。

（2）服务器漏洞。利用服务进程的 bug 和配置错误，任何向外提供服务的主机都有可能被攻击。这些漏洞常被用来获取对系统的访问权。在校园网中存在着许多虚拟的口令，长期被使用而不更改，甚至有些系统没有口令，这将对网络系统的安全产生严重的威胁。其他的漏洞还有访问权限问题、网络主机之间甚至超级管理员之间存在着信任问题、防火墙本身的技术漏洞等。

（3）操作系统漏洞。目前还没有一个无安全漏洞的商用操作系统问世。人们广泛使用的三大操作系统（即 UNIX、Windows 和 Linux）都不同程度地存在着各种安全漏洞，只不过操作系统的版本越新，其安全漏洞就越少。

第二节 网络安全关键技术

一、防火墙技术

1.基本概念

防火墙是从 Intranet 的角度来解决网络的安全问题。目前，防火墙技术在网络安全技术中引人瞩目，它提供了对网络路由的安全保护。据统计，全球连入 Internet 的计算机中，有三分之一以上的计算机在防火墙的保护之下。

防火墙（Firewall）是一种由计算机硬件和软件组成的一个或一组系统，用于增强网络之间的访问控制。防火墙系统决定了哪些内部服务可以被外界访问、外界的哪些人可以访问内部的哪些可访问服务、内部人员可以访问哪些外部服务等。设立防火墙后，所有来自和去向外界的信息都必须经过防火墙，接受防火墙的检查。因此，防火墙是网络之间的一种特殊的访问控制，是一种屏障，限制内部网与外部网之间数据的自由流动，仅允许被批准的数据通过。人们设计了防火墙这种网络安全防护系统，用来检查所有通过内部网与外部网的信息来确定内部网和外部网之间的网络服务请求是否合法、网络中传送的数据是否会对网络安全构成威胁。只有那些允许的服务才能通过。

因此，防火墙的主要功能就是控制对于保护网络的合法和非法访问。它通过监视、限制、更改通过网络的数据流，一方面尽可能屏蔽内部网的拓扑结构，用以防范外对内的非法访问和攻击；另一方面对内屏蔽外部危险站点，防范内部用户对外网的非法访问。防火墙用于隔离内外网，同时还必须为内外网用户之间的信息交流提供安全可靠的传输通道。

2.防火墙基本类型

防火墙包括三种类型：数据包过滤器、应用级防火墙和线路级防火墙。

（1）数据包过滤器

数据包过滤器又称包过滤防火墙，是众多防火墙中最基本、最简单的一种，也是费用最少的一种。数据包过滤器可以通过提供访问控制表来拒绝或允许路由器间数据包的交换。数据包过滤器按照数据包协议、报文的源 IP 地址、目的 IP 地址、传输方向或服务类型（即端口号）来过滤数据包，可用于内部过滤或外部过滤。数据包过滤器一般在路由软件中实现，可以是带有数据包过滤功能的商用路由器，也可以是基于主机的路由器。

数据包过滤器对所接收的每个数据包做出决定——转发或丢弃。路由器审查每个数据包的报文头中的报文类型、源 IP 地址、目的 IP 地址和目的端口等域，并与规则库里的规则相匹配。如果与某一条数据包过滤规则匹配，而且该规则允许该数据包，那么该数据包就会按照路由表中的路由被转发；如果匹配而该规则拒绝该数据包，那么该数据包就会被丢弃；如果没有相匹配的规则，则根据用户的默认配置参数决定是转发还是丢弃数据包。

过滤规则是数据包转发或丢弃的依据，常以表格的形式出现，用来存放防火墙中的一系列安全规则，其中包括以某种次序排列的条件和动作序列。条件包括源地址 / 地址掩码 / 端口、目的地址 / 地址掩码 / 端口、传输协议及绑定的网络设备。动作包括允许通过 / 同时记录、拦截 / 返回代码 / 同时记录、记录 / 简单记录 / 详细记录、流量分配和统计等。根据安全规则，可以通过防火墙设备的数据包进行检查，限制数据包的进出。当数据包过滤器收到一个数据包时，则按照从前至后的顺序与表格中每行条件进行比较，直到满足某一行的条件，然后执行相应的动作，转发或丢弃。

数据包过滤器的最大优点是对用户透明，传输效率较高。但由于其安全控制层次在网络层和传输层，安全控制的范围也只限于数据包的源地址、目的地址和 TCP 的静态端口号，因而只能进行比较初级的安全控制。如果黑客使用的是基于合法端口的恶意拥塞攻击、内存覆盖攻击或病毒攻击等高层次的攻击方法，单纯的包过滤手段就无法阻止了。

建立一个正确的、完善的过滤规则集是数据包过滤器技术中很重要的内容。

（2）应用级防火墙

应用级防火墙不使用通用的过滤器，而是使用针对某个特定应用的过滤器。应用级防火墙通常是一段专门的程序，如针对 E-mail、DNS 等，还可以进行相应的日志管理。

应用级防火墙不依赖包过滤工具来管理网络服务在防火墙系统中的进出，而是采用为每种服务在网关上安装特殊的代理服务的方式来进行管理。如果某种应用未在防火墙上安装代理服务程序，那么该项服务就不能通过防火墙系统来转发。

一个应用级防火墙常常被称作"堡垒主机"，因为它是一个专门的系统，有特殊的装备，并能抵御攻击。运行代理服务程序的服务器称为代理服务器

（ProxyServer）。代理服务器用以分隔内外网络，为内外网间的合法访问提供通道。

代理服务将通过防火墙的通信链路分为两段：内部网络的网络链路到代理服务器为止；外部计算机的网络链路也只能到达代理服务器，没有直接的连接内部网和外部网的网络链路。

运行代理服务程序的代理服务器连接了两个网络。相应地，代理服务也由两部分构成：服务器端程序和客户端程序。客户端程序与中间节点——代理服务器连接。代理服务器再与要访问的真实服务器实际连接，而整个代理服务过程可以对用户透明。没有网络信息流以通过路由器的方式直接通过代理服务器。

当用户需要访问代理服务器另一侧的内部服务器时，代理服务器会启动用户身份认证功能，首先检查该用户是否是一个合法用户，如果是，则根据预先设定的安全规则列表，检查其提出的应用请求是不是一个符合安全规则的连接；如果不是，代理服务器为该用户的连接建立一个暂时的堆栈（缓冲区），存放该用户连接的所有相关信息。代理服务器采用网络地址翻译技术，把数据包的源地址改为代理服务器的合法 IP 地址，并重新向被访问主机发出一个相同的连接请求。当此连接请求得到被访问主机的回应并建立其连接之后，内部主机与外部主机之间的通信将通过代理程序将相应连接过程一一映射来实现。直到应用结束，代理服务器释放连接和堆栈内存，完成本次代理工作。对于用户而言，代理服务器是透明的，用户好像是与外部网络直接相连的。外部合法用户对内网服务器的访问也必须通过代理服务器进行。但对外部非法入侵者而言，由于代理服务机制完全阻断了内部网络与外部网络的直接联系，所以保证了内部网络的拓扑结构、IP 地址、应用服务的端口号等重要信息被限制在代理网关内侧而不会外泄，从而减少了对内网的攻击。

以堡垒主机上的 Telnet 代理服务为例，Telnet 代理永远不允许外部用户注册到内部服务器或直接访问内部服务器。外部客户指定目标主机后，Telnet 代理建立一个自己到内部服务器的连接，并替外部客户转发命令。在外部客户看来，Telnet 代理是一个真正的内部服务器，而内部服务器也把 Telnet 代理看作是外部客户。

每个代理都是一个简短的程序，是专门为网络安全目的而设计的。在堡垒主机上，每个代理都是独立的，与其他代理无关，如果某一代理的工作出现问题，或在应用中发现了它的安全脆弱性，则只需将这一代理程序简单地卸出，不会影响其他代理的工作。

只有那些网络管理员认为必要的服务才会被安装在堡垒主机上。在堡垒主机上一般安装有限的代理服务，如 Telnet、DNS、FTP、SMTP 及用户认证等。用户在访问代理服务之前可能被堡垒主机要求附加认证。

（3）线路级防火墙

线路级防火墙实际上是一种 TCP 连接的中继服务。TCP 连接的发起方并不直接与响应方建立连接，而是与一个作为中继的线路级防火墙交互，再由它与响应方建立 TCP 连接，并在此过程中完成用户鉴别和在随后的通信中维护数据的安全，控制通信的进行。

线路级防火墙是一个特殊的功能，可以由应用层网关来完成。线路级防火墙只提供内部网和外部网的中继，并不具备任何附加的包处理或过滤能力。

例如，当进行 Telnet 连接时，线路级防火墙是简单的中继 Telnet 连接，并不做任何审查、过滤或 Telnet 协议管理。线路级防火墙就像电线一样，只是在内部连接和外部连接之间来回复制字节。但是从外部网络看来，信息流好像是直接起源于防火墙。外部用户仅看到防火墙的 IP 地址，任何与内部网络主机的直接接触都被阻止，从而保护了内部网络的安全。

这三种类型的防火墙各有利弊，在实际应用中应综合考虑网络环境、安全策略和安全级别等各方面的因素来选择合适的防火墙。如果受保护的内部网中的用户都是可以信任的，并且只允许内部网访问外部网，不允许外部网访问内部网，那么，线路级防火墙和数据包过滤器就特别适用。如果稍微降低一些安全性，即可以允许某台远程机器上的所有用户访问内部网，而如果允许远程机器上的特定用户访问内部网，又要求能够抗御假冒 IP 源地址的外部攻击，则必须使用应用级防火墙。但应用级防火墙也有其缺点，即防火墙对用户不再是透明的，用户访问受保护的网络之前必须进行登录。应用级防火墙和数据包过滤器混合使用则能提供比单独使用应用级防火墙或数据包过滤器更高的安全性和更大的灵活性。

二、入侵检测技术

1. 基本概念

入侵检测系统（Intrusion Detection System）是对入侵行为的发觉。入侵检测是防火墙的合理补充，帮助系统对付网络入侵，扩展了系统管理员的安全管理能力（包括安全审计、监视、进攻识别和响应），提高了信息安全基础结构的完整性。它从计算机网络系统中的若干关键点收集信息，并分析这些信息，看看网络中是否有违反安全策略的行为和遭到袭击的迹象。入侵检测被认为是防火墙之后的第二道安全闸门，在不影响网络性能的情况下能对网络进行监测，从而提供对内部入侵、外部入侵和误操作的实时保护。

对一个成功的入侵检测系统来讲，它不但可使系统管理员时刻了解网络系统（包括程序、文件和硬件设备等）的任何变更，还能给网络安全策略的制定提供指南。更为重要的一点是，它管理简单，从而使非专业人员非常容易地获得网络安全。而且，入侵检测的规模还应根据网络威胁、系统构造和安全需求的改变而改变。入侵检测系统在发现入侵后，会及时做出响应，包括切断网络连接、记录事件和报警等。

入侵检测的主要功能如下：

（1）监控、分析用户和系统的活动。

（2）核查系统配置和漏洞。

（3）识别入侵的活动模式并向网管人员报警。

（4）对异常活动的统计分析。

（5）操作系统审计跟踪管理，识别违反政策的用户活动。

（6）评估重要系统和数据文件的完整性。

2. 入侵检测技术原理

入侵检测技术通常基于异常检测原理和误用入侵检测原理。

（1）异常检测原理

异常检测指的是根据非正常行为（系统或用户）和非正常的计算机资源使用情况检测出入侵行为，即发现同正常行为相违背的行为。

例如，如果某用户仅仅是在早上 8 点钟到下午 5 点钟之间在办公室使用计算机，则该用户在晚上的活动就是异常的，就有可能是入侵。

异常检测试图用定量方式描述常规的或可接受的行为，以标记非常规的、潜在的入侵行为。入侵检测的主要前提是把入侵性活动作为异常活动的子集，这样可以通过识别所有的异常活动就可以识别所有的入侵性活动。但是，由于入侵性活动并不总是与异常活动相符合，这就有可能造成错误的判断。

（2）误用入侵检测原理

误用入侵检测是指根据已知的入侵模式来检测入侵。入侵者常常利用系统和应用软件中的弱点进行攻击，而这些弱点一般可编成某种模式，如果入侵攻击方式恰好与检测系统模式库中的某规则匹配，则入侵者就会被检测到。

因此，误用入侵检测依赖于模式库，模式库构造的好坏直接影响到 IDS 的性能。由于误用入侵检测的主要假设是具有能够被精确地按照某种方式编码的攻击，但并不是所有的攻击都能够进行精确的编码，所有某些模式的估算具有固有的不准确性，这样会造成 IDS 误报警和漏检。

3. 入侵检测系统分类

根据不同的分类方法，入侵检测系统可以分为不同的种类。

按照输入数据的来源可分为三类：

（1）基于主机的入侵检测系统。基于主机的入侵检测系统分析来自单个计算机系统的审计记录的系统日志来检测攻击。基于主机的入侵检测系统通常安装在被重点检测的主机上，主要对系统审计日志进行分析和判断。如果其中主体活动十分可疑（特征或违反统计规律），入侵检测系统就会采取相应措施。

（2）基于网络的入侵检测系统。基于网络的入侵检测系统的输入数据来源于网络的数据流，能够检测该网段上发生的网络入侵。基于网络的入侵检测系统放置在比较重要的网段内，监视网段中的数据包。对每一个数据包或可疑的数据包进行特征分析，如果与某些规则相符合，入侵检测系统就会发出报警并采取适当的响应措施。目前，大部分的入侵检测系统是基于网络的。

（3）采用上述两种数据来源的分布式入侵检测系统。基于网络的入侵检测系统和基于主机的入侵检测系统都有不足之处，单纯使用一类系统会造成主动防御体系不全面。但是，采用了这两种数据来源的入侵检测系统在网络中能构成一套完整、立体的主动防御体系，综合了上述两种系统特点的入侵检测系统既可以发现网络中的攻击信息，也可以从系统日志中检测到异常。

按照采用的方法也可以分为三类：

（1）采用异常检测的入侵检测系统。异常检测指根据使用者的行为或资源使用状况来判断是否入侵，而不依赖于具体行为是否出现来检测，所以也称为基于行为的检测。异常检测方法使用系统或用户的活动轮廓来检测入侵活动。活动轮廓由一组统计参数组成，通常包括 CPU 和 I/O 利用率、文件访问、出错率、网络连接等。这类入侵检测系统先产生主体的活动轮廓，系统运行时，异常检测程序产生当前活动轮廓并同原始轮廓比较，同时更新原始轮廓，当发生显著偏离时即认为是入侵。基于异常的检测与系统相对无关，通用性较强。它甚至可以检测出以前从未出现过的攻击方法，不像基于知识的检测那样受已知脆弱性的限制。但因为不可能对系统内的所有用户行为进行全面的描述，况且每个用户的行为是经常改变的，所以它的主要缺陷是误检率高。尤其在用户数目众多或工作目的经常改变的环境中。其次，由于统计表要不断更新，入侵者如果知道系统在入侵检测系统的监视之下，他们可以慢慢地训练检测系统，以至于最初认为异常的行为，经过一段时间训练后也认为是正常的了。常用的检测方法主要有概率统计方法和神经网络方法，其中概率统计方法较为常用。

（2）采用特征检测的入侵检测系统。采用特征检测的入侵检测系统又称基于误用检测的入侵检测系统。特征检测对已知的攻击和入侵的方式做出确定性的描述，形成相应的事件模式。当被检测的事件与已知的入侵事件模式相匹配时即报警。在检测方法上与计算机病毒的检测方法类似。

（3）采用上述两种检测方法的混合入侵检测系统。目前的检测方法虽然能够在某些方面有良好的效果，但从总体来看都各有不足。因此，越来越多的入侵检测系统都同时具有这两方面的部件，互相补充不足，共同完成检测任务。目前，国内外学者正致力于新的检测方法的研究。如采用自动代理主动防御、将免疫学原理应用到入侵检测的方法等。

三、身份认证与数字签名

1.身份认证

身份认证指的是用户身份的确认技术，它是网络安全的重要防线。网络中的各种应用和计算机系统都需要通过身份认证来确认用户的合法性，然后确定用户特定权限。

在计算机系统中，一般采用验证口令的方式来确认用户的合法性，但是用户的口令可能由于各种原因被其他人得到，获取口令的主要途径有：

（1）通过网络窃听。许多传统的网络服务在询问和验证远程用户口令的过程中，用户口令在网络中用明文传送，于是网络中的窃听者可以较容易地窃得用户口令。

（2）通过用户主机窃听。现在各种各样的木马程序非常多，用户一不小心就可能将来自各种渠道的某个木马程序激活，远程的黑客通过木马程序记录用户的一举一动，包括获取用户输入的口令。

（3）通过简单猜测。很多用户在设置口令的时候，为了方便自己记忆而选择过于简单的口令，攻击者有时通过简单猜测就可以获得口令。

（4）通过系统漏洞。存放和验证口令的计算机系统可能存在其他方面的漏洞，黑客利用这些漏洞进入系统，获取用户的口令文件，然后使用专门的工具强行破译用户口令。

（5）用户泄密。用户自己可能将口令告诉别人或者存放在其他地方，被别人轻易获取。身份认证系统最重要的技术指标是：合法用户的身份是否容易被别人冒充。用户身份被冒充不仅可能损害用户自身的利益，也可能损害其他用户和整个系统。

2.数字签名

在网络上进行数字签名的目的是防止他人冒名进行信息发送和接收，以及防止当事人事后否认已经进行过的发送和接收活动。因此，数字签名要能够防止接收者伪造对接收报文的签名，以及接收者能够核实发送者的签名和经接收者核实后发送者不能否认对报文的签名。人们采用公开密钥的方法实现数字签名。如图8-1所示描述了数字签名与加密运算的主要过程。

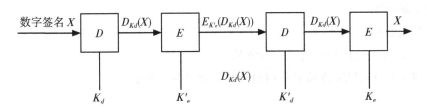

图 8-1 数字签名与加密运算

发送方用不公开的秘密解密密钥 K_d 对明文数据 X 进行加密运算，得结果 $D_{Kd}(X)$，然后该结果被作为明文数据，用接收方的公开密钥 K'_e 和加密算法 E 对其进行加密，得到密文数据 $E_{K'_e}(D_{Kd}(X))$。接收方收到密文数据之后，首先用自己的解密密钥 K'_d 和解密算法 D 解读出具有加密签名的数据，然后，接收方还要用加密算法 E 和发送方的公开加密密钥 K_e 对 $D_{Kd}(X)$ 进行另一次运算，以获得发送者的签名。

需要注意的是，在图 8-1 中，公开加密密钥 K'_e 和解密密钥 K'_d 都是接收方的，而 K_d 和 K_e 则分别为发送方的解密密钥与公开密钥。

在上述方法中，因为只有发送者知道自己的解密密钥 K_d，所以除了发送者本人之外，不可能有其他人对 X 进行 K_d 运算，因此可以说数字签名 X 是有效的。另外，由于接收方不可能拥有发送者的解密密钥，所以接收方也无法伪造发送方的签名。

四、VPN 技术

虚拟专用网（Virtual Private Network，VPN）是一种在公共网络上通过一系列技术（如隧道技术）建立的逻辑网络，用户可以通过它获得专用的远程访问链路。

1. VPN 的类型

VPN 主要包括以下三种：

（1）基于 IPSec 的 VPN。IPSec 由 IETF 的 IPSec 工作组制定。它是一个开放性的标准框架，被认为是网络安全的长期稳定基础。

（2）基于 L2TP 的 VPN。L2TP 是 IETF 开发的通道协议，用于在公司内部网网关和远程主机之间建立虚连接。

（3）高层 VPN。由高层协议（如 SOCKS）建立的 VPN。SOCKS 位于 ISO/OSI

的会话层。在 SOCKS 协议中，客户端程序通常先连接到防火墙，然后由防火墙建立到目的主机的单独会话。这种情况下，客户端程序的主机是不可见的。SOCKS 的问题在于必须对客户端应用程序做修改，以便加入对 SOCKS 协议的支持。与 IPSec 相比，SOCKS 协议层次较高，因而效率相对要低，但通过会话可以实施灵活的控制功能。

2. VPN 应用

典型 VPN 应用包括以下三种情况：

（1）将分支网络连接到公司内部网，如图 8-2 所示。

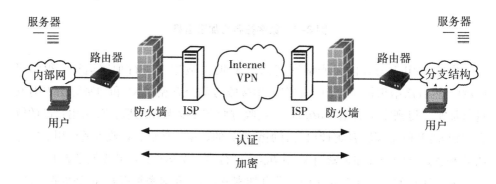

图 8-2　防火墙之间的 VPN

（2）将第三方网连接到公司内部网，如图 8-3 所示。

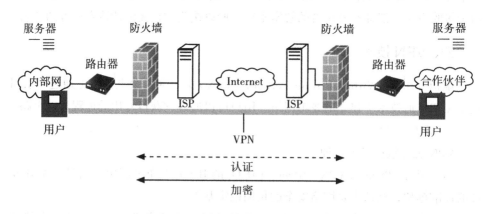

图 8-3　服务器与客户机之间的 VPN

（3）将远程访问用户连接到公司内部网，如图 8-4 所示。

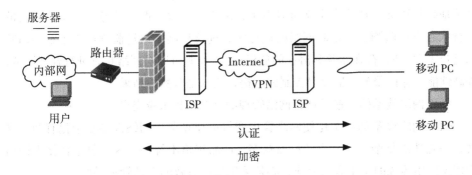

图 8-4 防火墙与客户机之间的 VPN

五、网络安全技术发展趋势

网络安全应考虑全面。首先要有安全的操作系统，根据现在的可信计算机评估标准，现在的 WindowsNT 和 UNIX 都只达到了 C2 级标准。一个安全的操作系统应该达到 B2 级标准。其次，要有安全的协议。现在的 IPv4 没有考虑安全问题，IPv6 在 IPv4 基础上增加了认证、加密、密钥协商等功能，IPv6 将在互联网协议中占主导地位。对新的安全协议的开发和制定将是下一个热点。

防火墙技术将从目前对子网或内部多管理的方式向远程上网集中管理的方式发展。过滤深度不断加强，从目前的地址及服务过滤发展到 URL 过滤、内容过滤、ActiveX 过滤、JavaApplet 过滤，并具备病毒清除的功能。利用防火墙就能建立虚拟专用网（VPN）。防火墙将从目前被动防护状态转变为智能地、动态地保护内部网络，并集成目前各种信息安全技术。防火墙还应具有防止拒绝服务攻击的能力。防火墙将和安全操作系统结合起来，从根本上堵住系统的漏洞。

对网络攻击的监测和告警及黑客跟踪技术将成为新的热点。黑客攻击的花样越来越多，而现在还缺乏有效的手段跟踪黑客行为。目前只有根据已知的一些异常来判断是否是黑客入侵，对黑客的跟踪也往往采用设置陷阱来记录黑客的地址和身份。

第三节　网络管理基础

一、网络管理的基本概念

1.网络管理的定义

网络管理是指对网络的运行状态进行监测和控制，使其能够有效、可靠、安全、经济地提供服务。从这个定义可以看出，网络管理包含两个任务，一是对网络的运行状态进行监测，二是对网络的运行状态进行控制。通过监测可以了解当前状态是否正常、是否存在瓶颈和潜在的危机；通过控制可以对网络状态进行合理调节，提高性能，保证服务。监测是控制的前提，控制是监测的结果。

随着网络技术的高速发展，网络管理的重要性越来越突出。

（1）网络设备的复杂化使网络管理变得更加复杂。网络设备复杂化有两个含义，一是功能复杂；二是生产厂商众多，产品规格不统一。这种复杂性使得网络管理无法用传统的手工方式完成，必须采用先进有效的自动管理手段。

（2）网络的效益越来越依赖网络的有效管理。现代网络已经成为一个极其庞大而复杂的系统，它的运营、管理、维护和开通越来越成为一个专门的学科。如果没有一个有力的网络管理系统作为支撑，就难以在网络运营中有效地疏通业务量、提高接通率，就难以避免发生诸如拥塞、故障等问题，使网络经营者在经济上受到损失，给用户带来麻烦。同时，现代网络在业务能力等方面具有很大的潜力，这种潜力也要靠有效的网络管理来挖掘。

（3）先进可靠的网络管理也是网络本身发展的必然结果。在当今时代，人们对网络的依赖性越来越强，个人通过网络打电话、发传真、发 E-mail，企业通过网络发布产品信息，获取商业情报，甚至组建企业专用网。在这种情况下，用户不能容忍网络的故障，同时也要求网络有更高的安全性，使得通话内容不被泄露、数据不被破坏、专用网不被侵入、电子商务能够安全可靠地进行。一般来讲，网络管理是指通过一定的方式对网络进行调整，使网络中的各种资源得到更加有效的利用，以保障网络的正常运行，当网络出现故障时能够及时报告，并进行有效处理。

2.网络管理的目标

网络管理的主要目标就是满足运营者及用户对网络的有效性、可靠性、开放性、综合性、安全性和经济性的要求。

（1）有效性。这里所说的网络的有效性与通信的有效性意义不同，通信的有效性是指传递信息的效率，而这里所说的网络的有效性是指网络的服务要有质量保证。

（2）可靠性。网络必须保证能够稳定地运转，要对各种故障及自然灾害有较强的抵御能力和一定的自愈能力。

（3）开放性。即网络要能够接受多个厂商生产的异种设备。

（4）综合性。即网络业务不能单一化。要从电话网、电报网、数据网分立的状态向综合业务过渡，并且还要进一步加入图像、视频点播等宽带业务。

（5）安全性。随着人们对网络依赖性的增强，对网络传输信息的安全性要求也越来越高。

（6）经济性。对网络管理者而言，网络的建设、运营、维护等费用要求尽可能少。

3. 网络管理的发展

实际上，网络管理已存在很久了。追溯到 19 世纪末，电信网络就已有自己相应的"管理系统"——电话话务员。尽管其能管理的内容非常有限，但电话话务员能够对电信网络的资源进行合理的分配和控制，电话话务员就是整个电话网络系统的管理员。而对计算机网络的管理，可以说是伴随着 1969 年世界上第一个计算机网络的产生而产生的。当时，ARPANet 就有一个相应的管理系统。随后的一些网络结构，如 IBM 的 SNA、DEC 的 DNA、Apple 的 AppleTalk 等，也都有相应的管理系统。虽然网络管理系统很早就有，却一直没有得到应有的重视。这是因为当时的网络规模较小、复杂性不高，一个简单的网络管理系统就可以满足网络正常工作的需要。

但随着网络发展、规模增大、复杂性增加，以前的网络管理技术已不能适应网络的迅猛发展。特别是这些网络管理系统往往是厂商在自己的网络系统中开发的专用系统，很难对其他厂商的网络系统、通信设备和软件等进行管理。这种状况很不适应网络异构互连的发展趋势，尤其是 Internet 的出现和发展更使人们意识到了这一点。为此，研发者们迅速展开了对网络管理这门技术的研究，并提出了多种网络管理方案，包括 HLEMS（HighLevel Entity Management Systems）、SGMP（Simple Gateway Monitoring Protocol）、CMIS/CMIP（Common Management Information Service/Protocol）和 NETVIEW、LANManager 等。到 1987 年底，管理 Internet 策略和方向的核心管理机构 Internet 体系结构委员会 IAB（Internet Architecture Board）意识到，需要在众多的网络管理方案中选择适合于 TCP/IP 协议的网络管理方案。IAB 在 1988 年制定了 Internet 管理的发展策略，即采用 SGMP 作为短期的 Internet 管理解决方案，并在适当的时候转向 CMIS/CMIP。其中，SGMP 是 1986 年 NSF 资助的纽约证券交易所（New York Stock Exchange，NYSE）网上开发应用的网络管理工具，而 CMIS/CMIP 是 20 世纪 80 年代中期国际标准化组织（ISO）和国际电话与电报顾问委员会（CCITT）联合制定的网络管理标准。同时，IAB 还分别成立了相应的工作组，对这些方案进行适当的修改，使它们更适合于 Internet 的管理。这些工作组分别在 1988 年和 1989 年先后推出了 SNMP（Simple Network Management Protocol）和 CMOT（CMIS/CMIPOverTCP/IP）。但实际情况的发展并非如 IAB 所计划的那样，SNMP 一经推出就得到了广泛的应用和支持，而 CMIS/CMIP 的实现却由于其复杂性和实现代价太高而遇到了困难。当 ISO 不断修改 CMIS/CMIP 使之趋于成熟时，SNMP 在实际应用环境中得到了检验和发展。1990 年，Internet 工程任务组（Internet Engineering Task Force，IETF）在 Internet 标准草案 RFC1157（Request For Comments）中正式公布了 SNMP，1993 年又在 RFC1441 中发布了 SNMPv2。当 ISO 的网络管理标准终于趋向成熟时，SNMP 已经得到了数百家厂商的支持，其中包括 IBM、HP、Sun 等许多 IT 界著名的公司和厂商。目前，SNMP 已成为网络管理领域中事实上的工业标准，大多数网络管理系统和平台都是基于 SNMP 的。

由于实际应用的需要，对网络管理的研究越来越多，并已成为涉及通信和计算机网络领域的全球性热门课题。国际电气电子工程师协会（IEEE）通信学会下属的网络营运与管理专业委员会（Committee of Network Operationand Management，CNOM），从 1988 年起每两年举办一次网络运营与管理专题讨论会（NOMS，Network Operation and Management Symposium）。国际信息处理联合会（IFIP）也从 1989 年开始每两年举办一次综合网络管理专题讨论会。ISO 还专门设立了一个 OSI 网络管理论坛（OSI/NMF），专门讨论网络管理的有关问题。近几年来，又有一些厂商和组织推出了自己的网络管理解决方案。比较有影响的有：网络管理论坛的 OMNIPoint 和开放软件基金会（OSF）的 DME（Distributed Management Environment）。另外，各大计算机与网络通信厂商纷纷推出了各自的网络管理系统，如 HP 的 OpenView、IBM 的 NetView 系列、Fujitsu 的 NetWalker 及 Sun 的 SunNetManager 等。它们都已在各种实际应用环境下得到了一定的应用，并已有相当的影响。

二、网络管理逻辑结构

1. 网络管理系统逻辑模型

通常一个网络管理系统在逻辑上由被管对象（Managed Object）、管理进程（Manager Process）和管理协议（Management Protocol）三部分组成。被管对象是抽象的网络资源，这些资源可以采用 OSI 管理协议来管理。ISO 的 CMIS/CMIP 采用 ASN.1 语言描述对象，被管对象在属性（Attribute）、行为（Behavior）及通知（Notification）等方面进行了定义和封装；管理进程是负责对网络中的资源进行全面的管理和控制（通过对被管对象的操作）的软件，它根据网络中各个被管对象的参数和状态来决定对不同的被管对象进行不同的操作；而管理协议则负责在管理系统与被管对象之间传送操作命令和负责解释管理操作命令。实际上，管理协议也就是保证管理进程中的数据与具体被管对象中的参数和状态的一致性。

2. Internet 网络管理模型

由于 TCP/IP 的广泛使用，Internet 的网络管理模型也得到了广泛的重视，几乎成为事实上的国际标准。

在 Internet 的管理模型中，用"网络元素"来表示网络资源，它与 OSI 的被管对象的概念是一致的，每个网络元素都有一个负责执行管理任务的管理代理，整个网络有一至多个网络实施集中式管理的管理进程（网络控制中心）。此外，引入了外部代理（ProxyAgents）的概念，它与管理代理的区别在于：管理代理仅是管理操作的执行机构，是网络元素的一部分；而外部代理则是网络元素外附加的，专为那些不符合管理协议标准的网络元素而设，完成管理协议转换和管理信息过滤操作。往往当一个网络资源不能与网络管理进程直接交换管理信息时，就要用到外部代理。外部代理相当于一个"管理桥"，一边用管理协议和管理进程通信，另一边则与所管的网络资源通信。这种管理机构为管理进程提供了透明的管理环境，当要对网络资源进行管理时，唯一需要增加的信息就是要选择相应的外部代理，但一个外部代理能够管理多个网络资源。

三、网络管理的主要功能

在 OSI 管理标准中，将开放系统的管理功能划分为五个部分：配置管理、性能管理、故障管理、安全管理和记账管理。其他一些管理功能（如网络规划、网络操作人员的管理等）都不在其中。

1. 配置管理

一个计算机网络系统是由多种多样的设备连接而成的，这些设备组成了网络的各种物理结构和逻辑结构，这些结构中的设备有许多参数、状态和名字等至关重要的信息。另外，这些网络设备之间互连和互操作的信息可能是经常变化的，比如用户对网络的需求发生了变化、网络规模扩大、设备更新等。这些管理需要一个全网的设备配置管理系统。配置管理系统的主要功能如下：

（1）视图管理。视图管理使用图形界面直观地向用户显示网络的配置情况。在视图中，可以显示各种网络元素和网络拓扑结构，可以显示和修改设备的参数，可以通过界面启动和关闭网络中的设备。视图的图形有导航和放大功能，还有多窗口显示和帮助功能。视图的方式可以根据所采用的操作系统而有所不同。

（2）拓扑管理。拓扑管理的目的是实时监视网络通信资源的工作状态和互连模式，并且能够控制和修改通信资源的工作状态，改变它们之间的关系。

拓扑管理要动态地监视网络设备和通信链路的状态，工作站故障、链路失效或其他网络通信问题都要及时表示在屏幕上的视图中。如果网络有默认的配置，则要同时显示默认配置和运行现状，结合故障管理和性能管理，给出几种可能的原因，提示用户自动采取必要的管理措施。

实现有效的拓扑管理需要拓扑自动发现工具和拓扑数据库的支持。在 OSI 环境中，可以通过管理对象自动向管理站提交事件报告实现自动发现，TCP/IP 中的 ICMP 探测报文也可以实现自动发现。拓扑数据库可以和其他管理共用一个统一的数据库，也可以使用关系型数据库或 OSI 的 X.500 目录服务。

（3）软件管理。软件管理是制定为用户分发和安装软件的规则，制定用户专用的软件配置方法。大量连接到服务器上的用户都有不同的软件需求，需要在软件管理中考虑许可证管理、版本管理、用户访问权限管理、收费标准管理和软件使用情况统计等。

（4）网络规划和资源管理。网络规划要考虑以下三个因素：

1）网络资源的业务供给能力；

2）技术成本；

3）管理开销和运营费用。

由于网络资源的使用周期很长，需要考虑软硬件生命周期的成本优化和预期的业务需求。

资源管理包括计算资源和通信资源的管理，这种管理和拓扑管理结合起来为用户提供有效的资源供给。

2. 性能管理

在网络运行过程中，性能管理的重要工作就是对网络硬件、软件及介质的性能测量。网络中的所有部件都有可能成为网络通信的瓶颈，管理人员必须及时知道并确定当前网络中哪些部件的性能正在下降或已经下降、哪些部分过载、哪些部分负荷不满等，以便做出及时调整。

这需要性能管理系统能够收集统计数据，对这些数据应用一定的算法进行分析，以获得对性能参数的定量评价，主要包括整体的吞吐量、使用率、误码率、时延、拥塞、平均无故障时间等。利用这些性能数据，管理人员就可以分析网络瓶颈、调整网络带宽等，从而达到提高网络整体性能的目的。

网络性能管理的主要功能：

（1）数据收集。采集被管理资源的运行参数并存储在数据库中。数据库可以放在代理中，也可以放在管理站中。

（2）工作负载监视。监视某些管理对象的属性或在一段时间内的行为，包括监视的对象、统计测量的算法和控制报警的极限值。测量值超过极限值时应发出通知。

OSI 提供了三种监视模式：

1）资源利用率模式。如服务器的利用率，也可以测量一段时间的平均利用率。

2）拒绝服务率模式。当系统资源耗尽时会出现拒绝服务的情况，这种模式统计一段时间中拒绝服务的次数，如服务器拒绝链接请求的次数。

3）资源请求速率模式。一段时间内请求服务的次数，如向数据库服务器请求链接的次数。

（3）摘要。对收集的数据进行分析和计算，从中提取与系统性能有关的管理信息，以便发现问题，报告管理站。

性能管理处理的数据量非常大，通常把数据处理安排在网络不忙的时间，如夜间或假期，防止影响网络的正常运行。

3. 故障管理

故障管理是最基本的网络管理功能。它在网络运行出现异常时负责检测网络中的各种故障，其中包括网络节点和通信线路两种故障。在大型网络系统中，出现故障时往往不能确定具体故障所在的具体位置。有时所出现的故障是随机性的，需要经过很长时间的跟踪和分析才能找到其产生的原因。这就需要有一个故障管理系统，科学地管理网络所发现的所有故障，具体记录每一个故障的产生、跟踪分析，以致最后确定并改正故障的全过程。因此，发现问题、隔离问题、解决问题是故障管理系统要解决的问题。

故障管理系统的主要功能如下：

（1）故障警告。管理程序经常测试、记录网络的工作状态，当故障出现时发出警告信号。通过统计和分析形成故障报告，帮助管理人员进行故障定位和故障隔离。收集故障信息可以由管理主机定期查询管理对象，这种方式要消耗大量的网络带宽；另一种方法是由管理对象在出现异常时向管理主机主动报告地点、原因、特征等故障信息，形成故障警告，故障警告一般还包括可能采取的应对措施。

（2）事件报告管理。对管理对象发出的通知进行过滤处理并加以控制，以决定该通知是否应该发送给管理主机、是否需要转发给其他有关的管理系统、是否需要发送给后备系统以及控制发送的频率等。

（3）运行日志控制。将管理对象发出的通知和事件报告存储在运行日志中，供以后分析使用。运行日志可以存储来自其他系统的事件报告，管理主机可以操作运行日志，如删除、修改属性、增加记录、挂起或恢复日志的活动。

（4）测试管理。对测试过程进行管理，根据指令完成测试，并把测试结果返回或作为事件报告存储到运行日志中。

（5）确认和诊断测试的分类。确认和诊断测试分为链接测试、数据完整性测试、协议完整性测试、资源测试、测试基础设施的测试等。

4.安全管理

网络安全管理是对网络信息访问权限的控制过程。由于网络上存在着大量的敏感数据，为禁止非授权用户的访问，就要对网络用户进行一些访问权限的设置，同时尽可能地发现某些"黑客"，阻止对网络资源的非法访问及尝试。

网络安全管理的主要功能：

（1）访问控制。对包含敏感信息的管理对象的访问进行控制。访问控制包括限制与管理对象建立联系、限制对管理对象的操作、控制管理信息的传输、防止未经授权的用户初始化管理系统。

（2）安全警告。出现违反安全管理规定的情况及时发出安全警告。管理站将安全事件报告存储到运行日志中，安全事件报告包括事件类型、告警原因、警告严重程度、检测者、服务用户、服务提供者等信息。

（3）安全审计。与安全有关的事件保留在安全审计记录中，供以后进行分析。与安全有关的事件有建立链接、断开链接、安全机制的使用、管理操作、因使用资源而记账和安全违例等。

5.记账管理

在网络系统中，计费功能是必不可少的。而计费是通过记账管理系统实现的。

对公用网用户，记账管理系统记录每个用户及每组用户对网络资源的使用情况并核算费用，然后通过一定的渠道收取费用。用户的网络使用费用可以有不同的计算方法，如不同的资源、不同的服务质量、不同的时段、不同级别的用户都可以有不同的费率。

在大多数专用网（如校园网、企业网）中，内部用户使用网络资源可能并不需要付费。此时，记账管理系统可以使网管人员了解网络用户对网络资源的使用情况，以便及时调整资源分配策略，保证每个用户的服务质量，同时也可以禁止或许可某些用户对特定资源的访问。

网络记账管理的主要功能：

（1）使用率度量。收集用户使用资源的数据，生成标准格式的计费记录。

（2）计费处理。根据计费记录的有关内容和指定的算法计算各个用户应交纳的费用，产生收费业务记录，记录还包括有关收费情况的细节，以备用户查询。

（3）账单管理。针对各个用户打印有关使用情况的详细账单，一般账单中应列出使用设备的名字、类型、使用时间、单位时间的费用、应交纳的总费用等。

四、网络管理协议简介

网络管理系统中最重要的部分就是网络管理协议，它定义了网络管理者与网管代理间的通信方法。这里介绍两种网络管理协议，即 IETF 制定的 SNMP 协议与 ISO 制定的 CMIP 协议。

1. 简单网络管理协议 SNMP

IETF 制定的 SNMP 是由一系列协议组和规范组成的，它们提供了一种从网络上的设备中收集网络管理信息的方法。

SNMP 的 体 系 结 构 分 为 SNMP 管 理 者（SNMPManager）和 SNMP 代 理 者（SNMPAgent），每一个支持 SNMP 的网络设备中都包含一个网管代理，网管代理随时记录网络设备的各种信息，网络管理程序再通过 SNMP 通信协议收集网管代理所记录的信息。从被管理设备中收集数据有两种方法：一种是轮询（polling）方法，另一种是基于中断（interrupt-based）的方法。

SNMP 使用嵌入到网络设施中的代理软件来收集网络的通信信息和有关网络设备的统计数据。代理软件不断地收集统计数据，并把这些数据记录到一个管理信息库（MIB）中，网络管理员（简称网管员）通过向代理的 MIB 发出查询信号可以得到这些信息，这个过程就叫轮询（polling）。为了能够全面地查看一天的通信流量和变化率，网络管理人员必须不断地轮询 SNMP 代理。这样，网管员可以使用 SNMP 来评价网络的运行状况，并揭示出通信的趋势。例如，哪一个网段接近通信负载的最大能力或正在使用的通信出错等。先进的 SNMP 网管站甚至可以通过编程来自动关闭端口或采取其他矫正措施来处理历史的网络数据。

如果只是用轮询的方法，那么网络管理工作站总是在 SNMP 管理者的控制之下，但这种方法的缺陷在于信息的实时性，尤其是错误的实时性。多长时间轮询一次、轮询时选择什么样的设备顺序都会对轮询的结果产生影响。轮询的间隔太短会产生太多不必要的通信量；间隔太长且轮询时顺序不对，那么关于一些大的灾难性事件的通知又会太慢，这就违背了积极主动的网络管理目的。与之相比，当有异常事件发生时，基于中断的方法可以立即通知网络管理工作站，实时性很强，但这种方法也有缺陷。产生错误或缺陷需要系统资源，如果缺陷必须转发大量的信息，那么被管理设备可能不得不消耗更多的事件和系统资源来产生缺陷，这将会影响到网络管理的主要功能。

而将以上两种方法结合的陷入制导轮询方法（trap-directedpolling）可能是执行网络管理最有效的方法。一般来说，网络管理工作站轮询在被管理设备中的代理来收集数据，并且在控制台上用数字或图形的表示方法来显示这些数据；被管理设备中的代理可以在任何时候向网络管理工作站报告错误情况，而并不需要等到管理工作站为获得这些错误情况而轮询它的时候才报告。

简单网络管理协议（SNMP）已经成为事实上的标准网络管理协议。由于SNMP 首先是 IETF 的研究小组为了解决在 Internet 上路由器的管理问题而提出的，因此许多人认为 SNMP 只能在 IP 上运行。但事实上，目前 SNMP 已经被设计成与协议无关的网管协议，所以它可以在 IP、IPX、AppleTalk 等协议上使用。

2. 公共管理信息协议 CMIP

ISO 制定的公共管理信息协议（CMIP）主要是针对 OSI 七层协议模型的传输环境而设计的。在网络管理过程中，CMIP 不是通过轮询而是通过事件报告进行工作的，而由网络中的各个监测设施在发现被检测设备的状态和参数发生变化后及时向管理进程进行事件报告。管理进程先对事件进行分类，根据事件发生时对网络服务影响的大小来划分事件的严重等级，再产生相应的故障处理方案。

CMIP 与 SNMP 两种管理协议各有所长。SNMP 是 Internet 组织用来管理 TCP/IP 互联网和以太网的，由于实现、理解和排错很简单，所以受到很多产品的广泛支持，但是安全性较差。CMIP 是一个更为有效的网络管理协议。一方面，CMIP 采用了报告机制，具有及时性的特点；另一方面，CMIP 把更多的工作交给管理者去做，减轻了终端用户的工作负担。此外，CMIP 建立了安全管理机制，提供授权、访问控制、安全日志等功能。但由于 CMIP 涉及面很广，大而全，所以实施起来比较复杂且花费较高。

CMIP 的所有功能都要映射到应用层的相关协议上实现。管理联系的建立、释放和撤销是通过联系控制协议（Association Control Protocol，ACP）实现的。操作和事件报告是通过远程操作协议（Remote Operation Protocol，ROP）实现的。

五、关于网络安全管理的建议

（一）网络技术力量相对薄弱，迫切需要更全面的网络知识培训

由于央行业务和数据集中的需求，越来越多的业务系统实行 B/S 运行模式。在这种模式下，科技人员只需确保网络环境的通畅与业务机的正常运行即可，网络管理方面凸显出重要地位，但由于科技人员频繁更换，技术力量相对薄弱，具

体的配置文件是由上级行科技人员进行设置，测试无误后直接下发到各个中心支行。然而地市中心支行科技人员很少能接受到专业的网络知识培训，对网络技术知识掌握不够深入，无法对网络设备进行相关配置，并独自解决网络设备所引起的问题。

（二）构建信息交流平台，提高基层央行信息化

随着金融业务的不断发展和人民银行自身职能的不断转换、细化，越来越多的应用系统陆续上线运行。面对如此多的应用系统，基层央行计算机安全人员的数量与素质已经很难适应新的安全形势与业务发展。在人力资源有限的情况下，必须搭建有效的信息交流平台，使各级科技人员与业务操作人员之间的交流沟通畅通无阻，杜绝"各自为政"的现象，减少人力资源的浪费。同时，建立健全知识库，提高科技人员与业务人员的计算机应用能力和业务操作水平，让央行信息化建设更好地服务于日常工作。除了加强对基层央行科技人员的技术培训外，还须针对目前科技应用的实际情况，定期开展全员培训，全面提高员工的计算机应用能力和信息安全意识，使之成为既懂业务又懂计算机的复合型人才，增强系统操作人员对突发事件的发现、应对以及处理能力。

（三）信息安全风险评估认识不全面，需提高信息安全风险评估水平

1. 加强宣传，提高对信息安全风险评估的认识

随着信息化的发展，信息安全风险也随之提高，若仍采用传统的安全管理方式进行安全管理，势必造成很大的浪费，还难以提高风险管理的水平。因此，必须站在构建更高层次的风险管理角度，加大对风险管理体系建设宣传力度，使每一位职工充分认识到做好信息安全风险评估是防范风险的最基础性工作。没有正确的信息安全风险认识，就没有正确的信息安全风险管理。我们要把被动评估变成主动评估，使安全风险评估真正走到为风险管理提供决策支持的轨道上来。

2. 加强制度建设

一是建立健全信息安全风险评估制度，保证风险评估工作开展有据可依。二是健全信息安全风险评估制度，明确评估者、建设者、使用者和管理者之间的关系及各自职责。三是细化信息安全风险评估制度，使信息系统安全风险评估在整个生命周期都能有效地开展。

3. 加强规划，科学制订评估标准

央行科技人员应结合自身信息化建设的特点，将风险评估的工作流程、评估内容、评估方法和风险判断准则制订出统一的标准，为确立信息系统的安全等级提供判断标准。一是参照上级行有关标准，对信息系统面临的威胁、自身的脆弱

性和已有的安全措施进行分类和等级划分。二是以可操作性和灵活性为原则，让评估者将风险评估与等级保护工作有机地结合起来，完善等级安全保护。

4.加强人员培训，提高评估人员的专业技能

一是整合内部人力资源，加大培训力度，制订辖内统一的培训规划，编写培训教材，通过学习弥补知识缺陷，提高技术水平。二是实行互补型培训，将评估技术按专业进行分类，组织不同的技术人员分别进行培训，在较短的时间内培养出一支技术互补型的团队。三是合理使用社会资源，通过聘请富有经验的专家、学者，组成第三方评估机构。由第三方评估机构对一个基层单位进行评估，组织辖内的评估人员积极投身其中，通过学习和交流，不断积累评估工作经验，提高实际评估技术能力。四是对技术人员进行系统的认证培训，实行职业资格准入制度。

5.加强创新，推动信息安全风险评估工作上一个新台阶

目前面临的外来威胁大，种类多，手段多变，随着操作系统补丁日益频繁的发布，仅采取常规的静态、年度风险评估，明显不能适应形势。一是扩大范围，将信息安全风险评估工作推向更全面的过程，全面真实地反映整个信息系统的安全。二是加大频度，在成熟的信息平台上，充分使用信息安全风险评估工具和计算机系统监控等自动化平台代替人工劳动，争取时时对信息系统进行风险监控，依托工具自动完成对数据的采集、整理、计算、分析和呈现。

第九章　现代通信技术理论与实践创新研究

第一节　现代通信技术理论与实践创新研究现状

一、现代信息技术发展的社会历史背景

现代通信技术随着人类文明的进步而迅速发展。同时，人们的生活中对于通信技术的依赖也是日益加深。自 20 世纪 90 年代以来，通信技术开始向着数字化、高速化、网络化、集成化和智能化的方向演进，其发展速度之快，令人咋舌。由于现代通信技术发展之迅猛，直接引领了各个科技领域变革性的发展，铸就了科技创新领域一副争奇斗艳的壮丽景象。科学技术是第一生产力。有史以来，不论中外，人类社会的每一项进步，都是因为底层的科学技术的发展。尤其进入工业社会以来，科技的迅猛进步，为社会生产力发展、人类的文明开辟了更为广阔的新的天地，有力地加速了人类社会发展的进程。

（一）现代通信技术发展的社会需求动力

通信技术是和人类社会一起发展起来的技术，它的发展离不开整个社会系统，而且和其他相关科学技术密不可分，一起促进着社会的进步，社会发展又反作用于科学技术，促使技术进步，总之，现代社会进步的一大动力就是人类社会的需求。

1. 个人需求是通信技术发展的根本原因

人是社会的主体，是一切社会活动的目标。人的本质，是指个体及一切社会关系的总和。人类在自身需求的基础上，不断总结、研究、探索信息交流的规律，促使通信技术不断地发展开来，其表现的主要形式就是人们利用人自身的感官系统结合自然界的基本规律而建立起来的信息交互系统。伴随着社会的长足进步，不断发展的生产力，致使信息量爆炸性地增加，人们愈发迫切地需要更加高效率的交流、沟通、处理信息的方式，传统的通讯方式早已经不能够满足人类经济社

会发展的迫切需要了，因此，现代通信技术应时代的要求诞生了。

2.社会需求是通信技术发展的主要拉动力

通信技术不是自然界本身所原有的，它不是一些自然界本身所固有的东西通过物理和化学反应演变而来的，而它是人类社会目的需求的体现。也就是说，通信技术是一种沟通形式，它可以表达人们的交流愿望，愿望则是人们在日常生活中潜移默化的形成的，所以技术发展的最主要原因和动因就是人类社会的需求。

（1）飞速增长的信息量是通信技术发展的循环内动力

世界上数量增长最快的是我们正在生产的信息。其增长速度快于我们近几十年来所创造且能衡量的任何东西。信息的累积速度远远超过其他任何材料、任何造物以及任何人类活动的副产品。其生产速度甚至快于同等规模的任何生物。以科学论文的数量计算，科学知识的数量自二十世纪以来每15年就会增加一倍，如果我们淡出已出版的期刊来衡量，那么我们就会发现自十八世纪现代科学开端之日起，他就已经开始成倍增长。通过美国邮政系统递送的邮件每二十年就会增加一倍，这种增长已经持续了近八十年。胶片拍摄的图片影像自十九世纪末影像媒介被发明之日起也在成倍增加。电话通话时长在过去的一百年间也在按照同样的幂曲线增长着。信息数量的爆炸性增加产生了很多奇特的影响。几个世纪以来，我们一直稳步推进着这样一种想法，即用更少的时间、资源创造更多的东西，这便是生产力。然而信息的使用大大提高了生产力，生产力的提高又反过来增加了信息量的产生，面对信息量的泛滥，人类迫切需要新的技术去交换与处理信息，现代通信技术应运而生。

（2）经济全球化的大趋势为通信技术的发展提供了不竭的动力

目前，全世界的经济都在发生着转变，从原本的一国经济向世界经济也就是全球经济开始转化。由于革命性科技的带动作用，在全球范围内，经济活动早已突破了国家或者民族的限制，全球经济活动早已开始渗透融合，生产要素的配置也已经是在全球范围内进行的而非某一地区或国家。伴随着经济全球化的步伐，每一次的技术革命都会掀起新一轮经济全球化浪潮，交通运输技术、能源电力技术等历史上出现过的技术都力求实现"距离死亡"的目标，通信技术的发展使之成为现实。联邦德国政府经济部的一份备忘录中说："如果我们可以将贸易和交通系统比作人体的循环系统，那么就可以将通信网络比作人体的神经系统，后者决定国民经济对全球经济事件起作用和迅速做出反应的能力"「1」约翰·奈斯比特指出，喷气式飞机和通信卫星这两项重大发明减少了信息流动的时间，使整个地球的沟通距离大大缩短，首次出现的全球性经济也因有了首次可瞬间分享的信息而产生。当今社会是一个国际相互协作、共同发展的社会，经济活动都是在全世界范围内进行的，例如经济贸易、资源生产等都早已突破了国家和地区的限制，闭关锁国自给自足的经济再也不能适应现代经济的潮流，同样一国独霸的经济形式也将不复存在。通信技术的飞速发展形成了新的时空观，正是这种不受时间和空间限制的人类行为模式锻造了经济社会发展新的动力。

20 世纪 90 年代以来，通信技术所驱动的经济全球化与以往的全球化存在着明显的差异。二战以前的全球化和历史上以往的全球化推动了自由贸易的发展，劳动力跨国流动，其结果是导致了商品价格水平的趋同和收入分配的不平等；而当今的全球化，不仅继承了历史上全球化的成果，更为重要的是，因为通信技术的发展，可贸易商品和服务的范围大大扩展，并使得各国的所有产业均暴露在全球竞争的环境之中。

从上文所述中我们不难看出，科学技术的发展是促进全球经济一体化的主要因素，科学技术是第一生产力，所有的事实都证明，科技的进步是社会经济发展的主要推动力。20 世纪后期兴起的信息技术革命大大推动了传统产业的转型改革，世界性的产业结构调整就是这一革命性技术带来的最直接的结果。放眼当今的世界经济领域，科技革命的不断深入，促使各国之间开始了以科技为先导、以经济为中心的综合国力竞争，先进的科学技术和科技人才仍是这场较量中角逐的焦点。此次经济全球化的一个最显著的特征就是伴随着技术的突破性发展，经济活动也突破了国界和地域的限制，使全世界经济活动逐渐融为一体。在经济全球化的过程中，正如马克思所预料的，先进的交通科技使得全世界民族都汇合在了一起，国际的贸易以及跨国公司已经逐渐主导了全球经济，而国际贸易得以展开的前提条件就是现代化的通信手段的发展，这样一来，出于对自身利益的考虑，世界各国在全球化的压力下，都在经济全球化的国际时代背景下，唯有不断深化与他国之间的各种交流对话、合作往来，才能更快更好地实现自身的发展，现代通信技术作为经济全球化进程的原动力，其发展走向是重中之重。因此，经济全球化的进程对现代通信技术的发展提供了不竭动力。

（3）军事需求为信息通信技术发展提供了强大动力

军事行动中，对情报的掌握与处理是至关重要的，因此，军事科技往往非常注重信息化技术的发展。而最初的无线通信便是二战时候由摩托罗拉公司生产、运用在战场上的步话机 SCR-300 和手提式对讲机 SCR-536。二战前，美国军方已经认识到无线电通信的重要性，并研制便携式无线通信设备即步话机 SCR-194，但是 SCR-194 步话机非常笨重，实用性也很差。1940 年，摩托罗拉公司研制出真正用于战场的步话机 SCR-300，1942 年摩托罗拉公司在此基础上又研制出手提式对讲机 SCR-536，使当时美军的通信装备比其他国家军队的通信装备先进许多。自这以后，通信技术开始不断进步，并由此衍生出许多不同的新的技术，并且逐步完善成熟。进入网络信息社会以来，在世界范围内，战争的方式和选择发生了革命性的改变。网络信息通信技术在军事上开始普及并得到了广泛应用，军队携带、获取以及处理信息的能力成为衡量军队现代化的标准之一，例如伊拉克战争中美军的"斩首行动"正是因为能够及时快速地获取、处理和分析对方信息，进而才能有效地制定作战方案，采取军事行动，并获得作战胜利。那么，建设现代化军队，提升现代化军队核心作战水平，唯一方式便是加强现代信息化的建设。因此网络信息化成为现代军队必不可少的条件。全球各国政府都在对现有的信息技术进行大量的研究开发，而这些研发本身又因为有国家财政以及军费支撑而变得资金充足，这大大促进了信息技术的发展，而这些新的技术又反过来运用到民间，推动着民用通信技术的发展。这二者相互促进，相互刺激，共同推动着现代通信技术的不断前进。

（4）市场的需求是通信技术发展的原动力

需求反映了消费者偏好，而消费者偏好又反过来影响着供给。

任何一项科学技术的发展往往都是市场对人类提出了巨大的问题，是人类在社会发展中遇到的情况多，需求量大，接着倒逼着科学技术创新发展。

随着经济社会的发展，单一、低效的信息传输方式已跟不上快速、多样的社会步伐，市场更加需要便捷、快速的沟通方式，以及丰富多元的选择渠道。通信技术的发展为人们对于信息的贪婪与掌控提供了一种希望，市场的饥渴为生产者提供了商业化赢利的动机，供不应求的局面催化了现代通信技术的发展。

（二）重大基础理论突破对现代通信技术发展的影响

任何科学技术都有其"先修课"。贝尔固然伟大，但也是站在巨人肩膀上的，如果没有数学、物理学、电磁波原理、几何学、材料学、电力学等学科的长足发展，就绝不可能有世界上的第一个电话，也就绝不会有通信高度发达的今天。

1. 信息论

1948 年伟大的科学家香农在 Bell System Technical Journal 上发表了《A Mathematical Theory of Communication》。论文由香农和威沃共同署名。香农通过对通信的数学思考，写出了这篇意义非凡的论文，其认为"通信的根本问题是报文的再生，在某一点与另外选择的一点上报文应该精确地或者近似地重现"。基于该论文不光诞生了一门新的学科：信息论，并且在论文中创新性地给出了通信系统的线性示意模型，即信源、发送终端、信道、接收终端、信宿。此后，通信的思路就开始改变，人们通过将电磁波按照1、0的比特流的形式发送到信道中，完成了音频、图像等多种信息形式的传播。这在今天我们早已习以为常，然而在当时却是非常新奇的。信息工程师们依据他的理论改变了通信技术发展的思路，并激发出了今天信息时代所需要的技术基础。该理论也奠定了现代通信理论大厦的基石，为我们今天走向信息社会创造了最原始的驱动力，也为我们今天能够对信息的内涵和外延做出更深入的研究打下了坚实的基础。信息论的发展，使人类越来越深入地了解自然界的本质，使人类观察事物的思路开始得到解放，不再拘泥于传统知识框架，例如量子物理学家在思考黑洞的时候开始从另外的角度入手，开创了信息物理学等。

信息论的确立改变了人们关于通信技术发展的思路，大大加速了通信技术的发展，促使模拟通信向数字通信时代的迈进。并且催生出了多媒体通信技术。

2. 数学理论

信息论的提出是香农在对通信进行数学思考的基础上提出来的，而对数字化通信技术影响最大的则是布尔代数。

布尔代数是一种非常简单的用来解决逻辑问题的数学方法。在今天，虽然联合国教科文组织依然将数学与逻辑这两门学科严格地分隔开，但是事实上早在1854年英国的一位在中学教数学的老师布尔在他的《思维规律》一书中就已经首次提出了运用数学的方法来解决逻辑问题。布尔代数的运算非常简单，运算元素仅仅有1，0两个，1既是真，0既是假，而运算方式只有"与""或""非"三种。在这三种运算中，"与"的运算中两个元素有一个为0，则结果为0，两个元素为1则结果为1；"或"的运算中，一个运算元素为1则结果为1，两个元素为0则结果为0；"非"的运算则是将1变为0，0变为1的一种运算。

在布尔代数提出的80多年里，它并没有为人们解决什么实质性的问题，直到后来香农提出用布尔代数来实现开关电路，布尔代数方成为数字电路的数学基础，改变了通信技术发展的思路，进一步推动了通信理论的发展。

3. 概率论

语言出现的目的是为了人类之间的通信。字母以及数字其实都是搭载了信息的不同符号单元。语言说白了就是我们将要表达的信息通过编码的形式带入到特定的符号之内，发送出来，人们最原始的对话其实就是信息编码解码的过程，人们说出一句话，这句话是运用语言将信息进行编码，然后发送到听者或者说接收端，而接收端刚好懂这门语言，也就是掌握了解码的算法，那么当听者接收了这句话以后，语言在脑海中被解码，就能了解到发送端所要表达的信息了。这就是语言的数学本质，而概率论的发展，使计算机可以通过语言统计建模来处理自然语言，使智能通信成为可能，使通信技术进入到数字化、智能化阶段。

4. 控制论

控制论的创始人 N·维纳强调："控制论的目的在于创造一种语言和技术，使我们能有效地研究一般的控制和通讯问题，同时也要寻找一套恰当的思想和技术，以便通讯和控制问题的各种特殊表现都能借助于一定的概念加以分类"。他在《目的论的机械论》一书中指出：控制论力求"寻找新的途径、新的综合的概念和方法，用来研究机体和人构成的巨大整体"。可见，他创立控制论的目的不仅着眼的技术，而且亦着眼于方法，并力图在创立新学科的同时，提供解决问题的一般方法。控制论确实给现代科学技术的研究提供了新工具。维纳在创立控制论时为现代科学技术研究创立了许多新方法，如功能模拟方法、信息方法、反馈方法、系统方法。实践证明控制论方法是现代科学技术发展行之有效的适用的方法。

5. 系统论

同信息论、控制论一同被称为"老三论"的是由美籍奥地利生物学家路·冯·贝塔朗菲于 1932 年最早提出的系统论。系统论的观点认为，世间万物都是在一个统一的运行的系统之中。那么何为系统，贝塔朗菲认为系统是"处于相互作用中的要素的复合体"，而钱学森给出的系统的定义是"由相互作用和相互依赖的若干组成部分结合成的具有特定功能的有机整体"。系统论强调整体与局部、局部与局部、系统本身与更大的系统之间的互动关系，其核心思想是系统的整体观念，认为任何系统都是一个有机的整体，并不是各个要素部分简单地机械地相加在一起的，贝塔朗菲在解释系统的整体性时运用亚里士多德的名言"整体大于部分之和"，认为复杂事物的功能远大于各个要素简单的机械的相加，事物是由处于一定位置的具有特定功能的各个部分有机地结合在一起形成的。系统论要求将研究对象作为一个有机的整体来进行分析研究，并对研究对象进行数学建模以描述和确定系统的结构和行为，系统论是一种方法论。

在现代通信技术的发展中，系统论得到了极大的运用。首先，从微观角度看，通信本身就是一个系统，是指一切传递信息的科技设备的有机组合，一般包括信源部分、信息发送部分、信道也就是信息传送媒介、接收终端、信宿这五大部分组成，系统论的发展，改变了人们的思维方式，深化了人们对通信技术的认识，使得通信工程师们在研发通信新技术的同时会系统地看待整个研发过程。其次，通信技术作为社会大系统的一部分，其发展必然要受到社会大系统中其他要素的制约，依据系统论的理论，人们改变了对通信技术发展的认识，将通信系统放到社会大系统中去研究，更全面地去思考通信技术的发展。总之系统论的发展为通信技术的发展提供了强大的方法论作为指导。

（三）重大技术进步对现代通信技术的影响

1876 年贝尔发明的电话诞生，此后围绕着电话经营、技术、专利等问题在随后的几十年蜂拥呈现，如：Strowger 的"自动拨号系统"大大减少了人工接线的程序及提升了通话速度；干电池的发明大大减少了电池的占用空间，从而减小了电话的体积；装载线圈的应用保证了长距离传输的信号完整性。德·福雷斯特在 1906 年发明的电子管，即真空三极管使得电话具有了扩音功能，从而领导了电话服务的方向，此后贝尔电话实验室据此又先后制成了电子三极管和晶体管，进一步升级了电话的应用，并促进了人类生活各方面的改进。全球第一条跨区电话线于 1915 年 1 月 25 日在纽约和旧金山之间开通。之后的集成电路、光纤等大量的新技术的出现，也都对现代通信技术的发展起到了非常大的革命性的作用。

二、现代通信技术发展模式

模式实际是指从生产经验和生活经验中经过抽象和升华提炼出来的核心知识体系。模式（Pattern）其实就是解决某一类问题的方法论。把解决某类问题的方法总结归纳到理论高度，那就是模式。模式是一种指导，在一个良好的指导下，有助于你完成任务，有助于你做出一个优良的设计方案，达到事半功倍的效果。而且会得到解决问题的最佳办法。

现代通信技术发展模式是指通过分析现代通信技术发展的时空结构特征，进而发现该技术获得发展的主要构架以及不同构架之间的相互作用机理。也可以说是通过总结分析现代通信技术在不同发展历程中的影响因素、发展趋势等，得出的该技术的结构状态轨迹的范式。现代通信技术发展模式作为一种实践工具，可以用来说明该技术获得快速发展的原因，不仅从根本上为高新技术产业的有效发展提供了一种社会体制，更为今后现代通信技术的发展以及其他领域的技术发展提供了有利的参考。

（一）现代信息系统的模式

现代信息系统是一个以计算机网络为基础，以数据库为核心，专用的数学模型和知识处理的应用系统。它在结构上具有开放性，在功能宜于采用增量原型法进行开发。系统需求要采取共享和自治相结合的应用方式。这里的"共享包括共享网络通信能力、共享计算能力、共享软件资源、共享信息资源等"。这些资源跨域国家和地区来进行共享。同时系统中应根据不同业务特点、信息分级保密制度和网络负载的平衡等采取不同程度的自治。从信息流程上看，系统可以分为信息采集、信息处理、信息发布三个层次的平台，其中信息采集和信息发布平台是通过广域网实现的。在功能上它不再是集中式的而是分布式，能较好地解决共享与自治的矛盾。

（二）互联网服务模式

近年来，互联网早已在全球范围内普及，以互联网为代表的现代信息科技，使传统的通信距离失去意义，使传统的通信成本不再具有市场导向性。网络通信彻底改变了电信产业，使其从点对点的通信升级为全方位的信息服务。与此同时，基于 IP 技术的各种新型通信业务正深刻地颠覆着传统电信市场模式。伴随着互联网络技术的愈发成熟，传统的电信、电视以及其他的一些产业的界限越来越模糊，并向着一个大融合的趋势发展。在微观层面，通信技术的飞速发展，使新业务呈爆炸式增长，基于不同技术的各种业务在市场上相互替代。在宏观层面，信息通信技术的多样化将会带来市场需求的多样化，使传统的以话音为主导的共性市场模式逐步向以提供应用为核心的个性化解决方案转变。通信技术的发展以及竞争的深入使过去制约产业发展的网络资源不再稀缺，且电信运营的重心将从价值含量较低的通信网络提供逐步转向价值体系中的高价值环节应用。

（三）基于 Web 的通信程序结构模式

Web 作为全球通信工具最引人瞩目，他把各种信息和知识有机地联系在一起，正在改变着人们的生产方式、工作方式、学习方式、社交方式及思维方式。Web 具有许多优点："随选性操作，用户只在想要时收到所要的东西，任何人都可以极其容易地在 Web 上低成本地公布任何信息。Web 还越来越普遍地提供存放在 Internet 中的可随选的大量音频和视频的菜单接口"。

在 Web 的通信程序结构模式下，客户端（Client）和服务器端（Server）动之间是通过网络进行通讯的。而且客户端（Client）和服务器端（Server）也是动态变化的，也就是说在不同时刻客户端与服务器端是相互转换的。一个应用程序使用 RPC（Remote Procedure Call）来"远程"执行一个位于不同地址空间里的过程，并且从效果上看和执行本地调用相同。Web 的通信程序结构模式的缺陷是系统可扩展性差、维护起来相对困难、安全性比较差。为了解决 Web 的通信程序结构模式中遇到的问题，人们提出了一种基于组件的三层结构的系统设计模式。三层结构的系统设计模式把应用程序划分为 3 个组成部分：第一层是用户界面，提供用户与系统的交互；第二层是应用服务器，将管理系统中的所有从客户端分离出来，以组件的形式加以封装，构成了独立的中间层；第三层是数据服务器，负责数据信息的存储、访问及其优化。

（四）FTTH通信技术发展模式

FTTH（Fiber To The Home）是指将光网络单元（ONU）安装在住家用户或企业用户处，是光接入系列中除FTTD（光纤到桌面）外最靠近用户的光接入网应用类型。尽管目前移动网络通信发展的势头正劲、速度迅猛，但是因其传播带宽有限，终端体积小，显示器尺寸受限等因素，人们依然追求性能相对占优的固定终端，也就是希望实现光纤到户。光纤到户的魅力在于它不但提供更大的带宽，而且增强了网络对数据格式、速率、波长和协议的透明性，其带宽、波长和传输技术种类都没有限制，适于引入各种新业务，是最理想的业务透明网络，是接入网发展的最终方式，是解决"最后一千米"瓶颈现象的最佳方案。

总之，现代通信技术的发展模式是一种非中心化、非层级化、平面状的形态，是一种"飞奔式"的去中心化连接型的技术。

现代通信技术是一种"飞奔式"的去中心化连接型的技术。

通信技术不是一种"跨越式"的技术，可以使当今世界上相对落后的地区的人直接用上先进的科技设备，而跳过技术的工业化时代。即相对落后的发展中国家和地区能够从落后的旧技术时代直接跳进先进的新技术时代。由于发展中地区往往缺乏大规模技术基础设施，明显的，这些处在技术鸿沟中落后一方的地区有机会能直接安装最先进的系统。由于信息、资源的共享，能使这一地区的人从一个很高的起点出发，并在其技术圈中采用最新的科技产品。理论上似乎确实是这样的，跨越式发展最常被引用的证据就是发展中国家的手机采用模式。对于非洲、亚洲以及拉丁美洲等相对落后地区的人民来说，他们的第一部电话就是手机。最初整个发展中国家和地区购买一部电话是很不容易的，尤其是当每个人都清楚地意识到电话在现代生活中的重要性以后。数字经济主要是信息经济，你若没有与外界连通就等于你不存在，直到20世纪20年代大部分未连通的世界才处于现代经济中。之后随着科技的突破，便捷廉价的手机问世。1995年，摩托罗拉进入中国，并为美国生产廉价手机，且生产的手机在中国被销售一空，从此，手机在中国的使用量呈爆炸性增长，每年都翻番。表面上看来，中国跨越了电报时代，跳过了连线的时代直接进入到了无线时代。但是我们通过每年中国手机与固定电话的增长量图表就会发现当手机购买交易量上涨的同时，固定电话的销售量也在增长。换句话说老一代有绳电话技术并没有被跳过去。

几乎所有的通信业都预测，未来手机将持续蚕食固定电话的份额，然而同时也预测到固定电话技术的使用量也将在同时期继续增长。此外，互联网技术的发展大大冲击了电视行业，然而电视的采用量却仍然以每年 13% 的速度在增长。新的技术是建立在旧技术基础之上的。科学技术是第一生产力，生产力可以被跨域，然而生产力的发展阶段是不能被跨越的。就如同我们的大脑活动，处理高级的、复杂的信息的时候是建立在处理简单信息的基础之上的，先学会认识数字才能进行计算。没有工业化过程的参与，就无法建立数字基础设施。那么如此在笔者看来，现代通信技术的发展是一种向前"飞奔式"的发展模式。发展速度飞快，但仍然脱离不了旧技术对它的支持作用。

另外，现代通信技术是一种去中心化的连接型技术。

首先，通信本身就是一种连接形式，将人与人或者人与群体、人与社会连接起来，前文说过，在数字经济时代，你没有连接就等于不存在。而通信技术的飞速发展，使得每一个公民都能连接入互联网络之中，参与到社会经济、政治等领域中去。

其次，现代通信技术的发展引发了信息革命，网络通信的进步带来了微博、微信等众多新媒体，使每一个公民都能参与进来，使得兴趣相投的人可以通过网络聚在一起，形成一个个单元化的小团体，并且各个团体相互渗透，类似的现实模型就是 19 世纪英国伦敦的咖啡馆，在当时的咖啡馆里，不管是贵族绅士还是大学教授或者工人阶层，大家互不认识，但是只要有共同的话题就可以聚在一起，在这里大家摒弃身份地位，只是交流信息，这是一种典型的块茎结构的模型，现代通信技术的发展模式也是这么一种非中心化、非层级化、平面状的形态，大家平等连接，互通信息。

综上所述，我将通信技术的发展模式定义为飞奔式的去中心化连接型技术。信息通信技术之所以具有革命性的力量，正是因为它具有这种去中心化的连接型的特性，这种特性作用于社会的变革，连接社会的各个领域，就像神经系统一样，令各个领域充分融合，相互渗透，共同协作。当今社会是以信息通信技术与互联网通信技术为核心的信息化社会，中国科学院虚拟经济与数据科学研究中心客座研究员刘锋先生在《互联网进化论》中提出了一个观点：

互联网正在向一个虚拟大脑的方向进化发展。就像 19 世纪美国小说家纳撒尼尔·霍桑所说的那样，我们的地球就是一颗硕大的头颅，一个大脑，充满智慧。传统工业社会所有的交易品和制成品都是人的肢体和器官的延伸和替代。吊机等延长了手臂，刀剑枪炮延长了拳头，望远镜、显微镜延长了眼睛，那么网络通信技术的发展，延长了人类的大脑系统。如果拼成一个大脑，那么作为社会的个体，人，主要是靠信息的互通、交换来连入这颗大脑，现代通信技术正是这样一种连接式的技术；从仿生学的角度来看，就像是神经递质从一个神经元传入另一个神经元最终传入神经中枢然后传入大脑进行处理一样，信息化社会的信息也正是这样通过现代通信网络技术从一个个神经元——社会的个体，传入到互联网中枢去的，那么，现代通信设备便成了传递神经递质的轴突与树突，例如手机、个人PC终端等等这些信息的传输与接收终端。而那些搭载着信息流的电磁波、光波等正是神经元直接的传送递质。

从目前电信网络现代通信技术的发展趋势来看也不能论证这个观点，电信网与互联网融合、移动通信终端技术搭载互联网技术形成的移动互联网，更是将这个社会的个体无论何时何地都有机会连接入互联网。如此看来，现代通信技术的发展模式正如同这个"地球脑"的神经系统一样，姑且将其称作虚拟脑神经。

从宏观角度来看，各个行业之间的信息交流也是这么一个模式，通过现代通信技术连接到一起，相互渗透、相互促进。现代信息化的大趋势下，数字经济就是信息经济，信息量越大，神经就会进化得越发达，神经越发达又会反过来刺激神经元去发展进化。

三、现代通信技术创新的社会条件

科学技术作为整个社会大系统的一部分，与社会大系统中别的子系统密切相关。就好像我们不能通过观察研究单一的一只蜜蜂而了解任何蜂巢的特性，同样也不能脱离了对蜂巢的研究而彻底了解一只蜜蜂的特性一样，要研究一项技术的发展特性，也需要在社会活动和各种社会关系构成的社会大系统中进行研究，因此，研究分析各种社会条件对科学技术的发展创新影响是至关重要的。

正如前两次工业革命一样，一项科学技术的突破之所以能带来革命性的影响，是因为社会形成了与这项技术相关的机制、制度、体制，瓦特发明了蒸汽机，若没有与之相关的技术建制，那么蒸汽机也不过是昙花一现，不能形成气候，所以，研究一项技术发展的社会条件就要从与之相关的社会机制、企业制度等方面入手分析。

（一）"产－学－研"互动机制孕育出高新技术

"产－学－研"互动机制，将知识、产品、技术三者相互连接融合在了一起，为技术的创新提供了扎实的知识基础和准确的市场导向，三者相互作用，彼此刺激不断地推动着技术的创新发展，并且为国家培养一大批将理论与实际完美结合的综合型、创新型的精英人才阶层。

产学研中"产"指的是技术成果产出单位，以企业为主；"学"指的则是高等院校；"研"指的是研究机构或科研院所。产学研合作创新机制主要是指以市场、高校与研究机构为核心，以"利益共享、风险共担、优势互补、共同发展"利用各自的优势与资源促进彼此共同的科技经济一体化。其中主要包括人才共同的培训与交流、合作研究与开发、设备信息共享以及体系内技术转让等具体形式。这期间设立高校科技园区是实现产学联合研究的主要路径之一，通过这种方式，高校与科研院所相互之间充分协作，在人才、技术、信息等多个方面都能相互扶持，彼此之间提供坚实的资源基础。这种方式的创新实践，在将科学研究、技术创新、经济贸易逐步一体化的同时，更是催化出了一大批的高新技术产业。全世界最成功的例子就是硅谷，硅谷的高科技园是一个极其成功的典范，"斯坦福工业区"以租赁斯坦福大学校园区域的方式为大批的高新技术创业者提供了立足之地，诞生出了大量新兴企业。斯坦福大学鼓励师生与外部公司的合作与技术研究。有资料显示，60%以上的硅谷企业是由教师和学生共同创办，例如最早的惠普公司、最著名的硬件制造商思科公司等。这样的产学研相互紧密结合的发展模式的核心是大学，它能够非常快速地把握市场动向，及时有效地将新的科研成果运用于技术生产，快速将创新成果转化为生产力。该模型的构建与区域优势奠定了硅谷发展的扎实的根基。合作可以有多种形式，可以采取项目作为一个网络节点，也可以是整合并购的组织形式，也可以是形成经济新组合的合资企业。然而任何形式的产学研共同体的基础都是市场利益机制。

《国家中长期科学和技术发展规划纲要》（2006-2020年）指出"只有产学研结合，才能更有效配置科技资源，激发科研机构的创新活力，并使企业获得持续创新的能力。"科研机构以及高等学校拥有着大量的科研人员，储备了雄厚的科研资源，有着得天独厚的科技优势，而企业紧密地跟踪着市场动向，具有将创新成果快速转化为经济效益的能力，而市场又反过来时刻向着企业提出需求，产学研相互结合，能够为企业不断满足市场要求提供源源不断的知识与科技支撑，增强整体创新能力，加快生产力发展速度，使企业更好地在高新技术产业化的道路上充分发挥主体效应。

（二）产权制度激励着技术创新

制度建设是技术创新和发展的重要保障，因此产权制度的创建与权力体系完善已成为当下当务之急。任何创新活动的目的皆是为了获得创新成果运用于生产之后所产生高收益经济效益，那么创新活动吸引创新主体的关键在于创新主体是否能够真真切切地获得这部分经济收益，因此产权制度建设成为知识产权制度发展的核心与关键。一方面，将技术垄断权在一定时期内授予创新者，使其享有长期效益，可以使技术创新问题由外而内的转化，达到个人收益率与社会收益率更趋于协调均衡的成效。作为知识产权的享有者，为了使其收益最大化，创新主体通常会在利益制度的驱动下，将其部分或全部产权进行转让，这无形中也是对技术创新成果的传播。另一方面，健全的知识产权保护制度也持续地为技术创新的发展提供新的契机，令创新者不断巩固自己的创新成果。而且，知识产权的保护与提醒作用，可以避免人类资源的浪费，人力物力与财力的重复无效使用，可以使后来者在进行创新的时候能够避免重复开发，直接在原有的创新基础上继续进行研发，将创新发展创建成为一种良好的发展机制。硅谷经济取得的辉煌成就，正是与知识产权制度有着密不可分的关系。

（三）风险投资机制是技术创新的活力源泉

所谓风险投资是指投资人将资本投向有很大失败风险的高新技术及其产品的研发领域，转化为现实的技术产品获取收益的一种投资过程。风险投资的发展和勃然升起，是现代创新技术发展的机遇。风险投资制度的诞生为高新技术产业发展提供了物质保证，但是我们很清楚要保持风险投资的顺畅，就必须先保证包括资本的流入和退出两个方面资本流动的顺畅。从资本流入来看其资本来源必须是充足的，强有力的资金支持方能使风险资本顺利地进入企业。例如，在美国，美国风险投资基金的绝大部分份额抛掷向了硅谷，可以说没有风险投资这一资金来源就不可能有硅谷今天的辉煌。有资料显示，对于美国硅谷高新技术产业的风险投资失败率为90%，虽然那10%的收益蔚为壮观，但近乎100%的赔率仍然相当可怕，那么要保证风险投资机制的长期有效地发展，就必须有可行的资本退出机制，这样才能刺激风投资本进行有效循环。20世纪70年代，美国纳斯达克股市的创设，可以说是全球范围内创业板市场最成功的典范，为创新发展提供了巨大财力支撑。纳斯达克股票市场，也为参与创新的风险资金投入方和创业方提供了安全的资本退出通道。

（四）国家政策对技术发展起至关重要的推动作用

创新从宏观来看关系着民族的发展与兴衰，所以国家应出台一系列相关政策议案到国内技术的革新。制定技术创新政策，引导创新成果的应用，加快将创新成果运用到实际生产的速度，进而减免了技术从创新开始到正式应用于实际生产时所做的无用功，提高了时效性。比如美国政府为提高高新技术的发展特意颁布积极有效的政策法令，建立优良的政策软环境来保证创新技术集群飞速、平稳的发展。这些政策有：政府财政部门直接向参与创新活动的科研机构、企业团体等拨款，建立奖励机制，大大鼓舞了创新活动，调整和改善传统技术产业，对创新产业采取宽松的税收政策，降低创新产业的贷款门槛等。上述的美国政府的这些政策，极大地推动了其高新技术产业的发展。

四、现代通信技术创新的企业制度

自然生存法则依然活跃在信息通信行业，尤其是信息通信行业的竞争更是激烈。我们很清楚无论何地，企业制度是否适应技术发展的需要，能否推动技术创新，为创新提供支持是检验一个企业制度好不好的重要标准，同时企业效益又受制于企业技术的进步与否。因此，制度创新成为企业获利的根本保证，对我国企业发展而言，要提高企业的技术创新水平就要形成有效的技术创新激励机制，最根本的一点在于能否积极扭转制度滞后的局面，能否打破陈规陋习，建立一种适应社会主义市场经济体制的企业制度。

（一）企业产权制度创新

现代大部分企业都是分散股权，将股权分散化，根据持有者分为经理层持股制、科技人员持股制和一般员工持股制等股权制度，这种制度创新及实施，使企业产权制度革除部分弊端更适应了时代的需要，企业产权结构更加符合现实的需要，有效均衡了各方利益冲突，将彼此凝聚在一起与企业长期的发展的未来目标结合一起，形成一套持久激励企业员工技术创新的动力系统。

（二）企业组织制度的创新

企业组织制度的创新，决定了企业内部不同部门的联系和合作方式。运用科学的组织设计理论，探究对企业组织结构和技术创新组织进行科学选择和优化安排。在一程度上可以使企业内部各层级、部门，横向的组织结构或纵向的组织的形式、规模和结构，为适应技术创新需要而不断革新能力适应创新的需要与发展，为企业创新的各要素的有机组合和优化配置奠定基础，减少资源的浪费，将资源与企业的各项因素结合起来发挥最优价值。

（三）企业管理制度创新

积极进行有效的企业管理制度创新，一定程度上推进使企业的技术创新与进步，最终形成一套有效创新机制，为创新塑造软环境。

能否开展有效的界面管理，协调各部门行动，保持企业界面过程的有效性、针对性，将关乎技术创新过程中的矛盾进行调节和控制。"成功的企业人力资源管理，则能够激发创新人员的创造性，促使企业技术创新资源得以发挥最大效应"。

（四）企业文化制度创新

企业文化，它是典型的非正式制度表现形式，是企业技术创新的重要动力能够有效激励技术创新的企业文化，形成创新动力与氛围，提升企业的凝聚力和向心力。

五、我国通信技术发展的路径选择

信息化已是当今世界发展的大趋势，是人类从工业文明走向信息文明的一次大转型。我国的信息化发展也已经取得了一定的进展，具备了加快推进信息化的基础，但是，为了实现全面建设小康社会的战略目标，面对重要战略机遇期之中的"黄金发展期"和"矛盾凸显期"可能出现的各种挑战，面对资源节约型社会、环境友好型社会、学习型社会及和谐社会的历史重任，化解资源、能源、环境的紧张。发挥人力资源优势和提高国民素质的迫切需要，面对日趋激烈的国际竞争、实现中国的和平发展，我们仍需要保持清醒的认识，切实解决我国信息化发展进程中存在的问题、矛盾和困难。那么我国目前所面临的问题有：

（一）从产业链的角度来看，我国通信设备制造环节与世界先进水平仍存在整体差距

我国的信息通信设备等硬件制造水平相对落后，与世界先进水平相比，缺乏竞争力，从产业链的整体竞争能力方面来看，我国进行原始创新能力不足，这是一个非常显著的问题，创新能力不足就会制约技术的创新发展。目前，我国的通信技术创新主要还是以集成创新，"引进－消化－吸收－创新"的模式为主，形成了较强的整机集成创新和生产研发能力。实践证明，这是适合我国发展阶段和水平的较为成功的模式，促进了我国通信产业在较短的时间内实现了由小到大的飞越。然而，正如前文说过的，通信技术是"飞奔式"的发展，而不是跨越式的，那么从整体上来看，我国始终存在着通信技术自主创新能力不足的矛盾，关键性的核心技术没有被掌握，从长远来看，这非常不利于我国通信技术硬件设备的可持续发展。

此外，通观整个通信技术产品的产业链我们可以看到，在全球范围的竞争中，信息产业的竞争不单单是信息设备本身之间的竞争，还包括有操作系统、处理芯片、应用软件等在内的整体产业链的竞争，虽然我国表面上看已经形成了较为完善的通信技术产业链，但由于关键性核心技术的缺失，自主创新能力不足，各个环节的竞争能力有强有弱，那么产业链整体性的综合竞争力就明显落后于世界发达国家。

（二）通信行业的可持续发展面临着关键性核心技术的缺失以及知识产权壁垒的双重问题

随着我国科技水平的提高，全球影响力的不断提升，我国在全球市场中的竞

争力逐步上升，通信行业也开始加入到世界范围内的产业竞争中去，然而由于我国未能掌握通信技术产业的关键性核心技术，而自主创新能力又不足，所以在全球通信行业竞争中已略显颓势，这也成为制约我国通信业可持续发展的主要问题。

随着竞争的愈发激烈，我国通信技术产品的影响力不断扩大，那么面临的知识产权壁垒越来越高，同样是因为没有核心技术作支撑，我国通信行业设备中所有原件都需要依靠进口，那么通信行业发展所需要付出的知识产权费用越来越多。这成为制约我国通信技术及相关行业发展的主要矛盾。

六、现代通信技术与社会经济的互动关系

现代通信技术作为一项通用目的技术（GPT，General purpose technology）。其发展速度之快、渗透性之强、应用范围之广，在整个人类社会的进程中都堪称之最的。信息通信技术的快速进步和应用普及对经济的增长、社会的转型都产生了深远的影响。通信技术的发展大大提高了获取和处理信息的能力，不仅仅提高了信息通信技术产业的生产效率，而且在前文笔者讲到过通信技术是一项虚拟脑神经状的技术模型，它渗透进传统行业之中，在自身发展的同时也促使这些传统行业的生产效率得到提高，因此，现代通信技术成了推进现代社会经济发展的中坚力量之一。通信技术对社会经济的影响归纳起来大体有两方面内容：一方面，通信技术自身的发展和改造能够提升传统产业的生产效率；另一方面，通信技术在连接入各个行业，向各行业渗透的同时，派生出了大量的诸如信息服务业等的新兴产业，改变了现代经济社会的产业结构。

现代通信技术的应用，除使各个行业劳动生产效率提高，各个行业领导部门管理水平改进之外，还使劳动产品中的高新技术成分增大，令产品升级成数字智能的高科技产品不光节约了能源和资源，其自动化的特点也大大提高了工作效率，节能减排改善环境。与此同时，现代通信技术的应用也使得政府的服务效率得到很大的提升，服务范围得到了扩展，从间接的角度提高了市场经济运行效率。经济合作与发展组织（OECD Organization for Economic Co-operation and Development）认为信息通信技术促进经济增长的效果主要表现在三个方面：首先是现代信息技术的发展使得产业资本深化，极大地提高了行业的生产效率；其次，信息通信技术的快速发展，使得信息通信技术生产部门整体的生产效率得到提升；最后，至于普通企业，信息通信技术的应用可以提升企业整体的效率水平。

除上述之外，信息通信技术的应用催生出了电子商务等新的商业模式，通过信息处理进行交易，大大降低交易成本，提升交易效率。而且信息技术使得信息

资源得到共享，市场透明化，这样就形成了公平的竞争环境，促进社会创新水平的提升，从而提高整体的经济效率。

信息通信技术产品价格的不断下降，而价值却在同时不断提升，实现信息产业资本深化，这意味着劳动生产率和收入的提高。而且信息通信技术生产部门的技术一直是一种稳步发展的状态，这就时刻促使这些部门全要素劳动效率的持续增长，进而影响到整体的社会经济。由于现代通信技术是一种连接式的结构，渗透性强大，那么投资信息通信技术产业，会带来经济和技术的溢出效应，即在产生预期效应的同时还会带来额外收益，这样一来就带动信息技术使用部门的全要素生产效率的提升。

关于通信技术促进经济增长的机制也是一项值得研究的问题。在总的 GDP 中，通信行业的产值占比是十分有限的，而其间接带来的经济效应对促进经济增长的作用却十分重要。因为通信技术的发展，信息交流成本将随之降低，交易成本也随之减少，组织效率得到了提升，进而间接被动地提升了人类社会的整体生产效率。根据著名的"摩尔定律"，电子信息产品每 18 月性能翻一番，价格降一半，电子信息产品价格下降非常快，那么由于电子信息产品价格下降，则与通信技术相关的产品生产者以及消费者将直接享受通信行业产品减价，这样一来整个经济体就能直接享受到通信技术生产部门的增值服务；而其他的行业及非直接的消费者也会间接受益于非通信技术生产部门成本的降低。

另外，现代通信技术的发展改变了传统经济社会的产业结构。现代通信技术是翻倍的技术，它所带动的"大科学""大工程"，极大地促进了其他技术的发展，解放了生产力，科技已进步，从事第二产业，工人的人数需求就大大降低了，然而工业的产值却提升了，例如那些创造了巨大财富的大公司，员工数量非常少，Facebook 公司仅仅几千员工，Twitte 员工几百人，维基百科员工 57 人；而 2012 年全球市值最高的苹果公司在美国本土有四万多人，全球六万人。换言之，即使公司规模一样大，而利用高新技术至少要原来的十分之一甚至更少的员工就能创造出同等的企业组织，科技的繁荣、机器的大规模使用替代了人类大量的工作，那么腾出来的人力便向第三产业，也就是服务业娱乐文化业涌入，全球经济开始向服务业转变。

七、现代通信技术的树状结构

通信技术大发展使得学科之间相互交通、相互渗透，交叉学科和新兴学科丛生，带来了"大科学""大工程"时代。当今很多学者将人类社会的技术发展看作是一种树状结构，那些主要的、底层性的技术位于树干位置，其他的技术则如同树的职业一般由它们派生而来，树干的技术就是通用目的技术。这些关键的主要的技术是推动整个经济发展和技术进步的关键技术。通信技术就是这样的一项通用目的技术。通信技术大发展衍生了许多新的学科技术。进入近代通信阶段以后，围绕第一部电话机进行的研究，逐步派生出了电磁场电磁波、数字信号处理等学科；而受到信息论的启发，量子物理学家克里斯托弗·福克斯指出："量子力学从来都是围绕着信息展开的，只不过物理学界已经忘了这一点罢了。"20世纪伟大的物理学家约翰·阿奇博尔德·惠勒更是提出万物源自比特一说；而在生物学更是将信息传入到蛋白质之中，解开了 DNA 遗传编码的谜题；另外根据仿生学人类研究生物来研发科技，而通过逆仿生学，人类受信息通信技术的启发，对人类最复杂的器官——大脑及神经中枢有了新的研究思路。归纳总结通信技术的树状结构如图 9-1：

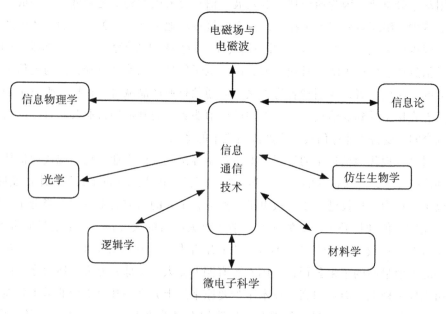

图 9-1　通信技术的树状结构

第二节　现代通信技术理论与实践创新策略与反思

现代通信与传统通信最重要的区别是现代通信技术与现代计算机技术紧密结合，其技术发展总的趋势以光纤通信为主体、以卫星通信、无线电通信为辅助，将宽带化、数字化、个人化、智能化的通信网络技术作为发展主要内容及方向，目标是实现通信的宽频带、大容量、远距离、多用户、高保密性、高效率、高可靠性、高灵活性。

那么网络信息技术的迅速发展，尤其是互联网为我们的现实世界带来了日新月异的变化，也会强烈地冲击现代的伦理道德、政治经济、文化艺术、审美观念、世界观、人生观、价值观、哲学观等领域，网络信息技术以及基于此技术而构建的网络世界势必引起人们哲学观点的变化。

一、现代通信技术的发展丰富了马克思主义的物质观

我们知道传统哲学是以物质与精神的关系作为自己的基本问题的，在马克思主义基本原理中讲到恩格斯总结和概括了哲学发展，并吸取了黑格尔和费尔巴哈的有关思想，第一次明确指出："全部哲学问题，是思维和存在的关系问题"。唯物主义认为世界是物质的，世界统一于物质，精神是物质的产物和反映，主张物质第一性，意识第二性，物质是一切事物、现象的共同本质和统一基础。这个本体论的基本范畴是前信息时代的产物，它不能不受那个时代的限制并带有历史的局限性，因为虚拟技术介入人类生活，改变了人们对世界的传统认识，新的本体论问题引人关注，人们需要用新的哲学眼光来看待世界。目前，哲学家和科学家普遍认为，物质、能量、信息是物质世界的三大支柱，是科学历史上三个最主要的概念。从这个角度出发，信息也具有物质的普遍属性，信息也是一种客观实在，但信息又不同于有形实物，可以说是一种介于物质与意识中间的存在。在这个阶段中，现实中客观的物质世界开始向虚拟世界转化，从而形成了事物由客观存在到主观意识形态过渡的状态。

传统物质观曾提出物质是运动的物质，是在一定时空中运动的，时间具有一维性，空间具有三维性。但在网络世界里，传统时空观的基本属性也发生了根本性变化。由于客观存在的物质世界被人为地数字化、虚拟化了，并使用特殊的手段转发出去，如此时间就几乎被无穷地缩短了，同时，在网络世界中，时间被无尽缩短，距离也随之无限趋近于零，那么，空间也同样被无限地压缩了。这么一来，网络世界的这一时空特性颠覆了传统时空观，彻底打破了现实世界中的时空限制，诞生了一个全新的时空，制造了一个在马克思的年代所无法想象的网络世界。

二、现代通信技术的发展丰富了马克思主义联系观

马克思主义认为，世界是普遍联系的整体，任何事物内部各要素之间以及事物

之间都存在着相互影响、相互制约和相互作用的关系，恩格斯曾指出："当我们深思熟虑地考察自然界或人类历史或我们自己的精神活动的时候，首先呈现在我们眼前的，是一幅由种种联系和相互作用无穷无尽地交织起来的画面"。这说明，世界上没有孤立存在的事物，联系是事物的客观本性，事物的联系是事物本身所固有的，而不是人们主观臆想出来的，没有联系的事物在世界上是不可能存在的。整个世界就是一个普遍联系的统一整体，任何事物又都是世界整体这个统一的联系之网上的一个环节和网结。联系普遍地存在于自然界、人类社会和人们的思维之中，世界是一个由无穷无尽的各种事物和现象构成的普遍联系的整体。一切事物都不能离开其他事物而孤立地存在。近年来，由于现代信息技术特别是网络通信技术的快速发展，令人们在进行信息交流的时候能够无视时间与空间的制约，从而可以随时随地地运用现代通信技术手段进行信息互换。现代通信技术的发展非常有力地证明了世界普遍联系的这一观点，进一步丰富发展了联系观。信息网络深化了联系的中介，它不仅为人们提供了各种各样的简单而且快捷的通信与信息检索手段，更重要的是为人们提供了巨大的信息资源和服务资源。通过使用互联网，全世界范围内的人们既可以互通信息，交流思想，又可以获得各个方面的知识、经验和信息。网络的出现，使人们便于沟通。在个人联系方面，网络让人们减少时空的限制，让人们可以自由加强个人联系，展望未来还可以看到人类将与网络更加亲近。

三、现代通信技术的发展丰富了马克思主义的实践观

实践思维方式是马克思主义哲学的根本特征，它使马克思在生产力理论研究中创立了独树一帜的实践的生产力观。马克思主义认为，实践是人们改造客观世界的一切活动，实践是客观的物质性活动；实践是有目的的能动性活动；实践是社会性历史性的活动。实践是以主体、中介和客体为基本骨架，通过目的、手段和结果的反馈调控而自我运动、自我发展的活动过程。实践是认识的来源，是认识发展的动力，是认识的最终目的。认识是在实践基础上主体对客体的能动的反映。在网络世界诞生以后，不光光人类的实践方式随之改变，同时人类的认知能力得到了提升，认识事物的维度相应地得到拓展，在一定程度上影响了人类认识对象、内容及认识的效率和效能。在网络世界中，人们可以通过计算机网络，如网上图书馆、远程教育、网络聊天和网络游戏等来替代传统的信息生产、加工、处理和传递，进行思想情感交流、信息交换、储存及获取等，同时，网络技术还扩展了人类认识的领域，使得人类对现实世界中复杂系统的认识有可能转变为现实，而且为人类认识世界提供了崭新的工具。

四、对于我国发展现代通信技术的若干建议

通信作为人类社会生活中必不可少的信息互动方式，其作用是无可比拟的，也是不可替代的。通信，在任何时候都是人类社会进行竞争发展的一个切入点，谁在通信领域掌握了先进也就抓住了先机，掌握了主动，从而立于不败，特别在国民社会政治经济生活日益全球化的今天，显得尤为重要。

信息产业已经初步成为我国的支柱型产业，面对存在的问题，我们必须吸取世界发达国家通信技术产业发展的经验教训，结合我国基本国情，准确掌握全球信息产业发展的大趋势，认清我国信息产业发展的实际情况，明确我国信息技术产业发展的思路，大力推进我国信息技术产业飞速发展。

（一）科学的制定我国信息产业发展战略

自20世纪90年代以来，主要发达国家均已经将发展信息通信技术，尤其是互联网经济作为国家发展战略。对此，我国必须积极行动起来，从国家层面将信息通信技术作为一项核心竞争力，并采取相应对策，从战略高度对现代通信技术发展做出整体规划，为进一步发现并解决制约我国信息产业发展的"瓶颈"问题，推动经济发展和社会进步，应将信息产业作为支柱产业推向国际市场。为确定引导我国信息技术产业发展的关键所在，明确在技术和制度上制约我国信息技术发展的"瓶颈"，应积极跟进世界信息技术的发展趋势，依此制定当前乃至今后以现代通信技术为主体的我国信息产业发展战略。按照2006年2月9日中华人民共和国科学技术部发布的《国家中长期科学和技术发展规划纲要（2006—2020年）》中第三章第七节《信息产业及现代服务业》中的要求，在信息技术产业发展思路上把握好以下几个方面："一是要着眼于突破制约信息产业发展的核心技术，掌握集成电路及关键元器件、大型软件、高性能计算、宽带无线移动通信、下一代网络等核心技术，提高自主开发能力和整体技术水平。二是要着眼于信息技术产品的集成创新，提高设计制造水平，重点解决信息技术产品的可扩展性、易用性和低成本问题，培育新技术和新业务，提高信息产业竞争力。三是要着眼于开发支撑和带动现代服务业发展的技术和关键产品，要以应用需求为导向，促进传统产业的改造和技术升级。四是要着眼于以发展高可信网络为重点，开发网络信息安全技术及相关产品，建立信息安全技术保障体系，具备防范各种信息安全突发事件的技术能力。"

（二）创建符合我国国情的国家创新系统

信息技术产业的创新和发展，不光要有大量资源投入，更要建立起一个

有利于信息技术产业创新和发展的技术体系。制度、体制、机制的建立和完善是促进信息产业发展的基础和根本。在与技术相关的制度建设中，建立起有利于多个创新主体之间自由交流和合作的符合我国国情的国家创新系统则是关键之所在。经济合作与发展组织（OECD, organization for economic Co-operation anddevelopment）在 1997 年的《国家创新系统》报告中提出："国家创新系统是一组独特的机构，它们分别和联合地推进新技术的发展和扩散，提供政府形成和执行关于创新的政策的框架，是创造、储备和转移知识、技能和新技术的相互联系的机构的系统。"

目前我国创建国家创新体系拥有很多的有利条件：第一，我国科技教育资源十分雄厚；第二，高新技术产业集群也已经初步成型，并具技术创新和市场开发优势日趋成熟；各个科研型大学和科研院所都进行了相关体制改革，促进了产学研相结合机制的愈发成熟；最关键的是，我国的社会主义市场经济体制建设相当成功。

除了有利条件外，还是有一些不利条件：由于政府主导的模式存在时间过长，政府的过度干预，导致了分属不同部门管辖的产业界和学术界之间长期处于分隔状的环境之中，不利于产、学之间的合作；政策干预过于严重，导致产学研创新体制中的两支重要力量：高校与企业都缺少创新的独立自主性；中国传统思想文化根深蒂固，导致社会民众的防范意识过于强烈，不能够做到个体之间的相互信赖，缺乏有助于创新想法或经验交流的非正式团体的存在；人才的严重缺失，鼓励机制不健全，导致我国难以留住大量有用人才；中国社会主义市场经济体制的建设尚不完善。

针对以上几点，我国的创新体系建设应该有针对性地进行建设：

1. 建设以企业创新为主、产学研充分互动的创新体系，只有以企业为主体才能时刻掌握市场动向，有利于科研成果及时转化为实用。建立"产－学－研"相互结合的机制，才能不断为企业创新提供源源不断的能量；在企业面向市场有针对性进行创新的同时，还需要建立起科研院所与高等院校围绕企业创新需求服务、产学研多种形式结合的新机制。目前最成功的例子就是斯坦福大学与硅谷科技园区之间的互动模式。

2. 减少政府过度盲目的干预，使企业更多的掌握主动权，有一个相对自由的创新环境，削弱国有企业的垄断地位，给企业营造一个公平合理的竞争环境。

3. 建立创新奖励机制，来从政策上刺激创新，留住人才，提高创新积极性。

4. 建设社会化、网络化的科技中介服务体系。针对这一点，要充分发挥高等院校、科研院所和各类社会团体在科技中介服务中的重要作用。

（三）加强现代通信技术关键技术的研发

在电子通信技术的激烈竞争中，核心技术和基础技术的创新占领着重要的地位。可以毫不夸张地说，谁掌握了电子通信核心的新技术，谁就在这场博弈中占据了优势地位。要想使我国信息产业实现飞速发展，跻身世界前茅，就必须要在加强相关领域的基础性科学研究的同时，加大左右通信技术产业发展的关键性核心技术以及相关技术的研发力度。通信技术创新，关键技术和基础技术的创新是现代通信技术创新基础和后盾，是增强现代通信技术核心竞争力的关键性因素，关键技术和基础技术的创新必然引起人类社会和经济领域的重大变革，对社会生产力的推动力也明显大于其他技术。与现代通信技术密切相连的有嵌入式微处理器技术，而在这一方面，我们是处于落后水平的，到现在为止我国甚至还没有自己像样的芯片，大多数芯片都要向国外进口，基于这样的现实状况，我们必须要将核心的一些技术产品，例如高端芯片、集成电路、新一代移动通信网络制式的研发作为我国信息化产业发展的关键所在。此外，还要注意用于服务性、平台型的信息处理大型应用软件的开发，尤其是现代通信技术中移动通信技术与互联网技术相互结合生成的移动互联网技术诞生以后，信息服务业就不光光是电信运营商等，还包括了像腾讯这样的网络公司，他们开发微信、QQ、whatsapp 等应用软件也是即时通信技术手段的一部分。另外要注意研究开发下一代移动通信网络的关键技术，通信技术是一种连接型的技术，群众生活在互联网时代最讲究的就是连接的体验，不光屏幕要大，接入的可视范围广，还要求连接的及时性，速度快，代入感强，这样就迫切需要我们大力研发第四代移动通信网络技术，以及高性能的信息传输、接收设备，并且在客户体验、信息安全、服务质量、管理运营人性化等相关方面的核心性技术。要做到这些就必须出台和落实鼓励技术创新的相关政策，大力扶持参与研究开发新技术的企业，打破政府主导的行业相互之间相对封锁的格局，正如笔者前文所讲，通信技术是一项渗透性极强的、去中心化的通用目的技术，这样一来就更需要推动联合开发、加强各企业之间的相互协作以及资源共享。并且要注重科研成果与经济效益的相互转化，提高我国通信行业的产业化能力。

（四）完善自主创新的知识产权保护利用制度

加强知识产权的保护力度，进以保护债权人的相关利益，是我国市场经济体制进步发展的必然要求，也是现代通信技术以及其他通用技术创新发展的迫切需要，更是国际视野下国际交流与合作以及国际信贷的应然走向。为进一步地完善国家的知识产权制度及相应的法律法制环境，促进整个社会对知识产权的保护意识，以尊重保护知识产权，进而全面提高国家知识产权管理水平，应从多方面多角度采取并规范相应规划制度。

首先，要从法律角度加强对知识产权的保护力度，对各种盗版侵权行为依法予以严惩，同时也要规范对知识产权的使用权力，任何权力都不能滥用，知识产权尤为如此，滥用知识产权将对市场竞争机制造成不公正的影响，导致市场竞争混乱，阻碍科技成果的创新以及推广使用等。其次，要把知识产权管理切入到科技管理的全过程，依据社会经济增长的需要，并将形成自主知识产权作为目的，加大对具有带动国民经济以及科技进步作用的科学技术创新的支持力度，通过知识产权制度充分提高我国的科技创新水平。再次，要建立健全有利于保护知识产权的社会信用制度以及知识产权审查机制，加大市场经济活动中自主知识产权的审查力度，增强自主知识产权的形成发展。最后，要加强相关科技人员以及管理人员自身的知识产权保护意识，充分发挥包括企业以及科研机构等在内的行业协会知识产权的保护作用，推动其重视并加强知识产权管理，同时规范好以企业为主的产学研互动机制，并对知识产权进行全方位的支持。

五、现代网络与通信技术促进旅游服务创新进程

（一）现代网络技术的发展对旅游服务创新的推动

随着电脑网络技术的发展，互联网成为人们生活中必不可缺的一部分，给人们的数字生活及资讯生活带来翻天覆地的变化。现代网络的发展不仅改变了人们的生活方式，更改变了社会生产和服务的方式，网络化、信息化的服务创新比比皆是。旅游服务是一种高度信息密集型服务产业，旅游信息化必然是主流趋势。Web2.0带来的服务革命也延伸到了旅游业，基于Web2.0的旅游服务创新已逐渐成为旅游服务发展的必然趋势。旅游业中应用web2.0始于互联网旅游博客服务网站Travel pod的建立，它是首个可以分享旅游经历的网站。到目前为止国内外已经出现了一批专业性的web2.0旅游网站（如优客网、行走地球旅行网、旅行家天堂网、旅行wild-Ulog等），且各大门户网站功能都已延伸向web2.0，它们掀起了前所未有的网络交流热潮，但其直接商业价值无法估计。

从旅游业自身的特点出发，现代网络和信息技术是旅游业发展的必然条件，也是旅游创新必要的技术手段。以互联网和现代通信技术为标志的现代信息技术对旅游服务产生以下影响：

1. 网络和通信技术的应用消除了旅游者的不确定心理。

2. 网络和信息技术的应用简化中介机构，减少了繁杂的工作量，降低了成本。

3.网络和通信技术的应用使得旅游产品感性直观展现在消费者面前。

4.网络和通信技术的应用为各旅游企业提供同等机会。

5.网络和通信技术的应用有利于树立良好的企业形象，提高旅游服务企业的效益。

6.网络和通信技术的应用补充和发展了营销方式。

（二）现代网络与通信技术启动旅游服务创新引擎

1.现代网络与通信技术在旅游服务创新的应用领域

（1）在线旅游与电子商务

电子商务网站，提供了预订功能、旅游线路和旅游节事活动供旅游者选择，他们可以自行设计旅游路线，安排行程。以航空预订为例，通过丰富的可供选择的按钮，客户可以确定预订的机票是单程，还是往返；从哪儿、何时出发，何时返程；同行的成人、老人或小孩各几位；是否需要预订宾馆或出租车等。如果需要预订宾馆，系统提供了可以选择的按钮。

携程旅行网是目前中国最大的旅游网站，紧随其后的是艺龙旅行网。我们可以从携程旅行网的网站导航中看到这个网站的主要功能，它分为：酒店、机票、国际机票、度假、特惠精选、商旅管理、目的地指南、社区和 VIP 特惠商户，为顾客旅游活动和商旅活动提供了较为详尽的和选择。

（2）GDS 全球分销系统

GDS（Global Distribution System）是随着世界经济全球化和旅客需求多样化，由航空公司、旅游产品供应商形成联盟，集运输、旅游相关服务于一体，从航空公司航班控制系统（Inventory control system）、计算机订座系统（Computer Reservation system）演变而来的全球范围内的分销系统。它通过庞大的计算机系统，将航空、旅游产品与代理商连接起来，使代理商可以实时销售各类组合产品，从而使最终消费者（旅客）拥有最透明的信息、最广泛的选择范围、最强的议价能力和最低的购买成本。

GDS 实质上是 CRS 在分销广度、分销深度、信息质量及分销形式等方面的一次飞跃。从分销广度来看，GDS 能够在世界范围内，提供交通、住宿、餐饮、娱乐以及支付等"一站式"旅行分销服务；从分销深度来看，GDS 给旅客提供专业的旅行建议，给供应商提供信息管理咨询服务，这些增值服务为客户和 GDS 自身都带来了巨大利益；从信息质量来看，工业技术的飞速发展，客户服务理念的不断增强，促使 GDS 提供的信息更加及时、准确、全面和透明，系统响应更为迅速，增加了客户的时间价值；从分销形式来看，GDS 可以通过电话、互联网、电子客票、自动售货亭、电子商务等多种方式为客户提供服务。

（3）GPS 全球定位系统

GPS 全球定位系统在欧美、日本等国家已经广泛运用于多个行业，在旅游业中的发展也十分迅速，并不断推出新的技术手段和经营模式。例如日本技术服务信息公司就设计了一种利用微型 CD-ROM 和 GPS 接收机的"风景导航"系统。将该系统安装在旅游车上，便可计算出旅游车的位置，并向 CD-ROM 查询该区域的信息。当 GPS 接收机指示出旅游车上接近某处风景点时，一台电视监视器就能将光盘中的信息以画面和声音形式播放出来，经过一座建筑物时，电视还能播放出其内部景物；接近一座山时，就能显示各个季节的风光。在更广泛的旅游市场上，小巧玲珑的手持型 GPS 接收机已被那些徒步旅行、森林荒漠探险、狩猎的游客视为"护身符"，也推动了专门的行业发展。

（4）DMS 目的地营销系统

旅游目的地营销系统（Destination Marketing System，DMS），又称旅游目的地信息系统（Destination Information System，DIS），是一种旅游信息化应用系统，它以互联网为基础平台，结合了数据库技术、多媒体技术和网络营销技术，把基于互联网的高效旅游宣传营销和本地的旅游咨询服务有机地结合在一起，为游客提供全程的周到服务，可以极大地提升目的地城市的形象和旅游业的整体服务水平。DMS 已演变为一种较为成熟的旅游营销模式，促进了当地旅游业的快速发展。

DMS 是国家"金旅工程"的主体内容之一，也是我国旅游信息化建设的重要组成部分。DMS 是信息社会旅游营销及旅游服务模式的新发展，是一个涉及技术、管理和社会三个层面的综合性管理系统。从我国旅游目的地营销系统近两年的发展来看，技术层面的问题已取得了很大进步，并有成功系统建设的案例，基本已不成为旅游目的地营销系统推广的障碍因素。

（2）Web GIS

Web GIS 是 Internet 技术应用于 GIS 开发的产物。那么基于 Internet 发布旅游地理信息数据，供全球用户查询、检索并提供 GIS 服务的万维网旅游地理信息系统（WebTGIS），也会成为 TGIS 发展的重要方向之一。TGIS 通过 WWW 服务使其功能得以延伸和扩展，用户在任何地方都可以访问系统，了解景点及其周围相关的信息，制定出游计划，真正成为一种大众化的工具。

2.现代网络与通信技术在旅游服务中的前沿拓展

市场需求从过去被动接受旅行社提供的"套餐"向追求多样化、个性化的主动选择转变，人们求新求异的心理增加了消费者的自主性和独立性，而单一的旅游企业要生产这些包罗万象的产品显然是力不从心。另一方面，随着旅游业的不断壮大和日益复杂化，旅游信息日益丰富和繁杂，传统的媒体已经不能满足旅游信息传递的需要。信息化时代的互联网络实现了海量信息的低成本高速传递，为旅游业提供了全新的信息传播和处理手段。从目前旅游信息化的发展的程度来看，旅游服务对现代网络和通信技术的应用仍处于初级阶段，存在许多不足之处。

面对自主化、个性化的国际散客潮流自助出游趋势，网络旅游应运而生，充分满足了不同性格、心理的消费者的需求。网络旅游通过网站上的社区及时搜集不同旅游消费者的需求信息，获取生产者的销售反馈信息。一般来说，旅游综合网站向游客提供旅游方面的全面信息，从景点选择到旅行线路，从交通工具到酒店入住，从旅游论坛、旅游文化到旅游个性化服务，不一而足。国内专业旅游网站已经能够有效地整合旅行社资源、景区景点资源、旅游消费者与本身的资源，并且已经达到55%的旅游线路预订比例的较好的业绩。但不容忽视的是国内许多旅游网站经营的项目雷同，缺少吸引力。大部分是简单的企业介绍，信息内容主要是国内主要的旅游线路推荐、旅游信息、景点介绍、旅游预定、旅游常识、游记作品等方面的内容，而在旅游线路设计、自助旅游安排、网上虚拟实景旅游等项目上却很少涉及。虽然提供了一定的信息，但资料信息不全面、内容更新不及时，且信息过于单一化、模式化。还有的网站建设重复浪费，存在效益不高，在线交易冷淡，无法吸引游客等问题。由于缺乏旅游主营业务和专业资源的支持，缺乏创新思维，没有找准切入点，在内容上难以形成特色和卖点，未能完全展现网上旅游的魅力。因此，旅游服务创新应依据网络旅游发展现状，提出一系列新的技术运用策略和实行方式，在Web2.0技术应用的基础上，适当引入Web3.0的先进理念和技术预想，对现有的旅游网络进行变革。

虽然Web3.0继承了Web2.0的所有特性，比如：以用户为中心，用户创造内容，广泛采用Ajax技术，广泛采用了RSS内容聚合，BLOG依然大行其道，互联网上依然涌现大量的个人原创口志。但是Web3.0更为注重帮助用户实现他们的劳动价值。Web3.0的特点决定网民既是信息产品的生产者，又是信息产品的拥有者，他们参与产品的开发维护，最后分享产品的利润。Web3.0会使互联网营销变成一种全员营销的模式，参与者与网站共同获利。这种理念对于旅游服务创新来说又是一个很好的借鉴，本文则试图通过描述创新的旅游服务理念，与Web3.0理念相应，对Web2.0的应用进行深化和延伸，并结合现代移动通信技术，使其与固定网络相结合，达到互补，真正实现实时、实地、及时的旅游资讯和信息传输，达到人性化、个性化、具有前瞻性的旅游服务。

六、现代通信技术在军事领域的应用

（一）新型通信网络的建设

受军事作战环境十分恶劣的影响，我国的军事人员需要进行长距离作战以及野外作战时，我国传统的通信技术已经不能满足现代我国军事通信技术发展的需要。因此，从我国军事现代通信技术的发挥来看，新型通信网络的建设以及发展主要包括以下几种：

一是 PIX 网络。这个网络的别称是军事专用网络。这个现代网络通信技术的发展是由美国的波尔实验室研发得出的。同时这项技术也被美国军方应用于伊拉克战争中，应用效果十分优良。PIX 网络自身图特的通信算法，可以保持独特的通信网络频率，并且自身具有极高的隐秘性，可以有效地防止外来机构以及人员的窃听和侵入等。

二是 4G 无线网络。当前 4G 无线网络的数据传输速率可以达到 2G/S，这项技术不仅仅能够迅速地完成大量的信息传输，同时信息传输的精确性也能够得到保障。在我国的军事领域中，通过运用 4G 无线网络，军事指挥中心能够对军事战场实施实时的监控。但是从现代的 4G 网络基站的分布来看，主要是分布在欧美的发达国家，但是其运用于军事领域中的实战效果还有待进一步开发以及研究。

（二）3S 技术的应用

这里所分析的 3S 技术主要是指 RS（遥感技术），GPS（全球卫星定位系统）以及 GIS（全球地理信息系统）。其中，遥感技术主要是通过扫描地球上物体的电磁波以及大气层，从而获取实时的天气以及其后信息。GPS 技术是通过利用现代宇宙太空轨道中的 25 颗精密卫星，来对地球进行监测以及扫描，最终达到对地球上物体的高精度定位。从 GIS 技术来看，这项技术主要利用数字处理来建立高仿真数字模型，从而对监测地区的人口分布、经济、交通以及气候信息等进行整合与发展。

在我国军事领域中，3S 技术使得我国现代军事的发展带来了全新的发展方向。其中，我国现代部队设施配备中，GPS 设备是必备设备之一，我国军事野战部位通过 GPS 定位仪可以掌握部队的坐标以及军事指挥部的位置。通过将 GPS 设备与 GIS 探析仪进行有效的结合，从而使得军事部队能够掌握陌生作战区的地理信息，这样部队在远距离作战时也不会迷失自己的方向。通过利用 GPS 到相依可以对我国军事部队的 GIS 系统的部署坐标进行预先整合，再通过运用 RS 技术，可以及时地掌握军事作战区的天气以及气候变化。通过将 3S 技术应用于我国的军事领域中，可以为我国部队的作战训练计划以及战略部署提供有效的作战信息。

（三）战地信息的传递

由于现代战争战场的变化是十分快的，所以现代战地信息及时以及准确的传输，在现代战争的发展中有着十分重要的作用。现代通信技术中的 JAVA 以及蓝牙等技术能够广泛地运用于我国的军事通信中。将这些通信技术进行及时的改造以及应用，同时将民用通信设施以及通信设备进行有效的结合，能够满足军事战地信息的传递，从而满足现代军事部署的需要。以美国为例，美国将国家信息基础结构理念广泛地运用于军事战场的数字化发展中，同时借鉴现代通信技术，美国军方制定得出了战场信息传输系统（BITS）。

（四）NTDR 网络技术的推广

NTDR 网络技术主要是适用于无线环境中。在我国军事领域的运用中，将 NTDR 网络技术作为我国军事部队中旅以及旅以下的战术作战中心信息沟通骨干电台。NTDR 网络技术通过使用嵌入式的 GPS 接收机以及 UHF 频段的两个天线，这样可以将军事电台分为若干个小组，领导网的形成是由每个小组的领导人所形成的。在 NTDR 网络技术中，可以实现多跳通信。多跳通信意味着一个小组漫游到另一个小组中时，可以实现多个小组之间的自由往来，同时这种通信技术拥有十分强大的自我修复功能。如果一个小组的领导人无法联络时，那么就会自动推选一个新的小组联络人。

参考文献

[1] [美]Richard A.Poisel 著，楼才义，王国宏等译.现代通信干扰原理与技术（第2版）[M].北京：电子工业出版社，2014.

[2] 韩一石，许鸥，谭艺枝等.现代光纤通信技术（第二版）[M].北京：科学出版社，2015.

[3] 蒋青，范馨月，蔡丽等.现代通信技术 [M].北京：高等教育出版社，2014.

[4] 潘申富，王赛宇，张静等.宽带卫星通信技术 [M].北京：国防工业出版社，2015.

[5] 孙晨华，张亚生，何辞等.现代电信网络技术：计算机网络与卫星通信网络融合技术 [M].北京：国防工业出版社，2016.

[6] 贾振堂，陈琳，袁三男等.现代通信技术 [M].北京：中国电力出版社，2016.

[7] 王兴亮，寇媛媛.数字通信原理与技术（第四版）[M].陕西：西安电子科技大学出版社，2016.

[8] 纪越峰.现代通信技术（第四版）[M].北京：北京邮电大学，2014.

[9] 崔建双.现代通信技术概论（第2版）[M].北京：机械工业出版社，2014.

[10] 孙青华.现代通信技术及应用（第3版）[M].北京：人民邮电出版社，2014.

[11] 李晓辉，常静.通信技术与现代生活 [M].北京：科学出版社，2015.

[12] 杨学志.通信之道——从微积分到5G[M].北京：电子工业出版社，2016.

[13] 张鑫.现代数据通信原理与技术探析 [M].中国水利水电出版社，2015.

[14] 中国通信企业协会.2015-2016中国信息通信业发展分析报告 [M].北京：人民邮电出版社，2016.